石油高等院校特色规划教材
国家一流本科课程配套教材

渗流力学

（第二版·富媒体）

曹仁义　程林松　编著

石油工业出版社

内 容 提 要

本书从渗流基本规律及渗流数学模型入手，系统介绍了单相不可压缩流体的稳定渗流规律、水压驱动方式下多井工作时的干扰理论、油水和油气两相渗流理论基础、单相微可压缩液体弹性不稳定渗流理论、水平井近井渗流规律、双重介质渗流理论、非牛顿流体及物理化学渗流理论、天然气渗流理论及非常规油气藏渗流理论基础。为了方便读者学习，以二维码为纽带，将"渗流力学"课程所涉及的知识以富媒体形式立体地展现在读者面前，同时对每章要点进行了小结，并附有练习题。

本书可作为高等院校石油工程、石油地质、流体力学等专业的教材，也可作为相关专业研究生和从事油气田勘探与开发的科研人员的参考书。

图书在版编目（CIP）数据

渗流力学：富媒体/曹仁义，程林松编著 . —2 版 .
—北京：石油工业出版社，2024.4
石油高等院校特色规划教材
ISBN 978–7–5183–6676–7

Ⅰ.①渗… Ⅱ.①曹…②程… Ⅲ.①油气藏渗流力学–高等学校–教材 Ⅳ.①TE312

中国国家版本馆 CIP 数据核字（2024）第 085311 号

出版发行：石油工业出版社
　　　　　（北京市朝阳区安华里二区 1 号楼　100011）
　　　网　　址：www.petropub.com
　　　编辑部：（010）64523733
　　　图书营销中心：（010）64523633
经　　销：全国新华书店
排　　版：三河市聚拓图文制作有限公司
印　　刷：北京中石油彩色印刷有限责任公司

2024 年 4 月第 2 版　2024 年 4 月第 1 次印刷
787 毫米×1092 毫米　开本：1/16　印张：15
字数：381 千字

定价：38.00 元
（如发现印装质量问题，我社图书营销中心负责调换）
版权所有，翻印必究

第二版前言

渗流力学是流体力学的一个重要的特殊的分支，它研究的是一种特殊的流动——流体在多孔介质中的流动，在石油、天然气、地下水、地热等能源开发，以及岩土、采矿、铁路、医学等领域得到广泛应用。随着非常规油气资源开发、碳捕集、利用与封存（CCUS）等领域的发展，近十年来渗流力学理论不断完善与拓展。

2011年出版的教材《渗流力学》得到广大读者的喜爱，2013年被评为北京市高等教育精品教材，2020年中国石油大学（北京）"渗流力学"课程被评为国家首批一流本科课程。本教材是在2011年出版的《渗流力学》基础上，吸收了众多国内外学者们长期教学与研究的成果，经过数载反复修改与完善后完成的。笔者根据三十多年渗流力学的教学实践和科研成果，在保持第一版主要特点的基础上，对教材内容及章节安排等方面做了补充和修改：

（1）在原教材的基础上增加了富媒体资源，将课程思政、教学视频、知识点彩图或动画、经典文献等多种媒体资源有机结合，方便读者通过阅读和观看富媒体获取更多知识，有助于读者更加深入地理解知识点内容。

（2）增加了"天然气渗流理论基础"和"非常规油气藏渗流理论基础"两章，让读者了解渗流力学理论的发展。

（3）针对重要知识点和难点，增加和补充了例题及解答过程的讲解。同时，对部分章节内容进行了调整和优化，课后习题进行了重新编排。

本教材由中国石油大学（北京）曹仁义教授、程林松教授编著，富媒体视频资源录制和制作得到了中国石油大学（北京）黄世军、贾品等老师的大力支持，教材校稿和富媒体资源的修改得到了中国石油大学（北京）复杂油气渗流与数值模拟团队博士生、硕士生的协助。教材编写和富媒体制作过程中，参考和引用了老一辈和众多学者的教材、文献和专著，在此一并表示感谢。

由于水平所限，书中难免存在不足或错误，恳请广大读者批评指正。

编著者
2024年1月于北京昌平

第一版前言

渗流力学是流体力学的一个重要的特殊的分支，它研究的是一种特殊的流动——流体在多孔介质中的流动。渗流力学理论在水工、水文地质、化工、冶金等部门，特别是在石油工程方面都有重要的应用。"渗流力学"课程是以油藏为研究对象的重要专业理论课，即研究在高温高压条件下，油、气、水在多孔介质中的流动规律、生产过程中地层压力和饱和度等的变化规律。"渗流力学"课程是在"高等数学"、"油层物理"和"流体力学"等课程和基础上讲授的关于油、气、水地下流动规律的基础课程，掌握流动规律是分析剩余油分布和水驱走向的重要依据，是学习"油藏数值模拟""油藏工程"等后续课程的重要基础。

20世纪50年代北京石油学院建校时，聘请苏联专家首次在国内开设"渗流力学"这门课程，随后采油教研室人员编写了渗流力学讲义和教材（汪祖伟主编），在我国首次将渗流力学作为采油工程技术的一个重要分支，建立了课程体系的雏形，并开始培养渗流力学研究方向的研究生，同时向其他石油院校输送了一大批优秀的老师。几十年来，渗流力学不断发展和进步，对渗流力学教材有了更高的要求——既要适应21世纪石油工程专业本科生的教学和科研需要，又要培养有创造力的人才；既要结合石油勘探开发的实际需要，又要遵循渗流力学的科学体系。为了适应新形势和新发展，编者根据近二十年从事渗流力学的教学实践和科研成果，在继承现有渗流力学教材长处的基础上，吸收了许多国内外学者们长期教学与研究的成果（特别是编者所在课题组的研究成果，着重于油气田开发渗流的理论基础），历时数载编写了本教材。本书博采众长，具有一定的先进性、科学性和系统性。全书共八章，全面系统地阐述了渗流力学基础理论体系。通过学习本教材，学生能够掌握油气层渗流力学的基本知识、基本理论、基本规律以及研究渗流力学理论的基本方法，从而形成本课程的基本知识框架，为后续课程的学习以及油气田开发、开采工作打下良好的基础。

本书编写过程中得到了中国石油大学（北京）石油工程学院油藏数值模拟组成员的大力支持，其中李春兰副教授和罗瑞兰博士参加了第五章的编写，黄世军副教授协助了第六章的编写，李春兰副教授和廉培庆博士协助了第七章的编写，曹仁义老师参加了第八章的编写，曹仁义老师、罗瑞兰博士、罗艳艳博士承担了大量的文字和图表处理工作，在此一并表示感谢。

由于编者水平所限，书中难免存在不足或错误，恳请广大读者批评指正。

编者

2011年7月于北京昌平

目录

第一章 渗流基本规律及渗流数学模型 ... 1

- 第一节 油藏中流体静态分布状况 ... 1
- 第二节 油藏中的驱油能量和驱动方式 ... 4
- 第三节 渗流的基本规律——达西定律 ... 5
- 第四节 达西定律的局限性 ... 8
- 第五节 油气渗流数学模型的建立 ... 10
- 第六节 典型油气渗流数学模型的建立 ... 21
- 本章要点 ... 27
- 练习题 ... 27

第二章 单相不可压缩流体的稳定渗流规律 ... 30

- 第一节 单相液体刚性稳定单向渗流 ... 31
- 第二节 单相液体刚性稳定平面径向渗流 ... 34
- 第三节 单相液体刚性稳定球形径向渗流 ... 40
- 第四节 井的不完善性 ... 42
- 第五节 油井的稳定试井方法 ... 43
- 第六节 单相不可压缩液体稳定渗流基本微分方程的解 ... 45
- 本章要点 ... 49
- 练习题 ... 49

第三章 多井干扰理论 ... 52

- 第一节 叠加原理 ... 52
- 第二节 无限大地层等产量一源一汇问题 ... 62
- 第三节 无限大地层等产量两汇问题 ... 68
- 第四节 镜像反映法和几类复杂边界问题 ... 72
- 第五节 等值渗流阻力法 ... 85
- 本章要点 ... 93
- 练习题 ... 93

第四章 油水和油气两相渗流理论基础 ······ 96

- 第一节 活塞式水驱油理论 ······ 96
- 第二节 非活塞式水驱油理论 ······ 98
- 第三节 油气两相渗流理论 ······ 115
- 本章要点 ······ 124
- 练习题 ······ 125

第五章 单相微可压缩液体弹性不稳定渗流理论 ······ 127

- 第一节 弹性不稳定渗流的物理过程 ······ 127
- 第二节 无限大地层定产条件弹性不稳定渗流基本解 ······ 129
- 第三节 弹性驱动方式下多井干扰理论 ······ 133
- 第四节 圆形封闭地层定产拟稳态条件下微分方程的解 ······ 142
- 本章要点 ······ 147
- 练习题 ······ 147

第六章 水平井近井渗流规律 ······ 150

- 第一节 水平井技术现状 ······ 150
- 第二节 水平井近井渗流特征 ······ 152
- 第三节 水平井近井渗流规律描述 ······ 154
- 第四节 影响水平井近井渗流的因素 ······ 161
- 第五节 压裂水平井的渗流特征 ······ 166
- 本章要点 ······ 172
- 练习题 ······ 172

第七章 双重介质渗流理论基础 ······ 173

- 第一节 双重介质渗流的物理概念 ······ 173
- 第二节 双重介质单相渗流的数学模型 ······ 176
- 第三节 双重介质简化渗流模型的无限大地层典型解 ······ 178
- 第四节 双重介质油藏不稳定试井分析 ······ 182
- 本章要点 ······ 185
- 练习题 ······ 185

第八章 非牛顿流体及物理化学渗流 ······ 186

- 第一节 非牛顿流体流变特征 ······ 186
- 第二节 纯黏性非牛顿流体渗流 ······ 188
- 第三节 考虑扩散的渗流及典型解 ······ 192
- 第四节 带吸附和扩散的渗流及典型解 ······ 196
- 本章要点 ······ 198
- 练习题 ······ 199

第九章 天然气渗流理论基础 · 200

第一节 天然气渗流的基本微分方程 · 200
第二节 天然气的稳定渗流 · 203
第三节 天然气的不稳定渗流 · 205
本章要点 · 206
练习题 · 206

第十章 非常规油气藏渗流理论基础 · 207

第一节 低渗透油藏非线性渗流模型 · 207
第二节 致密油基质非线性渗流基础 · 211
第三节 页岩气基质渗流模型 · 213
第四节 天然气水合物渗流模型 · 220
本章要点 · 224
练习题 · 225

参考文献 · 226

第一章

渗流基本规律及渗流数学模型

在油气田开发工程中，为了合理地控制和改造油层，保证油气田长期稳定高产，就必须掌握油、气、水在地层中的流动规律。在渗流力学中把在油气层中流动的油、气、水以及它们的混合物统称为"流体"。

油层、气层是由许多形状、大小各不相同的岩石颗粒构成的，颗粒之间形成许多孔隙空间，流体就储存在这些孔隙空间内，这些孔隙空间有的互相连通，形成通道，有的则互不连通。储存流体的空间一般有孔隙、裂缝和溶洞三类孔隙结构。在渗流力学中把油气层这种以固相为连续骨架，并含有孔隙、裂缝或溶洞体系的介质称为"多孔介质"。一般砂岩油气层都由孔隙构成储存流体的空间，像这种只存在一种孔隙结构的多孔介质称为单纯介质。绝大多数砂岩油气层被认为是一种单纯介质，称为孔隙介质。在某些油气层中常同时存在两种或三种孔隙结构，如孔隙—裂缝、孔隙—溶洞、裂缝—溶洞或孔隙—裂缝—溶洞，称为双重介质或三重介质。一般石灰岩油气层被认为是具有孔隙及裂缝的双重介质。

流体在多孔介质中流动称为"渗滤"或"渗流"。研究流体在多孔介质中流动的科学称为"渗流力学"。流体在具有不同孔隙结构的多孔介质中的流动特性是不同的，本教材将讨论在不同孔隙介质中的渗流问题（富媒体 1-1）。

在油气储层中油、气、水构成一个统一的水动力系统。这个系统由含油区、含气区（当有气顶存在时）和含水区（当有边水或底水存在时）组成。在一个地质构造中各处都由微细的孔隙通道相连，构造中流体之间是互相制约、互相作用的，每一局部地区的变化都会影响到整体，这样的一个地质构造可看作是一个统一的水动力系统。由于一个统一的水动力系统中流体是互相联系的，因此在讨论渗流规律之前，首先要了解油、气、水在油藏中的分布状况以及驱油能量来源。除此之外，还要对这些流动规律进行精确的描述，即建立相应的渗流数学模型。

富媒体 1-1 渗流力学的重要性及发展历程（视频）

第一节 油藏中流体静态分布状况

一、油、气、水的分布状况

在砂岩油藏中，地下流体总是储集在各种构造中，最常见的是背斜构造。下面就以背斜构造为例，阐明在静态条件下油、气、水在其中的分布状况。

如果在一个统一的水动力系统中同时存在油、气、水，由于气密度最小，将占据构造顶部的孔隙，称为"气顶"；石油聚集在稍低的翼部；而密度更大的水则占据翼的端部，处于最外围，称为"边水"。

油藏中油和水的接触面积为油水分界面，投影到平面上即为含油边缘。严格来说，应划分为含油内边缘和含油外边缘，在实际中一般取内、外边缘的中间位置来计算含油边缘。油气分界面的水平投影称为含气边缘。如果油藏外围有天然露头并与天然水源相通，称为"敞开式油藏"（图1-1）。如果外围封闭（断层遮挡或尖灭作用），无水源，则称为"封闭式油藏"，其外围封闭处的投影称为封闭边缘（图1-2）。

根据油、气、水的分布状况，把位于含油边缘外部的水称为边水。当油层较厚、地层倾角平缓时，水位于油之下，称为底水（图1-3）。

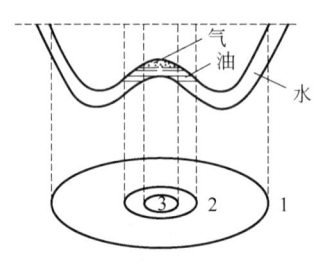

图1-1 敞开式油藏
1—供给边缘；2—计算含油边缘；3—含气边缘

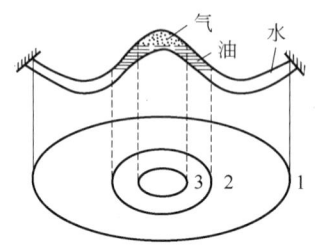

图1-2 封闭式油藏
1—封闭边缘；2—计算含油边缘；3—含气边缘

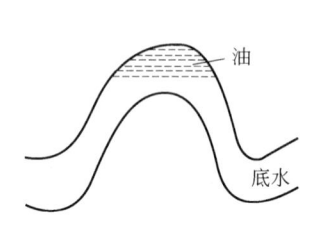

图1-3 底水油藏

实际油藏往往都不是单一油层，而是小层交错，小层间也可能有局部连通，构成油砂体。层与层之间岩性也常不一致，同一层内各处的岩性也不相同，故而油层是非均质的（富媒体1-2）。另外，也可能由于地壳运动等原因，油层常被断层分割成许多区块，这就使油层形状和油、气、水分布状况更加复杂及不规则，因此在开发油藏时，首先要了解油、气、水的储存状况和特点。

富媒体1-2 实际油藏油气水分布（讲义）

二、五种压力的概念

下面简要地介绍一下油藏开采时常用的五种压力概念（富媒体1-3）。

1. 原始地层压力

富媒体1-3 五种压力的介绍（视频）

油藏在开发以前，整个油藏处于平衡状态，此时油层中流体所承受的压力称为原始地层压力。一般在油藏开发初期，第一批探井完井诱喷后，立即关井测压，所测得的各井油层中部深度压力就是各井的原始地层压力（p_i）。当油层倾角较大时，各井油层中部深度往往各不相同，处于油层顶部的井油层中部深度小，处于翼部的井油层中部深度大。矿场实践表明，在油藏开发前的原始状况下，虽然油藏处于平衡状态，流体不流动，但各井的实测油层中部深度压力即各井原始地层压力也是不相等的。

在油藏投入开发以后，就打破了油藏原始状态，此时所钻的井就不可能直接再测得原始地层压力。这些井的原始地层压力就需要根据该井油层中部深度，在压力梯度曲线上求得。所谓压力梯度曲线，指的是在直角坐标系中，根据最初的探井所测得的油藏埋藏深度（油层中部深度）H 和实测压力 p 资料，以 H 为纵坐标、p 为横坐标所绘得的关系图线，它是一直线，如图 1-4 所示。这种直线可以用以下的数学形式来表示：

$$p_i = a + bH \quad (1-1)$$

式中，系数 b 称为压力系数。常规油藏 b 的取值为 0.7~1.2，当 $b<0.7$ 时称为异常低压油藏，当 $b>1.2$ 时称为异常高压油藏。不同的水动力系统，其压力梯度曲线是不同的。

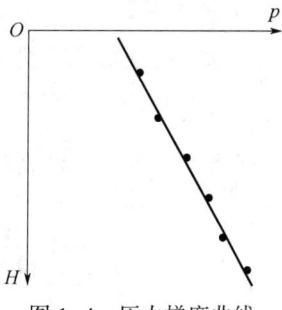

图 1-4 压力梯度曲线

2. 目前地层压力

油藏开发过程中，不同时期的地层压力称为目前地层压力（p）。使一口油井停止生产，而周围的油井继续生产，则关闭井的压力逐渐升高，经过一段较长的时间后，压力值不再上升，趋于稳定，此时测得的该井的油层中部深度压力值即为该井的目前地层压力，习惯上也称为该井的"静压"。

3. 折算压力

各井的原始地层压力不相等，说明油藏各处的流体除具有压能外，还具有其他能量。在油藏开发前的原始状况下，油藏各处流体所具有的总能量是相等的，只有这样才能使流体不流动。在流体力学中，单位质量液体具有的总能量有比位能、比压能和比动能。

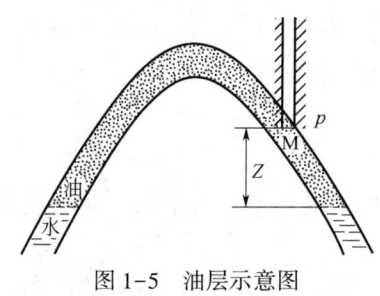

用点 M 表示某井油层中部位置，选原始油水分界面作为基准面，用 Z 表示 M 点的标高，p 表示 M 点的实测压力值，ρ 表示油层条件下液体的密度，g 为重力加速度，取 9.8m/s^2，u 表示 M 点流体的流速（图 1-5）。M 点流体所具有的总能量称为总水头 H：

图 1-5 油层示意图

$$H = Z + \frac{p}{\rho g} + \frac{u^2}{2g} \quad (1-2)$$

由于流体在油层中渗流时，在孔隙通道中的流动速度是很小的（一般以 μm/s 计算），所以它的平方项将更小，可忽略不计，这样总水头可写成：

$$H = Z + \frac{p}{\rho g}$$

将总水头式（1-2）用压力形式来表示：

$$p_r = \rho g H = p + \rho g Z \quad (1-3)$$

式中，p_r 称为折算压力，它表示油层中各点流体所具有的总能量，而 p 仅表示该点处压能的大小（富媒体 1-4）。

一般习惯上把原始油水分界面选为计算折算压力时的基准面。

在油井动态分析中对比各井地层压力或流体流动方向时，必须用折

富媒体 1-4 油水界面折算压力的计算（例题）

算压力数值，才能得出正确的结论。

4. 供给压力

油藏中存在液源供给区时，在供给边缘上的压力称为供给压力（p_e）。

5. 井底压力

油井生产时井底测得的压力称为井底压力（p_w），习惯上也称为该井的流压。

第二节　油藏中的驱油能量和驱动方式

油藏未开发时，整个油层内具有较大的潜在能量，这些潜在能量在开采时就成为油层中流体流动的动力来源（富媒体 1-5）。另外，人工增加的油层能量（注水或注气）也是油层中的动力来源。正是这些能量使得油气在开采过程中流向井底，因此研究渗流问题首先必须分析油藏中的驱油能量。

富媒体 1-5　油藏中的驱油能量及驱动方式（视频）

油藏的能量主要来自边水、底水或人工注水的压能，液体和岩石的弹性能，气顶中压缩气体的弹性能，原油中溶解气的弹性能和原油本身的重力。在自然条件下，流体在多孔介质中运动时，常常是各种能量同时起作用，如一般都存在液体与岩石的弹性能作用和原油重力作用等，然而在不同时期，驱使油气流向井底的能量中必有一种能量起主要作用。在开采的过程中，根据主要依靠哪一种能量驱出石油来区分油藏的不同驱动方式。驱动方式不同，开采过程中产量、压力变化规律不同，最终采收率也不同。因此，鉴别油藏的驱动方式，对合理开发油田有很大意义。

一般的驱动方式可分为如下 5 种：

（1）刚性水压驱动：主要是依靠与外界连通的边水、底水或人工注入水的压能驱使原油流动。

（2）弹性驱动：主要依靠岩石和液体的弹性能将原油驱向井底。如果油藏含油区和含水区连通性很好，含水区又很大，此时依靠含水区岩石和水的弹性作用使水渗入含油区，使油流动，这种驱动方式称为弹性水压驱动。

（3）气压驱动：油藏内具有气顶，而且主要依靠气顶中压缩气的弹性膨胀能将油驱向井底。

（4）溶解气驱：当地层压力低于油藏饱和压力后，从原油中不断分离出溶解气，如果主要依靠这种不断分离出来的溶解气的弹性作用来驱油则称为溶解气驱。由于原油中溶解的气量总是有限的，故这种方式的采收率往往比较低。

（5）重力驱动：原油依靠其本身重力的作用流向井底。由于重力的作用总是有限的，故一般只是在其他能量均已枯竭，且油藏具有明显的倾角时才会出现这种驱动方式。

由上面的分析可知，驱动方式只反映油藏中的主要动力，但不是说在某一种驱动方式下仅存在唯一的一种动力，而是其他的力相对来说不起主要作用。驱动方式也不是一成不变的，一旦主要的动力发生变化，驱动方式也就随之而转化。例如，一个地层压力高于饱和压力的油藏，并且生产井井底压力也保持高于饱和压力，在开发初期，井底形成的压力降还未传到边缘时，驱油入井的动力是压力降范围内的液体和岩层的弹性能，因此这时的驱动方式为弹性驱动。当压力降传到含水区后，驱油的动力主要是水区的弹性能。压力降继续传到供给边缘处，如果该处有足够的水量补充，则油藏将转化成刚性水压驱动，流体和岩层的弹性能不再成为主要的驱油动力。也就是说实际油田开发是一个综合驱动的过程。

如果所采用的开采方式不合理，在油藏内部不合理地过量采油，使局部地区压力迅速低于饱和压力，可能使局部地区转入溶解气驱。但是，如采用人工注水方法，凡是注水见到效果的地区，可以转化为刚性水压驱动方式。

第三节　渗流的基本规律——达西定律

实际油层一般是多层和非均质的，构成岩层的颗粒形状和大小很不均匀，而且岩层孔隙极小，孔道曲折杂乱，表面粗糙，单位体积岩层的孔隙通道的表面积（称为"比面"）很大，因而流体渗过时，阻力很大，流动速度很小，渗流途径曲折复杂，比管路内流体的流动状况要复杂得多。一般用实验方法研究渗流的基本规律，达西实验装置如图 1-6 所示。

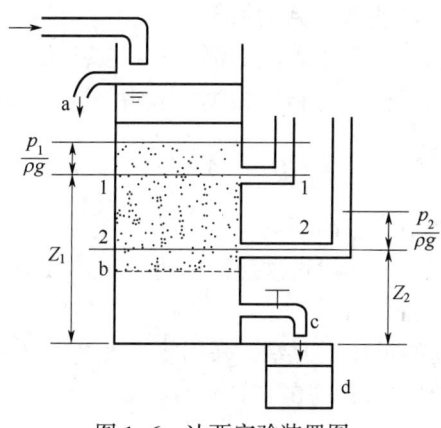

图 1-6　达西实验装置图

此装置为一直立的开口圆筒，侧面装设测压管，筒中距底一定高度处安装滤网 b，上填装砂样至一定高度。水自上部引入圆筒中，借助 a 管保持稳定水位，液体渗过砂层从圆筒底部流出，用量杯 d 测量流量。

以上述实验装置为例，做多组实验进行对比。这些实验包括砂层横截面积不同、砂子颗粒大小不同（即砂层渗透性不同）、通过的液体黏度不同、两测压管间距离不同的多种实验。在实验过程中用 a 管保持了稳定水位，所以实验是在稳定条件下进行的。通过调节出口管 c 阀门的不同开启程度，可以得到不同的水头差和通过砂层的相应流量资料。

在断面 1—1 处总水头（忽略流速水头项）为：

$$H_1 = Z_1 + \frac{p_1}{\rho g}$$

在断面 2—2 处总水头为：

$$H_2 = Z_2 + \frac{p_2}{\rho g}$$

两断面间的水头差为：

$$\Delta H = \left(Z_1 + \frac{p_1}{\rho g}\right) - \left(Z_2 + \frac{p_2}{\rho g}\right)$$

折算压力差为：

$$\Delta p_r = \rho g \Delta H$$

实验结果表明：在一定范围内流量 Q 与折算压力差 Δp_r 成直线关系。若把出口管 c 阀门继续开大，直线关系就会被破坏，此时流量 Q 与折算压力差的 n 次方 Δp_r^n 成正比关系。

在流体力学中，当流动处于层流状态时，水头损失与流量成直线关系，而在紊流时，水头损失与流量之间不再是直线关系。破坏直线关系的原因是层流状态时，液流阻力以黏性阻力为主，而紊流状态时，则转化为以惯性阻力为主。液体通过砂层渗流时，也是类似情况。黏性阻力与惯性阻力的对比，就决定了流量与折算压力差是否服从直线关系。

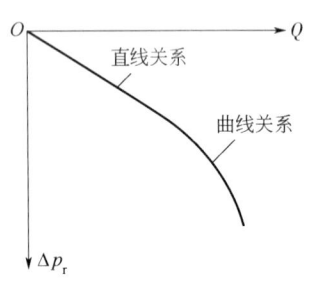

大量的实验和油田实际资料表明，由于孔隙内流体流动速度非常小，因而在一般砂岩油藏中，流量和折算压力差都将服从直线关系，仅在裂缝性地层或井底附近地区有破坏直线关系的可能，在气藏中由于气体黏度小、流动速度大，也会出现破坏直线关系的情况。

下面首先对流量与折算压力差成直线关系（图 1-7）的情况进行分析。根据实验得知它们满足如下等式：

图 1-7　流量与折算压力差的关系

$$Q = \frac{K}{\mu} A \frac{\Delta p_r}{\Delta L} \tag{1-4}$$

式中　Q——通过砂层的渗流流量，cm^3/s；

K——砂层渗透率，反映液体渗过砂层的能力，μm^2 或 D；

A——渗流横截面积，cm^2；

Δp_r——两渗流截面间的折算压力差，采用物理大气压（在俄文文献中采用 $1kg/cm^2$，即工程大气压），atm 或 0.1013MPa；

μ——液体黏度，$mPa \cdot s$；

ΔL——两渗流截面间的距离，cm。

式(1-4) 称为达西公式，由于流量与折算压力差成直线关系，故也称为达西直线定律，它是 19 世纪法国水利工程师达西（富媒体 1-6）为解决给水净化问题，通过实验得出的。式中折算压力差是驱使流体流动的动力，在此压差作用下流体从断面 1 流向断面 2。$\frac{\mu \Delta L}{KA}$ 反映了渗流过程中阻力的大小，影响阻力大小的因素是与流体物性有关的参数即黏度、与岩石物性有关的参数即渗透率，还取决于岩石的几何形状如渗流面积和长度参数。达西公式实际上反映了流体渗流时动力与阻力的关系。

富媒体 1-6　达西的生平介绍

若实验时砂层是水平放置的，则由于各点位置高度都相同，实测压力差值和折算压力差值是一致的，此时达西公式可写成：

$$Q = \frac{K}{\mu} A \frac{\Delta p}{\Delta L} \tag{1-5}$$

式中　Δp——实测压力差，atm 或 0.1013MPa。

下面介绍"渗流速度"这一概念。流体只是在砂层中的孔隙通道内流动，因此流体通过砂层截面上孔隙面积的速度平均值 u 反映了该砂层截面上流体流动真实速度的平均值，称为实际平均速度：

$$u = \frac{Q}{A_p} \tag{1-6}$$

式中　Q——流量，cm^3/s；

　　　A_p——孔隙截面面积，cm^2。

由于孔隙通道形状复杂，所以岩层各横截面上孔隙面积是不相同的，使得通过各横截面的流体实际平均速度 u 不断变化，给研究渗流问题带来很大的麻烦，因此提出一个假想的速度即渗流速度 v，一般用它来研究渗流问题。

所谓渗流速度，指的是设想流体通过整个岩层横截面积（实际上流体只通过孔隙横截面积），此时的流体流动速度称为渗流速度 v：

$$v = \frac{Q}{A} \tag{1-7}$$

保持流量不变，当岩层横截面积不变时，渗流速度也不变，这给研究工作带来方便。

由孔隙度公式：

$$\phi = \frac{V_p}{V}$$

其中　　　　　　　　　　　$V_p = A_p L, \quad V = AL$

式中　V_p——孔隙体积，m^3；

　　　V——岩层体积，m^3；

　　　L——岩层长度，m。

所以 $\phi = \frac{A_p}{A}$，代入式（1-6）得：

$$v = \frac{Q}{A} = \frac{\phi Q}{A_p} = \phi u \tag{1-8}$$

式（1-8）反映了流体渗流速度与实际平均速度间的关系。在渗流力学中经常应用的是渗流速度，用它来研究油井产量等问题，只有在研究流体质点运动规律时，才用实际平均速度。

达西公式（1-4）也可用渗流速度的形式来表达，即：

$$v = \frac{K}{\mu} \frac{\Delta p}{\Delta L} \tag{1-9}$$

为了理论分析方便起见，用微分形式表示式（1-9）：

$$v = -\frac{K}{\mu} \frac{dp}{dx} \tag{1-10}$$

式（1-10）中的负号与坐标轴的选定有关：所取的 x 轴方向与流动方向一致，在渗流过程中压力沿流动路程而降低，当 dx 为正值时，dp 为负值，为保证渗流速度取正值，在式（1-10）

中加上负号。

式(1-5)还可以写成如下形式：

$$Q = \frac{\Delta p}{\mu \Delta L/(KA)} = \frac{驱油动力}{渗流阻力}$$

由此可知，达西定律实际上反映的是油井产量与驱油动力和阻力相互间的一种制约关系。

第四节　达西定律的局限性

在大多数油藏中，液体在多孔介质中的渗流是服从达西定律的，如果以折算压力差为纵坐标、以流量 Q 为横坐标，可得到如图 1-7 所示的直线段。然而由大量实际资料得知，如果继续加大压差时，Q 与 Δp_r 的关系变成曲线，如图 1-7 中所示的曲线段。在管路水力学中，液流处于层流状态时，黏滞力为主，水头损失与流量成直线关系；而在湍流状态时，则以惯性力为主，水头损失与流量不成直线关系。液体渗流时也存在类似的情况，因而黏滞力与惯性力的对比，就决定了压力差与流量是否服从直线关系。

较早以前，认为达西定律的适用条件是层流，而破坏达西定律就是出现了湍流。20 世纪 40 年代以来，很多实验表明，并不是所有地下液体的层流运动都服从达西定律，也就是说液流的临界雷诺数远远小于 2000 时，液流运动已经破坏了达西定律。因此，多孔介质中液流可以分为三个区域（表 1-1）：

(1) 低雷诺数时，即低速时，属于层流区域。这时黏滞力占优势，达西定律适用。
(2) 随着渗流速度增加，存在从层流向湍流的过渡带，这是非线性层流方式。
(3) 高渗流速度时为湍流，达西定律不适用。

表 1-1　达西定律的适用性

达西定律适用	达西定律不适用	
层流	层流	湍流
黏滞力占优势	层流向湍流过渡 黏滞力变小 惯性力增加	惯性力占优势

从服从达西定律的层流运动到不服从达西定律的层流运动再过渡到湍流运动，其转变是逐渐的，往往没有一个明确的分界线。这是因为在多孔介质中，孔隙的大小、形状和方向都在很大范围内变化，有些孔隙中的流动状态转变了，有些孔隙中还没转变，所以总体看来是逐渐过渡的。

关于判别液流状态的雷诺数，经过多年来不断实验和不断总结，学者们提出了很多判别公式，到目前为止比较通用的是：

$$Re = \frac{v\sqrt{K}\rho}{1750\mu\phi^{\frac{3}{2}}} \tag{1-11}$$

式中　Re——雷诺数，反映了惯性力和黏滞力的比值，并进一步考虑了多孔介质的特点，渗流中的临界雷诺数为 0.2~0.3，即当 Re 不大于临界雷诺数时，渗流服从达西定律，Re 大于临界雷诺数时，渗流不服从达西定律；

v——渗流速度，cm/s；

K——渗透率，μm^2 或 D；

μ——黏度，mPa·s；

ρ——密度，g/cm^3；

ϕ——孔隙度，小数。

描述非线性渗流时，产量与压差的关系式有两种：

（1）当渗流破坏达西定律时，流量与压差可用指数关系表示：

$$Q = C\left(\frac{dp}{dL}\right)^n \quad (1-12)$$

式中 C——取决于岩层和流体性质的系数；

n——渗流指数，当 $n=1$ 时，$C=\dfrac{K}{\mu}A$，渗流服从达西定律，实验证明 n 的变化范围在 $1/2 \sim 1$ 之间。

（2）很多人认为在物理上合理的是二项式渗流定理：

$$-\frac{dp}{dL} = aQ + bQ^2 \quad (1-13)$$

式中，a、b 为取决于岩石和流体物理性质的常数。式（1-13）右端第一项反映达西定律特征，是液体和多孔介质之间的直接摩擦而引起的压力损耗。当 Q 很小时，相应的雷诺数也很小，第一项占优势，$a = \dfrac{\mu}{KA}$，则 Q^2 项就可忽略不计，式（1-13）就转化为达西直线定律。第二项反映液流在绕过组成多孔介质的无规律的固体系统时收缩、扩大和转弯等引起的压力耗损，可称为"微观局部阻力"的压力耗损。当速度和雷诺数大时，这一项占优势。非线性渗流定律在研究油井问题时应用较少，但在研究气藏中气井渗流问题时得到广泛的应用。

由上述可知渗流服从达西定律时，流量与压差应成直线关系，此直线应通过坐标轴原点，因而所有偏离这种直线的都代表其他的非达西型渗流。1969年库提勒克概括了12种非达西型渗流模式曲线，如图1-8所示。通过对偏离直线的物理原因进行综合分析得出，非达西型渗流远比上述分析要复杂得多，偏离的原因可能是：（1）渗流速度过高，流量过大，这种情形可用式（1-12）或式（1-13）描述；（2）分子效应，如气体渗流时气体滑脱和分子冲流、吸附作用与毛细管凝析引起气体渗流异常的情况；（3）离子效应，如多孔介质中含有黏土时，盐水渗流时存在离子效应的影响，实验发现这时渗透

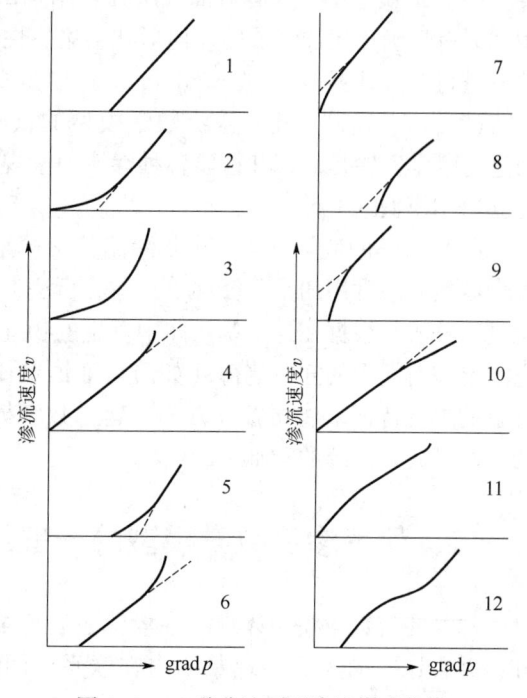

图1-8 12种非达西型渗流模式曲线

率随含盐浓度的增加而增加，并随流动速度的增加而增加，这是流体中的离子与某种多孔介质表面的相互作用而产生的，因而盐水渗过含黏土砂岩时就可能产生偏离达西定律的情况；（4）非牛顿流体渗流时，由于非牛顿型液体的流变性，而产生偏离达西型渗流的情况。关于这些问题的详细阐述可参阅有关"渗流物理"的文献，这里不再阐述。

第五节 油气渗流数学模型的建立

用数学语言综合表达油气渗流过程中全部力学现象和物理化学现象内在联系和运动规律的方程式（或方程组）称为"油气渗流数学模型"。

一个完整的油气渗流数学模型应包括两部分：渗流综合微分方程的建立及边界条件和初始条件的提出。下面叙述如何将一定地质条件下的油气渗流问题转变为数学模型的建立和求解问题。

一、建立数学模型的基础

油气渗流力学的研究方法是将一定地质条件下油气渗流的力学问题转换为数学问题，然后求解，再联系油气田开发的实际条件应用到生产当中去。

把渗流过程中的各种力学、物理、化学现象和规律，用数学语言加以描述就是要用微分方程和微分方程组综合地加以表达。由于渗流的形态和类型不同，它们遵循的力学规律有差异，伴随渗流过程出现的物理化学现象也不相同。所以有很多类型的渗流数学模型。

要建立一个渗流数学模型，必须进行以下基础工作：

（1）地质基础。只有对油气层孔隙结构的正确认识和描述才能建立合乎实际的数学模型。只有正确描述油气层的几何形状、边界性质、参数分布，才能给出正确的边界条件和参数以进行渗流计算。

（2）实验基础。建立渗流数学模型的核心是正确认识渗流过程中的力学现象和规律，而进行科学实验是认识和检验各种渗流力学规律的基础。因此，进行渗流物理的基础实验是建立数学模型的关键。

（3）科学的数学方法。建立渗流数学模型，要有一套科学的数学方法作为手段。建立数学模型一般常用的是无穷小单元体分析法，这就是在地层中抽出一个无穷小单元体作为对象进行分析，根据在这个单元体中发生的物理及力学现象建立数学模型。通常根据单元体中空间上和时间上的守恒定律（如质量守恒定律、能量守恒定律、动量守恒定律）或微小单元上的渗流特征来建立微分方程。建立数学模型后，还要用数学理论证明数学模型是有解的，并且解是连续的和唯一的。

二、油气渗流数学模型的一般结构

油气渗流数学模型体现了在渗流过程中需要研究的流体力学、物理学、化学问题的总和，并且还要描述这些现象的内在联系。因此，建立综合油气渗流数学模型要考虑如下内容：

(1) 运动方程（所有数学模型必须包括的组成部分）。

(2) 状态方程（在研究弹性可压缩的多孔介质或流体时需要包括的部分）。

(3) 质量守恒方程（也称连续性方程，它可以将描述渗流过程各个侧面的诸类方程综合联系起来，是数学模型必要的部分）。

以上三类方程是油气渗流数学模型的基本组成部分。

(4) 能量守恒方程（只有研究非等温渗流问题如热力采油时才用到）和动量守恒方程。

(5) 其他附加的特性方程（特殊的渗流问题中伴随发生的物理或化学现象附加的方程，如物理化学渗流中的扩散方程等）。

(6) 有关的边界条件和初始条件（是渗流数学模型必要的内容）。

三、建立数学模型的步骤

第一步：确定建立模型的目的和要求。

首先根据建立模型的目的确定微分方程要解决什么问题，即方程的未知量（因变量）是什么？自变量又是什么？此外还有哪些物理量（或物理参数）起作用？

在渗流力学研究中要求数学模型解决的问题大体上有六种：压力 p 的分布；渗流速度 v 的分布（包括油井产量）；流体饱和度 S 的分布；分界面移动规律；地层温度 T 的分布；溶剂浓度 C 的分布。

根据上面的要求，渗流数学模型的因变量（求解的未知数）一般是压力 p（或相当压力的压力函数）、速度 v、饱和度 S 及浓度 C。一般问题的未知量是压力 p 和速度 v；两相或多相渗流问题还要求得饱和度 S 的分布；在分界面移动理论中要求解时间与分界面坐标的函数关系。

渗流力学数学模型中的自变量，一般是坐标 (x,y,z) 和时间：在稳定渗流中自变量只包括坐标 (x,y,z) 或 (r,θ,z)；而不稳定渗流中自变量包括坐标和时间 (x,y,z,t)。在建立数学模型时还要根据所解决问题的地质状况、生产条件决定渗流空间的维数。一维空间的自变量是 (x,t) 或 (r,t)；二维空间的自变量是 (x,y,t) 或 (r,θ,t)；三维空间的自变量是 (x,y,z,t) 或 (r,θ,z,t)。在数学模型中也有零维模型即与空间无关的模型，如物质平衡法的数学模型就是零维模型。

在渗流数学模型中，除了自变量和因变量之外，还要出现一些系数，其中有地层物理参数（如渗透率 K、孔隙度 ϕ、弹性压缩系数 C、导压系数 η 等）和流体的物理参数（如黏度 μ、密度 ρ、体积系数 B 等）。它们又可分为常系数和变系数（变系数指这些物理参数是压力或其他变量的函数）两种。

建立数学模型的最终目的是要求得因变量和自变量之间的函数关系，即：

$$p=f(x,y,z,t,A,B); \quad v=f(x,y,z,t,A,B)$$
$$S=f(x,y,z,t,A,B); \quad T=f(x,y,z,A,B)$$

式中，A 为岩石的物理参数；B 为流体物理参数。它们可以是常数，也可以是某些变量的函数。

第二步，研究各物理量的条件和情况。

对参加渗流过程的各物理量要逐个研究它们的情况和条件。具体研究四方面的条件和情况：过程状况，是等温还是非等温过程；系统状况，是单组分系统还是多组分系统，甚至是反凝析系统；相态状况，是单相还是多相，甚至是混相；流态状况，是服从线性渗流规律还是服从非线性渗流规律，是否物理化学渗流或非牛顿液体渗流。

通过这样的分析，对数学模型中选用哪些运动方程、守恒方程及是否需要状态方程和附加特性方程，就会有一个全面估计。

第三步，确定未知数（因变量）和其他物理量之间的关系。

根据上面分析，确定物理量之间的四个关系：

(1) 确定选用的运动方程。写出速度和压力梯度之间的函数关系：$v_i = f\left(A, B, \dfrac{\mathrm{d}p_i}{\mathrm{d}x_i}\right)$。

(2) 确定所需的状态方程。写出物理参数和压力的关系：$A_i = f_i(p)$，$B_i = f_i(p)$。

(3) 确定连续性方程。写出渗流速度 v 与坐标和时间的关系或饱和度与坐标和时间的关系：$v = f(x,y,z,t,A,B)$（对单相流体），$S = f(x,y,z,t,A,B)$（对多相流体）。

(4) 确定伴随渗流过程发生的其他物理化学作用的函数关系（如能量转换方程、扩散方程等）。

建立上面这些函数关系都是采用无穷小单元分析法或积分法，所以这些物理量的函数关系都以微分方程形式表述出来。

第四步，写出数学模型所需的综合微分方程（组）。

上面所述的各个方程只是分别孤立描述了渗流过程物理现象的各个侧面。因此，还需要通过一定的综合方程把这几方面物理现象的内在联系统一表达出来。从以上四方面的物理量函数关系的分析，只有连续性方程表达了未知量 v 与坐标和时间的函数关系 [$v = f(x,y,z,t,A,B)$]，它反映了建立数学模型的根本目的（对多相渗流是建立饱和度与坐标和时间的关系，同样也属于连续性方程）。因此，就选用连续性方程作为综合方程，把其他方程都代入连续性方程中，最后得到描述渗流过程全部物理现象的统一微分方程（组）。

第五步，根据量纲分析原则检查所建立的数学模型量纲是否一致。

渗流数学模型的量纲一定是齐次的，所以检查量纲往往可以判断所建立的数学模型是否正确。但用这个方法的重要条件是要求正确使用量纲。同时还要注意，量纲一致只是数学模型正确性的必要条件，但不是充分条件。量纲正确并不一定保证数学模型没有错误。

第六步，确定数学模型的适定性。

建立数学模型之后，重要的问题是保证方程能够求解。事实上一个微分方程可能是无解的，即使有解，也可能不是唯一的和连续的。所以在建立数学模型中必须研究：解是否存在？解是否唯一？解是否连续？

假如一个数学模型中的微分方程满足下面三个条件：

(1) 解必须是存在的（解的存在性问题）；

(2) 解必须是唯一确定的（解的唯一性问题）；

(3) 解在数值上是连续的（解的稳定性问题）。

满足上面三个条件的问题被称为"适定的问题"。因此建立数学模型之后要对它的适定性进行讨论和证明。

第七步，给出问题的边界条件和初始条件。

四、流体和岩石的状态方程

渗流是一个运动过程，而且也是一个状态不断变化的过程。由于与渗流有关的物质

（岩石、液体、气体）都有弹性，因此，随着状态变化，物质的力学性质会发生变化。所以，描述弹性引起力学性质随状态而变化的方程式称为"状态方程"。

1. 液体的状态方程

由于液体具有压缩性，随着压力降低，体积发生膨胀，同时释放弹性能量，出现弹性力。它的特性可用式（1-14）来描述，写成微分形式为：

$$C_L = -\frac{1}{V_L}\frac{dV_L}{dp} \tag{1-14}$$

式中　C_L——液体的弹性压缩系数，它表示当压力改变一个单位压力时，单位体积液体体积的变化量，MPa^{-1}；

　　　V_L——液体的绝对体积，m^3；

　　　dV_L——压力改变 dp 时相应液体体积的变化，m^3。

从这里看出：弹性作用体现为体积和压力之间的关系。这就是说，对弹性液体来说，它的体积不是绝对不变的，而是随着压力的状态变化而变化。因此，表征这种变化关系的是一种压力状态方程。

根据质量守恒原理，在弹性压缩或膨胀时液体质量 M 是不变的，即：

$$M = \rho V_L$$

式中　ρ——流体密度，kg/m^3。

微分上式得：

$$dV_L = -\frac{M}{\rho^2}d\rho \tag{1-15}$$

代入式（1-14）得到：

$$C_L = \frac{1}{\rho}\frac{d\rho}{dp} \tag{1-16}$$

分离变量，C_L 取常数，并设 $p=p_a$，$\rho=\rho_a$；$p=p$，$\rho=\rho$。积分式（1-16）得：

$$\ln\frac{\rho}{\rho_a} = C_L(p-p_a) \tag{1-17}$$

$$\rho = \rho_a e^{C_L(p-p_a)} \tag{1-18}$$

将式（1-18）按麦克劳林级数展开，只取前两项已具有足够的精确性：

$$\rho = \rho_a[1+C_L(p-p_a)] \tag{1-19}$$

式中　p_a——大气压力，0.1013MPa；

　　　ρ_a——大气压力下流体的密度，kg/m^3；

　　　ρ——任一压力 p 时流体的密度，kg/m^3。

同时，质量也可用密度来表示，同样推导出：

$$\rho = \rho_0[1+C_L(p-p_0)] \tag{1-20}$$

式中　ρ_0——初始条件下的密度，kg/m^3；

　　　p_0——初始条件下的压力，0.1013MPa。

式（1-18）、式（1-19）、式（1-20）就是弹性液体的状态变化方程。

实际上，实验结果表明 C_L 值是一个变量，它随温度和压力不同略有改变。例如水，当温度从15℃增至115℃时，其C_L值开始降低4%，然后增加，其变化幅度可达10%；当压力改变时，C_L值随压力增加而减小，当压力从7MPa增加到42.2MPa时，C_L约减小12%。在地下渗流中，油气层温度大致不变，整个渗流过程可看成等温过程，一般把C_L值看成常数，其数量级在$10^{-4}\mathrm{MPa}^{-1}$左右。因此，渗流过程若是弹性液体，应将液体状态方程列入描述渗流力学过程的数学模型。

2. 气体的状态方程

气体的压缩性比液体大得多。表示气体体积随温度、压力和组分之间变化关系的方程，称为气体状态方程。

对理想气体而言，状态方程服从玻意耳—盖吕萨克定律，公式为：

$$pV=RT \qquad (1-21)$$

或者

$$\frac{p}{\rho g}=RT$$

在气层中，温度变化不大，可视为等温过程：

$$\frac{p}{\rho g}=\frac{p_a}{\rho_a g} \qquad (1-22)$$

式中　p——压力，MPa；

T——温度，K；

V——体积，m^3；

p_a——大气压力，0.1013MPa；

ρ——密度，带"a"脚标的是代表p_a时的密度，$\mathrm{kg/m}^3$；

R——气体常数，对不同性质的气体具有不同数值。

理想气体的状态方程，只适用于低压高温下的气体。实践中发现，实际气体和理想气体压缩性是不一样的，其原因是：第一，真实气体分子本身都具有大小，当压力高时，分子靠近，气体分子本身的体积和气体所占容积相比已不可忽略；第二，气体分子间有相互作用力，当这种作用力相近时为斥力，而稍远就为引力，而且这种引力的特征是其大小随距离增加而很快趋于零。因此，真实气体和理想气体相比，在压缩性上出现了偏差。为了描述这种偏差，引用真实气体的状态方程：

$$pV=ZRT \qquad (1-23)$$

式中，Z为压缩因子，它是温度和压力的函数，求Z系数的方法可参见《油层物理》和《采气工程》等教科书。

3. 岩石的状态方程

岩石的压缩性对渗流过程有两方面的影响：一方面压力变化会引起孔隙大小发生变化，表现为孔隙度是随压力而变化的状态函数；另一方面则是孔隙度大小变化引起渗透率的变化。

由于岩石的压缩性，当压力变化时，岩石的固体骨架体积会压缩或者膨胀，这同时也反映在岩石孔隙体积发生变化上。因而可以把岩石的压缩性看成孔隙度随压力发生变化。

岩石的压缩系数C_f表示在地层条件下，压力每改变单位压力时，单位体积岩石中孔隙体积的变化值：

$$C_f = \frac{dV_p}{V_f}\frac{1}{dp} \tag{1-24}$$

式中 V_f——岩石体积，m^3；

dV_p——岩石膨胀而使孔隙缩小的体积，m^3。

由于孔隙度 $\phi = \frac{V_p}{V_f}$，所以可写出：

$$d\phi = \frac{dV_p}{V_f} \tag{1-25}$$

因而：

$$C_f = \frac{d\phi}{dp};\quad d\phi = C_f dp \tag{1-26}$$

在 $p=p_a$，$\phi=\phi_a$；$p=p$，$\phi=\phi$ 条件下积分可得：

$$C_f p = \int_{\phi_a}^{\phi} d\phi$$

所以：

$$\phi = \phi_a + C_f(p-p_a) \tag{1-27}$$

式中 p_a——大气压力，$0.1013MPa$；

ϕ_a——大气压力下的孔隙度，小数；

ϕ——压力 p 时的孔隙度，小数。

式（1-27）称为弹性孔隙介质的状态方程。它描述了孔隙介质在符合弹性状态变化范围内孔隙度的变化规律。当压力降低时，岩石固体体积膨胀使孔隙缩小，将孔隙原有体积中的部分流体排挤出去、推向井底而成为驱动流体的弹性能量。由于岩石由不同矿物组成，所以，不同的岩石，其压缩系数是不相同的。

如果岩石的弹性变形超过一定限度，在弹性变形外，还会产生另一种变形——塑性变形。这样其总变形由两部分组成：

$$\Delta\varepsilon = \varepsilon_1(\sigma) + \varepsilon_2(\sigma,\tau) \tag{1-28}$$

式中 $\varepsilon_1(\sigma)$——弹性变形（瞬时值），只与压缩系数有关；

$\varepsilon_2(\sigma,\tau)$——随时间过程而发生的塑性变形。

对于埋藏在 3000m 以下的油气层，考虑塑性变形的孔隙介质状态方程为：

$$\frac{d\phi}{dt} = \beta'_c\frac{dp}{dt} + \frac{p-p_i}{\mu'_0} \tag{1-29}$$

其中

$$\beta'_c = \frac{1}{K'_\phi}$$

式中 ϕ——孔隙度，小数；

p_i——原始地层压力，MPa；

p——目前地层压力，MPa；

t——时间，s；

K'_ϕ，μ'_0——岩石流变学常数。

对于发生塑性变形的岩石，在研究其渗流过程时，需要将塑性变形状态方程考虑到渗流力学的数学模型中去。

五、连续性方程

渗流过程必须遵循质量守恒定律（又称连续性原理）。这个定律一般可以描述为：在地层中任取一个微小的单元体，在单元体内若没有源和汇存在，那么包含在单元体封闭表面之内的液体质量变化应等于同一时间间隔内液体流入质量与流出质量之差。用质量守恒原理建立起来的方程称为连续性方程。在稳定渗流时，单元体内质量应为常数。

在渗流过程中常见的连续性方程有单相渗流的连续性方程、两相渗流的连续性方程及带传质扩散过程的连续性方程。它们都遵守质量守恒定律，这是共同点，但对象不同，内容又不完全一样。在渗流数学模型过程中，用它来描述渗流过程中各种力学规律和物理化学规律之间的内在联系，通过置换把运动方程、状态方程和其他方程在质量守恒原理上联系起来，成为一个描述渗流过程全部力学过程的微分方程组（数学模型）。

连续性方程的表现形式是给出运动要素（速度、密度、饱和度、浓度等）随时间和坐标的变化关系，在稳定渗流时表现这些要素和坐标之间的变化关系。

1. 单相渗流的连续性方程（富媒体 1-7）

用质量守恒定律建立连续性方程的方法有两种：一种称为微分法（或称无穷小单元体积分析法）；另一种叫积分法（或称矢量场方法）。

1）方法一：用微分法建立连续性方程

在充满不可压缩液体的均质多孔介质中，任意取一微小的矩形六面体，其三边的长度分别为 dx、dy、dz，此矩形六面体的各个侧面分别与 x、y 和 z 轴平行（图 1-9）。

富媒体 1-7　连续性方程的建立（视频）　　图 1-9　单元立方体图

设六面体中心点 M 处的质量渗流速度（$\rho \cdot v$）在各坐标轴上的分量分别为 ρv_x、ρv_y 和 ρv_z，其中 ρ 为液体的密度。

由于 M 点的质量渗流速度在 x 轴方向的分量为 ρv_x，则在 $a'b'$ 侧面中心点 M′处的质量渗流速度在 x 方向上的分量为 $\rho v_x - \dfrac{\partial(\rho v_x)}{\partial x}\dfrac{dx}{2}$，在 $a''b''$ 侧面中心点 M″处的质量渗流速度在 x 方向上的分量应为 $\rho v_x + \dfrac{\partial(\rho v_x)}{\partial x}\dfrac{dx}{2}$。

由于微小六面体侧面 $a'b'$ 和 $a''b''$ 都很小，因此可将 M′和 M″点上的质量渗流速度分别看成是 $a'b'$ 和 $a''b''$ 侧面上的平均质量渗流速度。这样在 dt 时间内沿 x 轴方向通过 $a'b'$ 侧面流入微小六面体的液体质量等于：

$$\left[\rho v_x - \frac{\partial(\rho v_x)}{\partial x}\frac{\mathrm{d}x}{2}\right]\mathrm{d}y\mathrm{d}z\mathrm{d}t$$

同时间内沿 x 轴方向通过 $a''b''$ 侧面流出微小六面体的液体质量等于：

$$\left[\rho v_x + \frac{\partial(\rho v_x)}{\partial x}\frac{\mathrm{d}x}{2}\right]\mathrm{d}y\mathrm{d}z\mathrm{d}t$$

所以在 $\mathrm{d}t$ 时间内，沿 x 轴方向流入和流出微小六面体的液体质量差值为：

$$-\frac{\partial(\rho v_x)}{\partial x}\mathrm{d}x\mathrm{d}y\mathrm{d}z\mathrm{d}t$$

同理，可求得在 $\mathrm{d}t$ 时间内沿 y 轴方向和 z 轴方向流入和流出微小六面体的液体质量差值分别为：

$$-\frac{\partial(\rho v_y)}{\partial y}\mathrm{d}x\mathrm{d}y\mathrm{d}z\mathrm{d}t \text{ 和} -\frac{\partial(\rho v_z)}{\partial z}\mathrm{d}x\mathrm{d}y\mathrm{d}z\mathrm{d}t$$

这样在 $\mathrm{d}t$ 时间内从 x 轴、y 轴和 z 轴三个方向上流入和流出微小六面体的液体质量差值为：

$$-\left[\frac{\partial(\rho v_x)}{\partial x}+\frac{\partial(\rho v_y)}{\partial y}+\frac{\partial(\rho v_z)}{\partial z}\right]\mathrm{d}x\mathrm{d}y\mathrm{d}z\mathrm{d}t \tag{1-30}$$

下面再分析六面体中在 $\mathrm{d}t$ 时间内液体质量的变化情况。

六面体内的孔隙体积为 $\phi\mathrm{d}x\mathrm{d}y\mathrm{d}z$，在 t 时刻六面体内的流体质量为 $\rho\phi\mathrm{d}x\mathrm{d}y\mathrm{d}z$，其中 ϕ 为孔隙度。单位时间内液体质量变化率为：

$$\frac{\partial(\rho\phi)}{\partial t}\mathrm{d}x\mathrm{d}y\mathrm{d}z \tag{1-31}$$

在 $t+\mathrm{d}t$ 时刻六面体内液体质量为：

$$\left[\rho\phi + \frac{\partial(\rho\phi)}{\partial t}\mathrm{d}t\right]\mathrm{d}x\mathrm{d}y\mathrm{d}z \tag{1-32}$$

因此 $\mathrm{d}t$ 时间内六面体中液体质量总的变化量为：

$$\frac{\partial(\rho\phi)}{\partial t}\mathrm{d}x\mathrm{d}y\mathrm{d}z\mathrm{d}t \tag{1-33}$$

根据质量守恒定律，$\mathrm{d}t$ 时间内六面体总的质量变化应等于六面体在 $\mathrm{d}t$ 时间内流入与流出的质量差，即：

$$-\left[\frac{\partial(\rho v_x)}{\partial x}+\frac{\partial(\rho v_y)}{\partial y}+\frac{\partial(\rho v_z)}{\partial z}\right]\mathrm{d}x\mathrm{d}y\mathrm{d}z\mathrm{d}t = \frac{\partial(\rho\phi)}{\partial t}\mathrm{d}x\mathrm{d}y\mathrm{d}z\mathrm{d}t \tag{1-34}$$

由于 $\mathrm{d}x\mathrm{d}y\mathrm{d}z\mathrm{d}t \neq 0$，整理可得：

$$-\left[\frac{\partial(\rho v_x)}{\partial x}+\frac{\partial(\rho v_y)}{\partial y}+\frac{\partial(\rho v_z)}{\partial z}\right] = \frac{\partial(\rho\phi)}{\partial t} \tag{1-35}$$

或者写成：

$$\frac{\partial(\rho\phi)}{\partial t}+\mathrm{div}(\rho\cdot v) = 0 \tag{1-36}$$

式（1-36）就是单相均质可压缩流体在弹性孔隙介质中的质量守恒方程（连续性方程）。其中 div（$\rho\cdot v$）称为散度：

$$\mathrm{div}(\rho \cdot \mathbf{v}) = \frac{\partial(\rho v_x)}{\partial x} + \frac{\partial(\rho v_y)}{\partial y} + \frac{\partial(\rho v_z)}{\partial z} \tag{1-37}$$

如果是不可压缩流体（即 ρ = 常数），在刚性均质孔隙介质中流动（ϕ = 常数，K = 常数），那么 $\frac{\partial(\rho\phi)}{\partial t} = 0$，这时的连续性方程为：

$$\mathrm{div}\,\mathbf{v} = 0 \tag{1-38}$$

式(1-38) 的物理意义是：六面体流入流出质量差为 0，即流入六面体的质量与流出的质量相等。它仍然是一个质量守恒方程式。这是不考虑弹性力的连续性方程，由于与时间无关，所以式(1-38) 又称为稳定渗流的连续性方程。

将运动方程 $v_x = -\frac{K}{\mu}\frac{\partial p}{\partial x}$、$v_y = -\frac{K}{\mu}\frac{\partial p}{\partial y}$、$v_z = -\frac{K}{\mu}\frac{\partial p}{\partial z}$ 代入式(1-38)，得：

$$\frac{\partial^2 p}{\partial x^2} + \frac{\partial^2 p}{\partial y^2} + \frac{\partial^2 p}{\partial z^2} = 0$$

2）方法二：用积分法建立连续性方程

自地层中任取体积等于 Ω 的部分，如图 1-10 所示，它的表面记为 s，其外法线单位向量记为 $\mathbf{n}$，设 M 是体积为 $\mathrm{d}V$ 的单元中任取的一点，则 $\rho(M,t)\phi(M,t)\mathrm{d}V$ 表示 t 时刻 $\mathrm{d}V$ 体积内的质量，而整个 Ω 体积内流体的质量为：

$$\iiint_\Omega \rho\phi\,\mathrm{d}V \tag{1-39}$$

另外，若在 s 表面上的面积单元 $\mathrm{d}s$ 内任取一点 X，则 $\rho(X,t) \cdot \mathbf{v}(X,t) \cdot \mathbf{n}(X)\mathrm{d}s$ 表示从时刻 t 开始单位时间内沿法线方向流过 $\mathrm{d}s$ 内截面的流体质量。整个 s 表面流过的流体质量应为 $\oiint_s \rho \cdot \mathbf{v} \cdot \mathbf{n}\,\mathrm{d}s$。

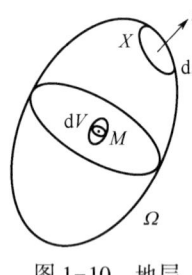

图 1-10 地层单元体图

一方面，从 t 时刻到 $t+\mathrm{d}t$ 时刻在 Ω 体积内由于地层岩石和液体弹性的作用，ρ 和 ϕ 均发生了变化，因此 Ω 体积内质量也发生了变化，变化的质量为：

$$\mathrm{d}t\iiint_\Omega \frac{\partial(\rho\phi)}{\partial t}\mathrm{d}V \tag{1-40}$$

另一方面，从 t 时刻到 $t+\mathrm{d}t$ 时刻通过 s 表面的质量流量（流出的质量）为：

$$\mathrm{d}t\oiint_s \rho \cdot \mathbf{v} \cdot \mathbf{n}\,\mathrm{d}s \tag{1-41}$$

根据质量守恒定律，包含在单元体封闭表面之内的液体质量变化应等于同一时间间隔内液体流入质量与流出质量之差，即：

$$\mathrm{d}t\iiint_\Omega \frac{\partial(\rho\phi)}{\partial t}\mathrm{d}V = 0 - \mathrm{d}t\oiint_s \rho \cdot \mathbf{v} \cdot \mathbf{n}\,\mathrm{d}s \tag{1-42}$$

约去 $\mathrm{d}t$，有：

$$\iiint_\Omega \frac{\partial(\rho\phi)}{\partial t}\mathrm{d}V = -\oiint_s \rho \cdot \mathbf{v} \cdot \mathbf{n}\,\mathrm{d}s \tag{1-43}$$

根据奥高定律，右式可写为：

$$\oiint_s \rho \cdot \boldsymbol{v} \cdot \boldsymbol{n} \mathrm{d}s = \iiint_\Omega \mathrm{div}(\rho \cdot \boldsymbol{v}) \mathrm{d}V \tag{1-44}$$

代入式(1-43)，有：

$$\iiint_\Omega \frac{\partial(\rho\phi)}{\partial t} \mathrm{d}V = -\iiint_\Omega \mathrm{div}(\rho \cdot \boldsymbol{v}) \mathrm{d}V \tag{1-45}$$

由于 Ω 的任意性并假定被积函数在 Ω 内连续，得到：

$$\frac{\partial(\rho\phi)}{\partial t} = -\mathrm{div}(\rho \cdot \boldsymbol{v}) \tag{1-46}$$

$$\frac{\partial(\rho\phi)}{\partial t} + \mathrm{div}(\rho \cdot \boldsymbol{v}) = 0 \tag{1-47}$$

同样得到单相渗流的连续性方程。

【注】将封闭曲面 s 上的曲面积分化为三重积分：

$$\iiint_\Omega \mathrm{div}\boldsymbol{F} \mathrm{d}V = \oiint \boldsymbol{F} \cdot \boldsymbol{n} \mathrm{d}s$$

式中，$\boldsymbol{F}$ 为向量场，上式即高斯散度公式。

2. 两相渗流的连续性方程

1) 油水两相渗流的连续性方程

在油水两相渗流时，如果认为流体和岩石都是不可压缩的，且彼此不互相溶解和发生化学作用，若取一个六面体 $\mathrm{d}x\mathrm{d}y\mathrm{d}z$，可对油水两相分别写出质量守恒的连续性方程。

对油相来说，在 $\mathrm{d}t$ 时间内单元六面体流出流入的质量差为 [推导同式(1-34)]：

$$-\left[\frac{\partial(\rho_\mathrm{o} v_{\mathrm{o}x})}{\partial x} + \frac{\partial(\rho_\mathrm{o} v_{\mathrm{o}y})}{\partial y} + \frac{\partial(\rho_\mathrm{o} v_{\mathrm{o}z})}{\partial z}\right]\mathrm{d}x\mathrm{d}y\mathrm{d}z\mathrm{d}t \tag{1-48}$$

在油水两相渗流中，油相经过六面体之所以会发生质量变化，是因为六面体内油被水驱替。若在 t 时刻六面单元体内油的饱和度为 S_o，$t+\mathrm{d}t$ 时刻油的饱和度为 $S_\mathrm{o} + \frac{\partial S_\mathrm{o}}{\partial t}\mathrm{d}t$，$\mathrm{d}t$ 时间内油饱和度变化为 $\frac{\partial S_\mathrm{o}}{\partial t}\mathrm{d}t$，在 $\mathrm{d}t$ 时间内整个六面单元体由于饱和度变化引起的油相质量变化总量为：

$$\frac{\partial S_\mathrm{o}}{\partial t}\rho_\mathrm{o}\phi\mathrm{d}x\mathrm{d}y\mathrm{d}z\mathrm{d}t \tag{1-49}$$

根据质量守恒定律，式(1-48) 与式(1-49) 应该相等，得：

$$-\left(\frac{\partial v_{\mathrm{o}x}}{\partial x} + \frac{\partial v_{\mathrm{o}y}}{\partial y} + \frac{\partial v_{\mathrm{o}z}}{\partial z}\right) = \phi\frac{\partial S_\mathrm{o}}{\partial t} \tag{1-50}$$

式中 S——饱和度，小数；

v——渗流速度，cm/s。

下标"o"表示油相。

式(1-50) 可以写为：

$$\mathrm{div}\boldsymbol{v}_\mathrm{o} + \phi\frac{\partial S_\mathrm{o}}{\partial t} = 0 \tag{1-51}$$

对水相来讲，同样可以得出：

$$\mathrm{div}\boldsymbol{v}_\mathrm{w}+\phi\frac{\partial S_\mathrm{w}}{\partial t}=0 \tag{1-52}$$

如果考虑油、水两相的体积系数 B_o、B_w，则可写成：

$$\mathrm{div}\frac{\boldsymbol{v}_\mathrm{o}}{B_\mathrm{o}}+\phi\frac{\partial S_\mathrm{o}}{\partial t}=0 \tag{1-53}$$

$$\mathrm{div}\frac{\boldsymbol{v}_\mathrm{w}}{B_\mathrm{w}}+\phi\frac{\partial S_\mathrm{w}}{\partial t}=0 \tag{1-54}$$

这就是油水两相渗流的连续性方程。下标"w"表示水相。

2) 油气两相渗流的连续性方程

对于油气两相渗流来说，由于气可以溶于油中，所以连续性方程要复杂得多。

在油气两相渗流时，溶有气体的石油经过单元地层，由于压力降低而分出气体，因此，油的质量发生变化，在 dt 时间内油相流入流出的质量差为：

$$\mathrm{div}[(\rho_\mathrm{og}-G)\cdot\boldsymbol{v}_\mathrm{o}\cdot g]\mathrm{d}x\mathrm{d}y\mathrm{d}z\mathrm{d}t \tag{1-55}$$

其中
$$\rho_\mathrm{og}=\frac{\rho_\mathrm{o}+\rho_\mathrm{p}}{B_\mathrm{o}(p)}, \quad G=\frac{\rho_\mathrm{p}}{B_\mathrm{o}(p)}$$

式中 ρ_og——在压力 p 下溶有气体的地下原油密度，kg/m³；

ρ_p——气体在单位体积脱气原油内的溶解密度，为压力的函数，kg/m³；

ρ_o——脱气原油的密度，kg/m³；

$B_\mathrm{o}(p)$——原油体积系数，无量纲。

G——地下每单位体积原油内气体溶解密度，kg/m³。

由于气体分离出来，在单元体内油被气相替代，因此，油相饱和度也将发生变化，在单元体孔隙内油相质量随时间变化为：

$$-\phi\frac{\partial}{\partial t}[(\rho_\mathrm{og}-G)gS_\mathrm{o}]\mathrm{d}x\mathrm{d}y\mathrm{d}z\mathrm{d}t \tag{1-56}$$

根据质量守恒定律，式(1-55)与式(1-56)应该相等。得到油气两相渗流时，油相的连续性方程：

$$\mathrm{div}[(\rho_\mathrm{og}-G)\cdot\boldsymbol{v}_\mathrm{o}\cdot g]=-\phi\frac{\partial}{\partial t}[(\rho_\mathrm{og}-G)gS_\mathrm{o}] \tag{1-57}$$

对于气相来说，应包括溶解气及已分离出的自由气，在 dt 时间内这两部分气体流过单元六面体地层的质量变化为：

自由气 $\qquad\qquad\mathrm{div}(\rho_\mathrm{g}\cdot\boldsymbol{v}_\mathrm{g}\cdot g)\mathrm{d}x\mathrm{d}y\mathrm{d}z\mathrm{d}t$

溶解气 $\qquad\qquad\mathrm{div}(G\cdot\boldsymbol{v}_\mathrm{o}\cdot g)\mathrm{d}x\mathrm{d}y\mathrm{d}z\mathrm{d}t$

气相通过单元地层，质量发生了变化，必然使单位地层内的气相饱和度发生变化，因而单元地层六面体内经 dt 时间的气相质量变化为：

$$-\phi\frac{\partial}{\partial t}[GS_\mathrm{o}g+\rho_\mathrm{g}(1-S_\mathrm{o})g]\mathrm{d}t\mathrm{d}x\mathrm{d}y\mathrm{d}z$$

根据质量守恒定律，dt 时间内气相流入流出单元地层的质量变化（自由气+溶解气）等于 dt 时间单元地层内气相饱和度的变化引起的质量变化，即：

$$\mathrm{div}(\rho_g \cdot \boldsymbol{v}_g \cdot g) + \mathrm{div}(G \cdot \boldsymbol{v}_o \cdot g) = -\phi \frac{\partial}{\partial t}[GS_o g + \rho_g(1-S_o)g] \tag{1-58}$$

式中 ϕ ——地层孔隙度，小数；

S_o ——孔隙内油相饱和度，小数；

ρ_g ——气体在地下状态下的密度，认为地层是等温的，故仅是压力的函数，可以写成 $\rho_g = f(p)$，kg/m³。

式(1-57)及式(1-58)为油气两相渗流时油相及气相的连续性方程。油气两相渗流的连续性方程是由该两式组成的方程组。

第六节 典型油气渗流数学模型的建立

依据建立渗流数学模型的方法和步骤，下面以单相渗流为例，建立几个典型的数学模型（富媒体1-8）。

富媒体1-8 典型油气渗流数学模型的建立（视频）

一、单相不可压缩液体稳定渗流数学模型

1. 单相不可压缩液体的连续方程

$$\frac{\partial(\rho v_x)}{\partial x} + \frac{\partial(\rho v_y)}{\partial y} + \frac{\partial(\rho v_z)}{\partial z} = 0 \tag{1-59}$$

或

$$\mathrm{div}(\rho \cdot \boldsymbol{v}) = 0 \tag{1-60}$$

考虑到是不可压缩液体，$\rho = C =$ 常数，所以单相不可压缩液体稳定渗流连续性方程可写成：

$$\frac{\partial v_x}{\partial x} + \frac{\partial v_y}{\partial y} + \frac{\partial v_z}{\partial z} = 0 \quad \text{或} \quad \mathrm{div}\boldsymbol{v} = 0 \tag{1-61}$$

2. 单相不可压缩液体的运动方程

当渗流服从达西直线渗流定律时，可写出在三维渗流场中渗流速度在 x 轴、y 轴和 z 轴上的分速度：

$$v_x = -\frac{K}{\mu}\frac{\partial p}{\partial x}; \quad v_y = -\frac{K}{\mu}\frac{\partial p}{\partial y}; \quad v_z = -\frac{K}{\mu}\frac{\partial p}{\partial z} \tag{1-62}$$

在三维渗流场中任一点的渗流速度也可写成：

$$\boldsymbol{v} = v_x \boldsymbol{i} + v_y \boldsymbol{j} + v_z \boldsymbol{k} = -\frac{K}{\mu}\left(\frac{\partial p}{\partial x}\boldsymbol{i} + \frac{\partial p}{\partial y}\boldsymbol{j} + \frac{\partial p}{\partial z}\boldsymbol{k}\right) = -\frac{K}{\mu}\mathrm{grad}p \tag{1-63}$$

其中，$\mathrm{grad}p = \frac{\partial p}{\partial x}\boldsymbol{i} + \frac{\partial p}{\partial y}\boldsymbol{j} + \frac{\partial p}{\partial z}\boldsymbol{k}$ 称为压力渗流场中任一点处的梯度。

3. 单相不可压缩液体稳定渗流的基本微分方程

将运动方程式(1-62)代入连续性方程式(1-61)，即可得到基本微分方程式：

$$\frac{\partial\left(-\frac{K}{\mu}\frac{\partial p}{\partial x}\right)}{\partial x}+\frac{\partial\left(-\frac{K}{\mu}\frac{\partial p}{\partial y}\right)}{\partial y}+\frac{\partial\left(-\frac{K}{\mu}\frac{\partial p}{\partial z}\right)}{\partial z}=0 \tag{1-64}$$

对于均质地层 K、μ 为常数，故式(1-64) 可写成：

$$\frac{\partial^2 p}{\partial x^2}+\frac{\partial^2 p}{\partial y^2}+\frac{\partial^2 p}{\partial z^2}=0 \tag{1-65}$$

式(1-65) 就是单相不可压缩液体在均质地层中稳定渗流的基本微分方程（数学模型）。它的条件是：(1) 单相液体均质地层；(2) 线性运动规律；(3) 不考虑多孔介质及液体的压缩性；(4) 稳定渗流；(5) 渗流过程是等温的。

式(1-65) 是一个二阶椭圆型偏微分方程，又称拉普拉斯方程（Laplace 方程）；也可用算符形式表示：$\nabla^2 p = 0$ 或 $\Delta p = 0$，式中 ∇^2、Δ 称为拉普拉斯算子。

$$\Delta p = \nabla \cdot \nabla p = \mathrm{div}(\mathrm{grad}\, p) = \nabla^2 p = \frac{\partial^2 p}{\partial x^2}+\frac{\partial^2 p}{\partial y^2}+\frac{\partial^2 p}{\partial z^2} \tag{1-66}$$

其中，∇ 称为哈密顿算子：

$$\nabla = i\frac{\partial}{\partial x}+j\frac{\partial}{\partial y}+k\frac{\partial}{\partial z} \tag{1-67}$$

在单向渗流时，方程式(1-65) 化为：

$$\frac{\mathrm{d}^2 p}{\mathrm{d}x^2}=0 \tag{1-68}$$

在平面径向渗流时，方程式(1-65) 化为：

$$\frac{\partial^2 p}{\partial x^2}+\frac{\partial^2 p}{\partial y^2}=0 \tag{1-69}$$

在平面径向渗流时，由于流动是径向对称的，所以采用极坐标更为方便，坐标系中的极点选在井点处。引进极坐标，根据 $r=\sqrt{x^2+y^2}$，方程式(1-69) 可化为：

$$\frac{\mathrm{d}^2 p}{\mathrm{d}r^2}+\frac{1}{r}\frac{\mathrm{d}p}{\mathrm{d}r}=0 \quad 或 \quad \frac{1}{r}\frac{\mathrm{d}}{\mathrm{d}r}\left(r\frac{\mathrm{d}p}{\mathrm{d}r}\right)=0 \tag{1-70}$$

在球形径向渗流时，流动也是径向对称的，引进极坐标，根据 $r=\sqrt{x^2+y^2+z^2}$，方程式(1-65) 可化为：

$$\frac{\mathrm{d}^2 p}{\mathrm{d}r^2}+\frac{2}{r}\frac{\mathrm{d}p}{\mathrm{d}r}=0 \quad 或 \quad \frac{1}{r^2}\frac{\mathrm{d}}{\mathrm{d}r}\left(r^2\frac{\mathrm{d}p}{\mathrm{d}r}\right)=0 \tag{1-71}$$

式(1-65) 是用直角坐标表示的，也可换为柱坐标系和球坐标系。梯度 Δp 或拉普拉斯算子 $\nabla^2 p$ 可以用表 1-2 进行换算。

表 1-2 不同坐标系下的渗流方程形式

坐标系	三维问题	一维问题
直角坐标 (x,y,z)	$\nabla^2 p = \frac{\partial^2 p}{\partial x^2}+\frac{\partial^2 p}{\partial y^2}+\frac{\partial^2 p}{\partial z^2}$	$\nabla^2 p = \frac{\partial^2 p}{\partial x^2}$
柱坐标 (r,θ,z)	$\nabla^2 p = \frac{1}{r}\frac{\partial}{\partial r}\left(r\frac{\partial p}{\partial r}\right)+\frac{1}{r^2}\frac{\partial^2 p}{\partial \theta^2}+\frac{\partial^2 p}{\partial z^2}$	$\nabla^2 p = \frac{1}{r}\frac{\partial}{\partial r}\left(r\frac{\partial p}{\partial r}\right)$

续表

坐标系	三维问题	一维问题
球坐标 (r,θ,ϕ)	$\nabla^2 p = \dfrac{1}{r^2}\dfrac{\partial}{\partial r}\left(r^2\dfrac{\partial p}{\partial r}\right)+\dfrac{1}{r^2\sin\theta}\dfrac{\partial}{\partial \theta}\left(\sin\theta\dfrac{\partial p}{\partial \theta}\right)+\dfrac{1}{r^2\sin^2\theta}\dfrac{\partial^2 p}{\partial \varphi^2}$	$\nabla^2 p = \dfrac{1}{r^2}\dfrac{\partial}{\partial r}\left(r^2\dfrac{\partial p}{\partial r}\right)$

二、弹性多孔介质单相可压缩液体不稳定渗流数学模型

弹性多孔介质单相可压缩液体不稳定渗流数学模型由下列几个方程组合而成。

1. 运动方程

运动遵循达西线性渗流规律。对水平均质地层，运动方程为：

$$\boldsymbol{v} = -\frac{K}{\mu}\mathrm{grad}\,p \tag{1-72}$$

$$v_x = -\frac{K}{\mu}\frac{\partial p}{\partial x};\quad v_y = -\frac{K}{\mu}\frac{\partial p}{\partial y};\quad v_z = -\frac{K}{\mu}\frac{\partial p}{\partial z}$$

2. 状态方程

多孔介质和液体都是可压缩的。
对弹性孔隙介质：

$$\phi = \phi_a + C_f(p-p_a) \tag{1-73}$$

对弹性液体：

$$\rho = \rho_a \mathrm{e}^{C_L(p-p_a)} = \rho_a[1+C_L(p-p_a)] \tag{1-74}$$

3. 单相流的连续性方程

$$\frac{\partial(\rho\phi)}{\partial t}+\mathrm{div}(\rho\cdot\boldsymbol{v})=0 \tag{1-75}$$

将式(1-73)、式(1-74)代入式(1-75)第一项 $\dfrac{\partial(\rho\phi)}{\partial t}$ 中：

$$\rho\phi=\rho_a[1+C_L(p-p_a)][\phi_a+C_f(p-p_a)]=\rho_a\phi_a+\rho_a(\phi_a C_L+C_f)(p-p_a)+C_L C_f \rho_a(p-p_a)^2 \tag{1-76}$$

由于 C_L 和 C_f 值很小，故第三项可忽略不计：

$$\rho\phi=\rho_a\phi_a+C_t\rho_a(p-p_a) \tag{1-77}$$

式中，$C_t=\phi_a C_L+C_f$ 称为岩石和孔隙中液体的综合压缩系数，它是把液体和岩石的压缩性综合起来考虑的系数，它的物理意义是每降低一个单位压力，由于液体膨胀和孔隙体积的缩小，单位体积地层岩石所能排出的液体体积，可以看成是一个常数。C_t 也称为"综合弹性系数"。由此可得：

$$\frac{\partial(\rho\phi)}{\partial t}=\rho_a C_t \frac{\partial p}{\partial t} \tag{1-78}$$

式(1-75)的第二项由三项组成：

$$\frac{\partial(\rho v_x)}{\partial x};\quad \frac{\partial(\rho v_y)}{\partial y};\quad \frac{\partial(\rho v_z)}{\partial z}$$

根据运动方程，可写出：

$$\rho v_x = -\frac{K}{\mu}\rho\frac{\partial p}{\partial x}; \quad \rho v_y = -\frac{K}{\mu}\rho\frac{\partial p}{\partial y}; \quad \rho v_z = -\frac{K}{\mu}\rho\frac{\partial p}{\partial z} \tag{1-79}$$

先分析 $\dfrac{\partial(\rho v_x)}{\partial x}$，可得：

$$\begin{aligned}\frac{\partial}{\partial x}(\rho v_x) &= \frac{\partial}{\partial x}\left[\rho_a e^{C_L(p-p_a)} \cdot \left(-\frac{K}{\mu}\frac{\partial p}{\partial x}\right)\right] \\ &= -\frac{K}{\mu}\rho_a\frac{\partial}{\partial x}\left[e^{C_L(p-p_a)} \cdot \frac{\partial p}{\partial x}\right] \\ &= -\frac{K}{\mu}\rho_a\frac{\partial}{\partial x}\left\{\frac{\partial}{\partial x}\left[\frac{e^{C_L(p-p_a)}}{C_L}\right]\right\} \\ &= -\frac{K}{\mu}\rho_a\frac{\partial}{\partial x}\left\{\frac{\partial}{\partial x}\left[\frac{1+C_L(p-p_a)}{C_L}\right]\right\} \\ &= -\frac{K}{\mu}\rho_a\frac{\partial^2 p}{\partial x^2}\end{aligned} \tag{1-80}$$

同理可得：

$$\frac{\partial}{\partial y}(\rho v_y) = -\frac{K}{\mu}\rho_a\frac{\partial^2 p}{\partial y^2}$$

$$\frac{\partial}{\partial z}(\rho v_z) = -\frac{K}{\mu}\rho_a\frac{\partial^2 p}{\partial z^2}$$

代入连续性方程可得：

$$\frac{K}{\mu}\left(\frac{\partial^2 p}{\partial x^2}+\frac{\partial^2 p}{\partial y^2}+\frac{\partial^2 p}{\partial z^2}\right) = C_t\frac{\partial p}{\partial t} \tag{1-81}$$

$$\eta\left(\frac{\partial^2 p}{\partial x^2}+\frac{\partial^2 p}{\partial y^2}+\frac{\partial^2 p}{\partial z^2}\right) = \frac{\partial p}{\partial t} \tag{1-82}$$

其中

$$\eta = \frac{K}{\mu C_t}$$

式中 η——导压系数。

导压系数的大小表示压力降传播的快慢，当 K 的单位用 D、μ 的单位用 mPa·s、C_t 的单位用 atm^{-1} 时，导压系数的单位是 cm^2/s，其物理意义为单位时间内压力降传过的地层面积。一般油田中导压系数 η 的变化范围为 1000~50000cm^2/s。η 大说明岩石和液体的压缩性小（C_t 小）或渗流阻力小（K 大或 μ 小），因而压力传导也快。

如用算符表示，可写成：

$$\eta\nabla^2 p = \frac{\partial p}{\partial t} \quad \text{或} \quad \eta\Delta p = \frac{\partial p}{\partial t} \tag{1-83}$$

式（1-83）就是弹性孔隙介质单相可压缩液体渗流数学模型。它的条件为：单相液体；流动符合线性渗流规律（层流状态）；多孔介质和液体都认为是可压缩的；渗流是不稳定的；等温渗流过程。

式（1-83）是一个二阶抛物线型偏微分方程，又称为傅里叶方程（也称热传导方程或扩散方程）。并且可以看出当 $\dfrac{\partial p}{\partial t}=0$ 时，就是前面的拉普拉斯方程。所以也可以把第一种模型看成第二种模型的一个特例。

三、气体渗流数学模型

气体渗流数学模型由下列方程组成。

1. 运动方程

$$v = \frac{K}{\mu}\text{grad}p \qquad (1-84)$$

2. 状态方程

（1）真实气体：

$$pV = ZRT \quad \text{或} \quad \frac{p}{\rho g} = ZRT \qquad (1-85)$$

根据压缩系数的定义，还可表示成：

$$C(p) = -\frac{\mathrm{d}V}{V_g \mathrm{d}p} = \frac{\mathrm{d}\rho g}{\rho g \mathrm{d}p} = \frac{Z}{p}\frac{\mathrm{d}}{\mathrm{d}p}\left(\frac{p}{Z}\right) = \frac{1}{p} - \frac{1}{Z}\frac{\mathrm{d}Z}{\mathrm{d}p} \qquad (1-86)$$

（2）理想气体：

$$\frac{p}{\rho g} = \text{常数} \quad \text{或} \quad C(p) = \frac{1}{p} \qquad (1-87)$$

式中 Z——气体的压缩因子，无量纲；

$C(p)$——气体的等温压缩系数，MPa^{-1}。

3. 连续性方程

$$\frac{\partial(\rho_g v_x)}{\partial x} + \frac{\partial(\rho_g v_y)}{\partial y} + \frac{\partial(\rho_g v_z)}{\partial z} = -\frac{\partial(\phi \rho_g)}{\partial t} \qquad (1-88)$$

将式(1-84)、式(1-87)代入式(1-88)得到理想气体不稳定渗流的数学模型：

$$\frac{\partial^2 p^2}{\partial x^2} + \frac{\partial^2 p^2}{\partial y^2} + \frac{\partial^2 p^2}{\partial z^2} = \frac{\phi \mu}{Kp}\frac{\partial p^2}{\partial t} \qquad (1-89)$$

式(1-89)右端分母用 $p = \bar{p}$ 代入（$\bar{p}$ 为平均地层压力），并认为 $\bar{p}$ 是一个常数，同时定义 $\eta = \frac{K\bar{p}}{\phi \mu}$ 为气体导压系数。

这个数学模型的条件是：气体单相渗流；符合线性渗流；气体为可压缩的理想气体；岩石的压缩性忽略不计，孔隙度视为常数；渗流过程是等温的。它适用于气驱气田的全部开发过程及水驱气田的第一阶段。

当 $\frac{\partial p^2}{\partial t} = 0$ 时，式(1-89)即转化为气体稳定渗流数学模型：

$$\nabla^2 p^2 = 0 \qquad (1-90)$$

若考虑成真实气体，则需引进一个压力函数：

$$H = \int \rho g \mathrm{d}p + C \qquad (1-91)$$

得到真实气体不稳定渗流的数学模型：

$$\frac{\partial^2 H}{\partial x^2}+\frac{\partial^2 H}{\partial y^2}+\frac{\partial^2 H}{\partial z^2}=\frac{\phi\mu C(p)}{K}\frac{\partial H}{\partial t} \tag{1-92}$$

真实气体稳定渗流的数学模型为：

$$\Delta H^2 = 0 \tag{1-93}$$

四、典型渗流问题的边界条件和初始条件

下面讨论一些渗流问题边界条件（富媒体 1-9）。

1. 圆形定压边界油层中心井稳定渗流时的边界条件

这时数学模型为式（1-70），换为平面径向渗流：

$$\frac{\partial^2 p}{\partial r^2}+\frac{1}{r}\frac{\partial p}{\partial r}=0$$

富媒体 1-9　数学模型边界条件的推导过程（讲义）

这是一个二阶常微分方程，它有 2 个待定系数，因此，需要对因变量 p 给出 2 个边界条件。

井底保持压力恒定生产，即：

$$r=r_w, \quad p=p_w$$

供给边界上保持恒定的压力，即：

$$r=r_e, \quad p=p_e$$

这是第一类边值问题。

2. 圆形有界封闭油层中心井不稳定渗流时的边界条件

不稳定平面径向渗流的数学模型为：

$$\eta\left(\frac{\partial^2 p}{\partial r^2}+\frac{1}{r}\frac{\partial p}{\partial r}\right)=\frac{\partial p}{\partial t}$$

这是一个二阶偏微分方程，对应变量的条件有 2 个，但是 p 又是时间的因变量，所以还有 1 个初始条件。而且边界条件必须在所有 $t>0$ 的情况下全部满足。

初始条件：　　　　　$t=0, \quad p=p_i \quad (r_w<r<r_e)$

外边界条件：　　　$r=r_e, \quad \dfrac{\partial p}{\partial r}=0, \quad t>0$（第二类边界条件）

内边界条件：　　　$r=r_w, \quad r\dfrac{\partial p}{\partial r}=\dfrac{Q\mu}{2\pi Kh}, \quad t>0$（第二类边界条件）

这是一个第二类边值问题。

3. 圆形有界定压地层向中心井不稳定渗流时的边界条件

数学模型仍然相同：

$$\eta\left(\frac{\partial^2 p}{\partial r^2}+\frac{1}{r}\frac{\partial p}{\partial r}\right)=\frac{\partial p}{\partial t}$$

初始条件：　　　　　$t=0, \quad p=p_i \quad (r_w<r<r_e)$

外边界条件：　　　$r=r_e, \quad p=p_i, \quad t>0$（第一类边界条件）

内边界条件：　　　$r=r_w, \quad r\dfrac{\partial p}{\partial r}=\dfrac{Q\mu}{2\pi Kh}, \quad t>0$（第二类边界条件）

这是一个混合边值问题。从上面条件 2 和条件 3 两种情况可见：同样一个微分方程，只是边界条件不相同，就代表了两种不同的具体情况（不渗透边界和定压边界），由此可以看出数学模型中边界条件的重要性，它不可以任意假设。

本章要点

1. 了解油气藏的构成（岩石、流体）、特点（高温和高压，一般考虑成等温过程），以及油气藏分类（边水和底水、封闭式和开放式、层状和块状）。
2. 掌握五种压力（原始地层压力、目前地层压力——静压、折算压力、供给压力、井底压力——流压）的物理意义，以及压力梯度曲线和压力系数的含义。
3. 掌握油气藏开发驱油能量的来源及常见驱动方式。
4. 掌握达西公式表达式、渗透率 K 的物理意义，理解假想渗流速度与实际平均速度物理意义的差异。
5. 掌握非线性渗流产生的原因、非线性渗流的判定准则、非线性渗流产量和压力关系的两种表达形式(即指数式和二项式)。
6. 掌握渗流数学模型的定义和构成（运动方程、状态方程、质量守恒方程、能量守恒方程、动量守恒方程、边界条件及初始条件、其他附加方程）。
7. 掌握单相渗流连续性方程、Laplace 方程及热传导方程的推导。
8. 掌握典型渗流问题的边界条件和初始条件的表达形式。

练习题

1. 何谓多孔介质？在油气层中分哪几类？
2. 何谓渗流？渗流力学、油气层渗流研究对象是什么？
3. 现阶段油气渗流力学的研究特征是什么？
4. 何谓含油边缘和计算含油边缘？
5. 何谓敞开式油藏和封闭式油藏、底水油藏和边水油藏、层状油藏和块状油藏？区别是什么？
6. 何谓折算压力？怎样求地层中某一点的折算压力？折算压力的物理意义是什么？
7. 何谓地层压力系数和压力梯度曲线？
8. 常见的驱油能量有哪些？有哪些最基本的驱动方式？
9. 何谓渗流速度？为什么要引入它？它与流体质点真实速度的区别何在？
10. 何谓线性渗流定律？其物理意义是什么？怎样确定其适用范围？
11. 岩石渗透率的物理意义和单位是什么？各种单位制之间有什么联系？
12. 何谓非线性渗流的指数式？其物理意义是什么？
13. 何谓非线性渗流的二项式？其物理意义是什么？它与指数式有何区别和联系？
14. 何谓流压和静压？
15. 何谓渗流数学模型？其一般构成是什么？

16. 建立渗流微分方程应从哪几个方面考虑？分几个步骤进行？
17. 简述分别用积分法和微分法推导单相流体稳定渗流微分方程的步骤。
18. 分别写出液体、气体和岩石的状态方程。
19. 如图 1-11 所示，有一未打开油层，其中 $p_A = 18\text{MPa}$，A 点与 B 点之间垂直距离 $h = 10\text{m}$，原油密度 $\rho = 0.8\text{g/cm}^3$，求 B 点处压力 p_B。

图 1-11　未打开油层示意图（19 题）

20. 四口油井的测压资料见表 1-3，已知原油密度为 0.8g/cm^3，油水界面为海拔 -950m，试分析在哪个井区范围内形成了低压区。

表 1-3　油井测压资料（20 题）

井号	油层中部实测地层静压(MPa)	油层中部海拔(m)
1	9.00	-940
2	8.85	-870
3	8.80	-850
4	8.90	-880

21. 某油田一口位于含油区的探井，实测地层中部的原始地层压力为 9.0MPa，中部海拔为 -1000m，位于含水区的一口探井实测地层中部原始地层压力为 11.7MPa，中部海拔 -1300m，已知原油密度为 0.85g/cm^3，地层水密度为 1.0g/cm^3，求该油田油水界面的海拔深度。

22. 如图 1-12 所示，已知一油藏中 A 和 B 两点的垂直距离 $h = 10\text{m}$，$p_A = 9.35\text{MPa}$，$p_B = 9.5\text{MPa}$，原油密度为 0.85g/cm^3，问油的运移方向如何。

23. 如图 1-13 所示，已知一个边长为 5cm 的正方形截面岩心，长 100cm，倾斜放置，入口端（上部）压力 $p_1 = 0.2\text{MPa}$，出口端（下部）压力 $p_2 = 0.1\text{MPa}$，$h = 50\text{cm}$，液体密度为 0.85g/cm^3，渗流段长度 $L = 100\text{cm}$，液体黏度 $\mu = 2\text{mPa·s}$，岩石渗透率 $K = 1\mu\text{m}^2$，求流量 Q 为多少。

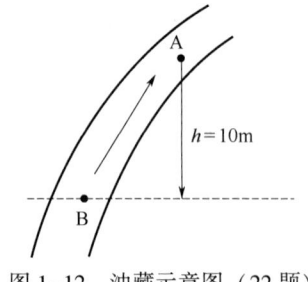

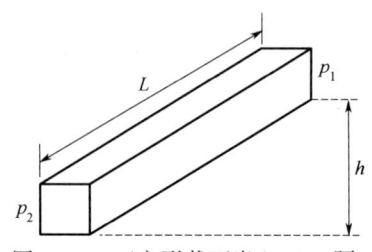

图 1-12　油藏示意图（22 题）　　图 1-13　正方形截面岩心（23 题）

24. 在 23 题基础上，如果将 h 改为 0，其结果又将如何？通过计算说明什么（其他条件不变）？

25. 某实验室测定圆柱形岩心渗透率，岩心半径为 1cm，长度 5cm，在岩心两端建立压差，使黏度为 1mPa·s 的液体通过岩心，在 2min 内测量出通过的液量为 15cm³，从水银压力计上知道两端的压差为 157mmHg（1mmHg=133.28Pa），试计算岩心的渗透率。

26. 已知地层的渗透率 $K=4\mu m^2$，液体黏度 $\mu=4mPa·s$，地层孔隙度 $\phi=0.2$，液体密度为 $0.85g/cm^3$，井产量 $Q=50m^3/d$，地层厚度 $h=10m$，井半径 $r_w=10cm$，试确定井壁处是否服从达西定律。

27. 设有一裸眼完善井，打开油层厚度为 10m，地下日产油量 100m³，井半径 $r_w=10cm$，地层渗透率 $K=1\mu m^2$，孔隙度 $\phi=0.2$，流体密度为 $0.85g/cm^3$，流体黏度 $\mu=4mPa·s$，液体为单向流动，试问此时液体由地层流至井底是否服从达西定律。

28. 设一均质无限大地层中有一口生产井，油井产量 $Q=100m^3/d$，孔隙度 $\phi=0.25$，$h=10m$，求 r 为 10m、100m、1000m、10000m 时的渗流速度，并画出渗流速度与 r 的关系曲线。

29. 分别用积分法和微分法推导渗流连续性方程（即质量守恒方程）：

$$\frac{\partial(\rho\phi)}{\partial t}+\mathrm{div}(\rho\cdot v)=0$$

30. 基于以上方程，推导水平、等厚、均质地层、单相液体刚性稳定渗流连续性方程。

31. 基于以上方程，推导水平、等厚、均质地层、单相液体弹性不稳定渗流连续性方程。

第二章
单相不可压缩流体的稳定渗流规律

在一个地层单元中只有一种流体的流动叫作"单相渗流",若在一个地层单元中有两种或两种以上的流体同时流动叫作"两相渗流"或"多相渗流"。

在渗流过程中,如果运动要素(如压力及流速)不随时间变化而变化,称为"稳定渗流";反之,若各运动要素与时间有关,则称为"不稳定渗流"。有时也把稳定渗流称为"定常渗流",不稳定渗流称为"非定常渗流"。

在边水供应充足或人工注水的油田中,主要依靠边水(或注入水)的压力将油驱入井中,由于边水作用较强,液体和岩层的弹性作用与它相比就显得很小,所以此时岩层和液体可视为刚性介质,即不可压缩的,因此这种驱动方式称为"刚性水压驱动"。

在此驱动方式下,由于有充足的液源供给,所以供给边缘上压力 p_e 保持不变。油井投产后,在井底与供给边缘之间形成压差,在这种压差作用下液体流向井底。当井底压力保持不变时,这种压差也保持不变,即驱油动力不变,另外由于液体向井渗流所必须克服的渗流阻力也不随时间而变(液体黏度、岩层渗透率不变),因此流量不随时间而变,液体渗流是稳定渗流。从以上分析可知,在刚性水压驱动方式下原油在地层中的渗流是一种单相、不可压缩液体的稳定渗流。

实际油藏形状和布井状况都是不规则且比较复杂的,为了便于分析研究,将从实际油藏渗流状况中寻找共同的特点,以便归纳出几种典型的渗流方式——单向渗流、平面径向渗流和球形径向渗流(富媒体2-1)。

例如,三面封闭的带状油藏,如图2-1所示。在这种油藏上布井一般是平行于供给边缘,液流从供给边缘流向井。由于孔隙空间形状变化多端,流体质点在岩石中实际所穿过的孔道是不规则的,但由于孔隙极小,质点向前运动的弯曲程度并不大,一般可用直线表示,因而流线(图2-1中虚线)在距井较远处是互相平行的直线,为单向渗流;在井附近,流线又向井点汇集,为平面径向渗流。

富媒体 2-1 三种渗流方式的物理模拟展现

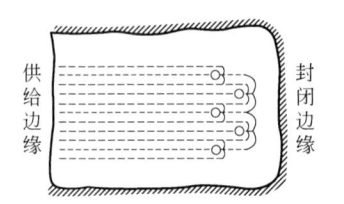

图 2-1 三面封闭的带状油藏
○—生产井

又如,图2-2所示的椭圆形地层中布有一环形井排的情况,在距井较远处流线为向环形井排汇集的直线，而在井底附近流线又向井点汇集。因而可以把渗流主要分为典型的两种流动形式：单向渗流（流线是互相平行的直线）和平面径向渗流［流线是直线，它们沿着极半径向中心点（井点）汇集，或者流线沿着极半径由中心点向外扩散］。当然还存在一种流动方式就是球形径向渗流，如图 2-3 所示。例如，井未钻开全部油层，流体向此种井底部的流动方式就是球形径向渗流（富媒体 2-1）。

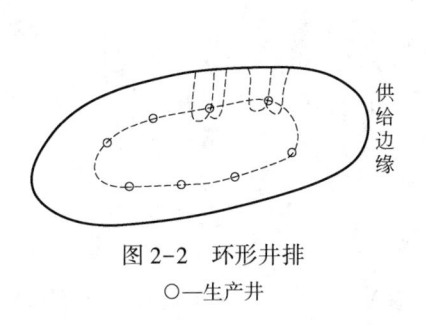

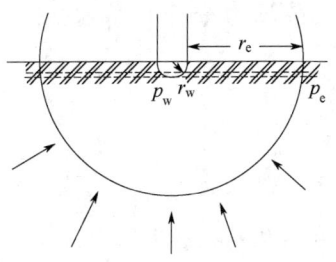

图 2-2　环形井排
〇—生产井

图 2-3　球形径向渗流地层模型

第一节　单相液体刚性稳定单向渗流

一、地层模型

在图 2-4 所示的简化地层模型中讨论单向渗流规律。地层模型是一个水平、均质、等厚的带状地层，长度为 L，宽度为 B，厚度为 h，除两端敞露外，其余几个面均为不渗透边界。敞露的一端是供给边缘，其压力为 p_e，另一端相当于排液坑道，其压力为 p_w。在实验室中测定岩心渗透率时就能遇到这种单向渗流的模型。液流沿 x 方向流动，流体黏度为 μ，地层渗透率为 K。

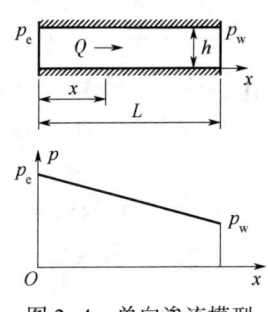

图 2-4　单向渗流模型

二、数学模型的建立

根据刚性稳定渗流的连续性方程（质量守恒）：

$$\frac{\partial^2 p}{\partial x^2}+\frac{\partial^2 p}{\partial y^2}+\frac{\partial^2 p}{\partial z^2}=0 \tag{2-1}$$

在单向渗流模型中，上述方程可简化成 $\dfrac{d^2 p}{dx^2}=0$。由此可得数学模型：

$$\begin{cases} \dfrac{d^2 p}{dx^2}=0 & \text{综合（控制）方程} \\ p(x)|_{x=0}=p_e & \text{边界条件} \\ p(x)|_{x=L}=p_w & \text{边界条件} \end{cases} \tag{2-2}$$

三、数学模型的解及分析

方程的通解为 $p(x)=A'+B'x$，其中 A' 和 B' 为常数。代入边界条件可求出 A' 和 B' 的值。由此可得如下公式。

1. 地层压力分布计算公式

$$p(x)=p_e-\frac{p_e-p_w}{L}x \tag{2-3}$$

或

$$p(x)=p_w+\frac{p_e-p_w}{L}(L-x) \tag{2-4}$$

式中　p_e——供给边缘上压力，10^{-1}MPa；

　　　p_w——井底压力，10^{-1}MPa。

无论是式(2-3)或式(2-4)，都表明在单向渗流时，压力分布规律是直线分布，如图 2-4 所示。

凡是 x 坐标相等的各点，压力均相等，这些压力相等的点连成的线称为等压线。在单向渗流时各等压线是一组互相平行的直线，与等压线相垂直的线是流线。这种由等压线和流线构成的正交网格图称为渗流水动力场图或渗流场图。由于 x 值不同，可以得到无数多条等压线，因此在绘制渗流场图时制定了这样的规则：任何两条相邻等压线间的压差必须相等；同样作流线时，要求任何两条相邻流线间的流量必须相等。作这样的规定是为了避免歪曲渗流场图的真实面貌。

根据水动力场图可以对渗流问题进行分析：等压线密集的地方，压力变化急剧；等压线稀疏的地方，压力变化缓慢。另外根据压力变化方向也可以判定出渗流的方向，根据流线的疏密程度也可判断沿着渗流路程渗流速度的变化情况。单向渗流时渗流场图是一个均匀网格图，如图 2-5 所示。

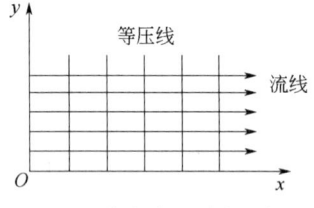

图 2-5　单向渗流时渗流场图

2. 压力梯度计算公式

对式(2-4)求导，可得压力梯度（单位长度上的压力变化）：

$$\frac{dp}{dx}=-\frac{p_e-p_w}{L}=C_1=常数 \tag{2-5}$$

在 p_e 和 p_w 保持不变的情况下，压力梯度恒定，单位长度上压力变化相等。所以单向渗流时等压线是一些等距的互相平行的直线。

3. 渗流速度计算公式

根据达西公式，可计算渗流速度：

$$v=-\frac{K}{\mu}\frac{dp}{dx} \tag{2-6}$$

单向渗流时沿着渗流路程压力梯度 $\dfrac{dp}{dx}$ 恒定，所以渗流速度也恒定，即：

$$v_x = -\frac{K}{\mu}\frac{dp}{dx} = \frac{K}{\mu}\frac{p_e - p_w}{L} = C_2 \qquad (2-7)$$

因此渗流场图中流线也是一些等距的互相平行的直线。

4. 油井产量计算公式

单向渗流的渗流面积 $A = Bh$，产量公式（富媒体 2-2）为：

$$Q = Bhv_x = \frac{KBh}{\mu}\frac{p_e - p_w}{L} = \frac{p_e - p_w}{R} \qquad (2-8)$$

式（2-8）表明产量和压力差呈线性关系，其中 $R = \dfrac{\mu L}{KBh} = \dfrac{\mu L}{KA}$，是从供给边缘到排液坑道的渗流阻力（单向渗流阻力计算公式）。

富媒体 2-2 单向渗流产量公式分析（视频）

四、单向渗流液体质点的移动规律

当研究单向渗流液体质点的移动规律时，就需要考虑在岩层孔隙通道中液体质点运动的实际平均速度（即真实渗流速度）。已知实际平均速度与渗流速度的关系为：

$$v = \phi u = \phi \frac{dx}{dt} \qquad (2-9)$$

由此

$$dt = \frac{\phi}{v}dx = \frac{\phi A}{Q}dx \qquad (2-10)$$

液体质点从供给边缘移经任意 x 距离所需的时间为：

$$t = \int_0^t dt = \frac{\phi A}{Q}\int_0^x dx = \frac{\phi A}{Q}x \qquad (2-11)$$

式（2-11）中 $\phi A x$ 是该段地层的孔隙体积，也就是该段地层中所含的液体体积，用流量 Q 来除，就得到排空该段地层中全部液体体积所需的时间，即液体质点移经 x 距离所需的时间。

五、渗透率发生突变地层模型单向渗流规律

下面讨论在一个渗透率发生突变的地层模型里的单向渗流规律（图 2-6，富媒体 2-3），求此时的流量公式和压力分布公式。该模型中 L_1 范围内各点渗透率均为 K_1，而其余地区均为 K_2，并且 $K_1 \neq K_2$，设 $x = L_1$ 处，压力 $p = p_1$，当渗流服从达西定律时，可写出：

$$Q = \frac{K_1}{\mu}A\frac{p_e - p_1}{L_1} = \frac{K_2}{\mu}A\frac{p_1 - p_w}{L - L_1} \qquad (2-12)$$

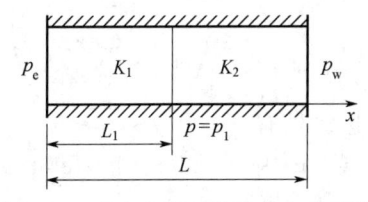

图 2-6 单向渗流时渗透率突变模型

富媒体 2-3 单向渗流渗透率突变分析（视频）

由此得到产量公式为：

$$Q = \frac{p_e - p_1 + p_1 - p_w}{\dfrac{\mu L_1}{AK_1} + \dfrac{\mu(L-L_1)}{AK_2}} = \frac{p_e - p_w}{\dfrac{\mu}{A}\left(\dfrac{L_1}{K_1} + \dfrac{L-L_1}{K_2}\right)} \tag{2-13}$$

从式(2-13)中可看出，在渗透率发生突变的地层模型中，单向渗流时产量和压力差仍然呈线性关系，与均质的地层模型相比，仅仅是渗流阻力发生了变化。

根据式(2-3)可写出压力分布规律如下。

（1）在 $0<x<L_1$ 区间：

$$p = p_e - \frac{Q\mu}{K_1 A}x = p_e - \frac{p_e - p_w}{K_1\left(\dfrac{L_1}{K_1} + \dfrac{L-L_1}{K_2}\right)}x \tag{2-14}$$

式(2-14)表明在 $0<x<L_1$ 区间，压力分布是一条直线。

（2）在 $L_1<x<L$ 区间：

$$\begin{aligned}
p &= p_1 - \frac{Q\mu}{K_2 A}(x-L_1) = p_e - \frac{p_e - p_w}{K_1\left(\dfrac{L_1}{K_1} + \dfrac{L-L_1}{K_2}\right)}L_1 - \frac{p_e - p_w}{K_2\left(\dfrac{L_1}{K_1} + \dfrac{L-L_1}{K_2}\right)}(x-L_1) \\
&= p_e - \left(\dfrac{1}{K_1} - \dfrac{1}{K_2}\right)\dfrac{p_e - p_w}{\dfrac{L_1}{K_1} + \dfrac{L-L_1}{K_2}}L_1 - \dfrac{p_e - p_w}{K_2\left(\dfrac{L_1}{K_1} + \dfrac{L-L_1}{K_2}\right)}x
\end{aligned} \tag{2-15}$$

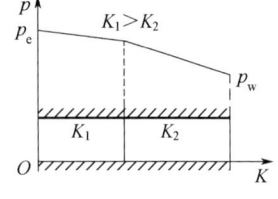

图 2-7 突变地层的压力分布

式(2-15)表明在 $L_1<x<L$ 区间，压力分布仍是一条直线，不过两条直线的斜率是不同的。在渗透率发生突变的地层模型中，压力分布是一条折线，如图2-7所示。渗透率大的地区，渗流阻力小，压力变化缓慢，反之则压力变化急剧，压力分布直线变陡。

第二节　单相液体刚性稳定平面径向渗流

实际油藏中所有井（生产井和注入井）附近的渗流都可近似为平面径向渗流，由此可见研究本部分内容的重要性。在图2-8所示的简化地层模型中讨论平面径向渗流规律。

一、地层模型

模型是一个水平、均质、等厚的圆形地层模型，其外边缘处有充足的液源供给，中心钻有一口生产井，该井钻穿全部油层，即中心有一口水动力学完善井（生产井），供给边缘半径为 r_e，cm；井半径为 r_w，cm；供给边缘上压力 p_e，10^{-1}MPa；井底压力 p_w，10^{-1}MPa；单相液体刚性稳定渗流。已知地层渗透率为 K，μm^2；流体黏度为 μ，mPa·s；地层厚度为 h，cm。

图 2-8 平面径向渗流

二、数学模型的建立

根据刚性稳定渗流的连续性方程（质量守恒）$\frac{\partial^2 p}{\partial x^2}+\frac{\partial^2 p}{\partial y^2}+\frac{\partial^2 p}{\partial z^2}=0$，以及流动的对称性，连续性方程可简化成 $\frac{\mathrm{d}^2 p}{\mathrm{d} r^2}+\frac{1}{r}\frac{\mathrm{d} p}{\mathrm{d} r}=0$。其数学模型为（富媒体 2-4）：

$$\begin{cases} \dfrac{1}{r}\dfrac{\mathrm{d}}{\mathrm{d}r}\left(r\dfrac{\mathrm{d}p}{\mathrm{d}r}\right)=0 & \text{综合(控制)方程} \\ p(r)\big|_{r=r_\mathrm{e}}=p_\mathrm{e} & \text{外边界条件} \\ p(r)\big|_{r=r_\mathrm{w}}=p_\mathrm{w} & \text{内边界条件} \end{cases} \tag{2-16}$$

富媒体 2-4　平面径向渗流数学模型分析（视频）

三、数学模型的解

方程的通解为 $p(r)=A'+B'\ln r$，其中 A' 和 B' 为常数。

1. 地层压力分布规律

代入边界条件，可得地层中任一点压力的表达式：

$$p(r)=p_\mathrm{e}-\frac{p_\mathrm{e}-p_\mathrm{w}}{\ln\dfrac{r_\mathrm{e}}{r_\mathrm{w}}}\ln\frac{r_\mathrm{e}}{r} \quad \text{或} \quad p(r)=p_\mathrm{w}+\frac{p_\mathrm{e}-p_\mathrm{w}}{\ln\dfrac{r_\mathrm{e}}{r_\mathrm{w}}}\ln\frac{r}{r_\mathrm{w}} \tag{2-17}$$

上述两式都表明从供给边缘到井壁的压力分布是一对数关系，如图 2-9 所示。从整个地层来看，地层各点压力值的大小将可用此对数曲线绕油井井轴旋转构成的曲面来表示，由于此曲面形状像漏斗，因而习惯上称为"压降漏斗"。

令 $p(r)=A'+B'\ln r=$ 常数，$r=C$（或 $x^2+y^2=r_0^2$，圆的方程），可得出，凡是 r 值相等的点，压力均相等，因此平面径向渗流等压线是一组与井轴同心的"圆族"。$\theta=C$（射线）即平面径向渗流流线是向井点汇聚或从井点向外发散的"射线"，平面径向渗流模型流线和等压线如图 2-10 所示。

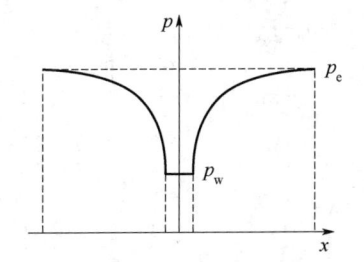

图 2-9　平面径向渗流模型压力分布 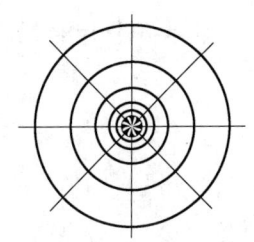　　　图 2-10　平面径向渗流模型流线和等压线

2. 压力梯度计算公式

对压力分布公式(2-17)求导，可得压力分布梯度：

$$\frac{dp}{dr} = \frac{p_e - p_w}{\ln \frac{r_e}{r_w}} \frac{1}{r} = \frac{C_1}{r} \tag{2-18}$$

其中
$$C_1 = \frac{p_e - p_w}{\ln \frac{r_e}{r_w}}$$

从式(2-18)中可看出，越靠近井，压力梯度越大，单位长度上的压力变化越大，所以在渗流场图中等压线越靠近井越密集。压力分布的这个特性使得供给边缘与井底之间的压差绝大部分消耗在井底附近地区，这个结论很重要，为用酸化、压裂方法提高井产量提供了理论依据。一般酸化、压裂作用的范围往往只是井底周围几米到十几米地区，而这一地区正好是消耗压差最多的地区，改善这一地区的渗透性，将使能量损耗大大减少，从而可很好地提高井产量。

流体质点从供给半径 r_e 流向井底 r_w 的过程中，压力梯度 $\frac{dp}{dr}$ 逐渐增大。结论是：地层能量大部分消耗在油井附近。

3. 渗流速度计算公式

根据达西定律的微分形式，可得渗流速度：

$$v_r = \frac{K}{\mu} \frac{dp}{dr} = \frac{K}{\mu} \frac{p_e - p_w}{\ln \frac{r_e}{r_w}} \frac{1}{r} = \frac{C_2}{r} \tag{2-19}$$

其中
$$C_2 = \frac{K}{\mu} \frac{p_e - p_w}{\ln \frac{r_e}{r_w}}$$

从式(2-19)中可知，平面径向渗流时渗流速度越靠近井越大，流体质点从供给半径 r_e 流向井底 r_w 的过程中，渗流速度 v_r 逐渐增大。结论是：平面径向渗流是一种变速运动。所以在渗流场图中流线越靠近井越密集，这也可以从物理意义上来解释，即越靠近井渗流横截面越小。渗流面积 $A(r) = 2\pi r h = f(r)$ 趋近于圆柱面。

4. 油井产量计算公式(裘比公式)

$$Q_r = v_r A(r) = v_r 2\pi r h = \frac{2\pi K h}{\mu} \frac{(p_e - p_w)}{\ln \frac{r_e}{r_w}} = \frac{p_e - p_w}{\frac{\mu}{2\pi K h} \ln \frac{r_e}{r_w}} = \frac{p_e - p_w}{R} = \frac{动力}{阻力} \tag{2-20}$$

或
$$Q = \frac{2\pi K h (p_e - p_w)}{2.303 \mu \lg \left(\frac{r_e}{r_w} \right)} \tag{2-21}$$

式(2-20)称为 Dupuit 公式(裘比公式)，是本课程中最常用的公式，其中 $p_e - p_w$ 是驱动的动力，而 $R = \frac{\mu}{2\pi K h} \ln \frac{r_e}{r_w}$ 是从供给边缘到井底的渗流阻力。它表明油井产量与驱油动力成正比，与渗流阻力成反比，即平面径向渗流也满足达西定律。

推导式(2-20)时的地层模型是圆形地层中一口井这样的简化模型。实际油田当然不是只有一口井这种情况，但是在多口井同时工作时，以每口井为中心油田被划分成许多小块，每一小块就是一口井所控制的泄油面积 A，如图2-11所示。

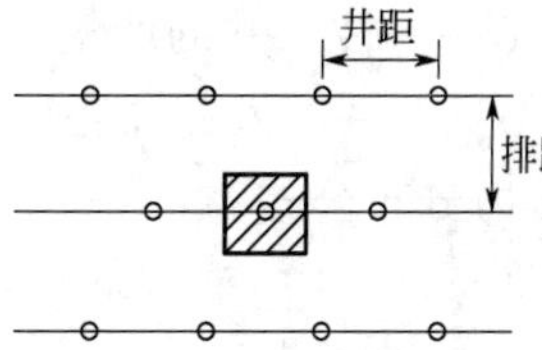

$$A = 井距 \times 排距$$

图2-11　多井生产时单井泄油面积
○—生产井

将单井泄油面积换成等面积的一个圆，就相当于讨论的圆形地层模型，所以在实际计算中采用供给边缘半径：

$$r_e = \sqrt{\frac{A}{\pi}} \tag{2-22}$$

在矿场实际工作中，有时也简单地把井距的一半看作单井供给边缘半径值，由于 r_e 在公式中是以对数形式出现的，所以确定 r_e 值时略有误差对产量影响不是很大。

在计算单井产量时，供给边缘上压力 p_e 一般采用该井的地层静压。产量公式(2-20)中各参数的单位是水动力学单位，所以求得的单井产量 Q 是油层条件下的体积流量，单位为 cm^3/s。但矿场实际工作中所需了解的是单井日产原油多少吨，即地面条件下的质量流量 G，单位为 t/d，因此需要用下式来进行换算：

$$G = Q \cdot \frac{\rho}{B_o} \cdot \frac{86400}{10^6} \tag{2-23}$$

式中　ρ——地面脱气原油的密度，t/m^3；
　　　B_o——原油的体积系数，无量纲。

5. 渗流阻力计算公式

$$R = \frac{\mu}{2\pi Kh} \ln \frac{r_e}{r_w} \tag{2-24}$$

当流体质点从供给半径 r_e 流向井底 r_w 的过程中，渗流面积 $A(r) = 2\pi rh = f(r)$ 逐渐减小，渗流阻力 R 逐渐增大。

由此可以得到结论：油井实施压裂酸化的实质是改变井点附近的渗流阻力，从而提高油井产量。

四、注入井工作时的产量公式和压力分布公式

前述的产量公式和压力分布公式对注入井来说也是适用的，不过产量此时应取负值，即：

$$-Q = \frac{2\pi Kh(p_e - p_{win})}{\mu \ln \frac{r_e}{r_w}} \tag{2-25}$$

注入井的产量公式为：

$$Q = \frac{2\pi Kh(p_{win} - p_e)}{\mu \ln \frac{r_e}{r_w}} \tag{2-26}$$

式中　Q——注入井的产量（即注入量），cm^3/s；
　　　p_{win}——注入井井底压力，$10^{-1}MPa$。

压力分布公式为：

$$p = p_e + \frac{p_{win} - p_e}{\ln\frac{r_e}{r_w}} \ln\frac{r_e}{r} \qquad (2-27)$$

或

$$p = p_{win} - \frac{p_{win} - p_e}{\ln\frac{r_e}{r_w}} \ln\frac{r}{r_w} \qquad (2-28)$$

注入井的地层压力分布如图 2-12 所示。

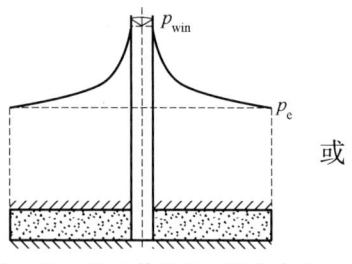

图 2-12　注入井的地层压力分布

五、渗流场中液体质点的移动规律

解决此问题的方法与解决单向渗流时此类问题的方法一样。根据实际平均速度 u 与渗流速度 v 的关系，可写出：$v = \phi u = -\phi \dfrac{dr}{dt}$。分离变量后，得：

$$dt = -\frac{\phi}{v}dr = -\frac{\phi A}{Q}dr; \quad A = 2\pi rh$$

通过积分，可求出液体质点从 r_0 位置移到 r 位置所需的时间：

$$t = \frac{\pi h \phi}{Q}(r_0^2 - r^2) \qquad (2-29)$$

如需计算液体质点从供给边缘移到井壁所需的时间，只要以 r_e 代替 r_0，以 r_w 代替 r 代入式(2-29) 就可求得（图 2-13）。

六、平均地层压力

平均地层压力 $\bar{p}$ 反映了全地层平均能量的大小，由于压力是按对数关系分布的，所以需要用面积加权平均法来求平均地层压力。

在圆形地层中取一微小环形单元，其面积为 $dA = 2\pi r dr$，环上的压力为 p（图 2-14），则全地层的平均压力为：

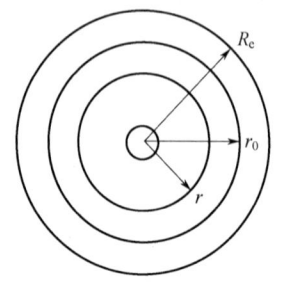

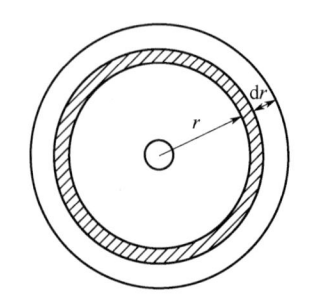

图 2-13　液体质点移动规律　　　　　图 2-14　圆形地层中的环形单元

$$\bar{p} = \frac{\int p dA}{A} = \frac{\int_{r_w}^{r_e} p \cdot 2\pi r dr}{\pi(r_e^2 - r_w^2)} \tag{2-30}$$

由于

$$p = p_e - \frac{p_e - p_w}{\ln\frac{r_e}{r_w}} \ln\frac{r_e}{r} \tag{2-31}$$

代入式（2-30）得：

$$\bar{p} = \frac{2}{r_e^2 - r_w^2} \int_{r_w}^{r_e} \left(p_e - \frac{p_e - p_w}{\ln\frac{r_e}{r_w}} \ln\frac{r_e}{r}\right) r dr$$

$$= \frac{2}{r_e^2 - r_w^2} \left[\int_{r_w}^{r_e} \left(p_e - \frac{p_e - p_w}{\ln\frac{r_e}{r_w}} \ln r_e\right) r dr + \int_{r_w}^{r_e} \frac{p_e - p_w}{\ln\frac{r_e}{r_w}} \ln r \cdot r dr\right]$$

从数学手册上可知：

$$\int r \ln r dr = r^2\left(\frac{\ln r}{2} - \frac{1}{4}\right) + C$$

通过积分，并整理后可得：

$$\bar{p} = p_e - \frac{p_e - p_w}{\ln\frac{r_e}{r_w}} \ln r_e + \frac{2}{r_e^2 - r_w^2} \cdot \frac{p_e - p_w}{\ln\frac{r_e}{r_w}} \left[r_e^2\left(\frac{\ln r_e}{2} - \frac{1}{4}\right) - r_w^2\left(\frac{\ln r_w}{2} - \frac{1}{4}\right)\right]$$

由于 r_e 远远大于 r_w，故可以忽略 r_w^2 项，整理后可得：

$$\bar{p} = p_e - \frac{p_e - p_w}{\ln\frac{r_e}{r_w}} \ln r_e + \frac{2}{r_e^2} \cdot \frac{p_e - p_w}{\ln\frac{r_e}{r_w}} \frac{r_e^2}{2}\left(\ln r_e - \frac{1}{2}\right)$$

$$\bar{p} = p_e - \frac{p_e - p_w}{2\ln\frac{r_e}{r_w}} \tag{2-32}$$

式（2-32）右边第二项比第一项小得多，故可近似地认为 $\bar{p} \approx p_e$，所以在矿场实际工作中常用平均地层压力来代替供给压力（富媒体2-5）。

如果将地层中任一点压力公式 $p = p_w + \frac{Q\mu}{2\pi Kh}\ln\frac{r}{r_w}$ 代入按面积加权求平均地层压力的积分式 $\bar{p} = \frac{\int_{r_w}^{r_e} p \cdot 2\pi r dr}{\pi(r_e^2 - r_w^2)}$ 中，积分后，可得平均地层压力的另一表达式：

$$\bar{p} = p_w + \frac{Q\mu}{2\pi Kh}\left(\ln\frac{r_e}{r_w} - \frac{1}{2}\right) \tag{2-33}$$

对此读者可自行验证。

第三节　单相液体刚性稳定球形径向渗流

一、地层模型

如图 2-15 所示，均质、球形供给边界地层，其供给边界半径为 r_e，压力为 p_e，中心有一点汇（生产井），半径为 r_w，压力为 p_w，单相液体，刚性稳定渗流。已知地层渗透率为 K，流体黏度为 μ。

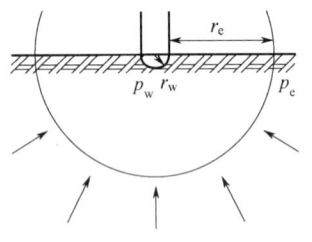

图 2-15　球形径向渗流模型

二、数学模型的建立

根据刚性稳定渗流的连续性方程（质量守恒）$\frac{\partial^2 p}{\partial x^2}+\frac{\partial^2 p}{\partial y^2}+\frac{\partial^2 p}{\partial z^2}=0$ 及流体流动的对称性，球形径向渗流数学模型为：

$$\begin{cases} \dfrac{1}{r^2}\dfrac{\mathrm{d}}{\mathrm{d}r}\left(r^2\dfrac{\mathrm{d}p}{\mathrm{d}r}\right)=0 & \text{综合（控制）方程} \\ p(r)|_{r=r_e}=p_e & \text{外边界条件} \\ p(r)|_{r=r_w}=p_w & \text{内边界条件} \end{cases} \tag{2-34}$$

三、数学模型的解

方程的通解为 $p(r)=A'+B'/r$，其中 A' 和 B' 为常数。

1. 地层压力分布规律

代入边界条件，可得地层压力分布公式：

$$p(r)=p_e-\frac{p_e-p_w}{\dfrac{1}{r_w}-\dfrac{1}{r_e}}\left(\frac{1}{r}-\frac{1}{r_e}\right) \tag{2-35}$$

或

$$p(r)=p_w+\frac{p_e-p_w}{\dfrac{1}{r_w}-\dfrac{1}{r_e}}\left(\frac{1}{r_w}-\frac{1}{r}\right) \tag{2-36}$$

对压力分布公式求导，可得压力梯度计算公式：

$$\frac{\mathrm{d}p}{\mathrm{d}r}=\frac{p_e-p_w}{\dfrac{1}{r_w}-\dfrac{1}{r_e}}\frac{1}{r^2}=\frac{C_1}{r^2}$$

其中

$$C_1 = \frac{p_e - p_w}{\dfrac{1}{r_w} - \dfrac{1}{r_e}}$$ (2-37)

等压线 $p(r) = A' + B'/r =$ 常数，$r = C$（或 $x^2 + y^2 + z^2 = r_0^2$，球面方程），即球形径向渗流等压线是与井点同心的球面。

流线 $\theta =$ 常数（射线），即球形径向渗流流线是向井点汇聚或从井点向外发散的"射线"。

2. 渗流速度计算公式

$$v_r = \frac{K}{\mu} \frac{dp}{dr} = \frac{K}{\mu} \frac{p_e - p_w}{\dfrac{1}{r_w} - \dfrac{1}{r_e}} \frac{1}{r^2} = \frac{C_2}{r^2}$$

其中

$$C_2 = \frac{K}{\mu} \frac{p_e - p_w}{\dfrac{1}{r_w} - \dfrac{1}{r_e}}$$ (2-38)

3. 加速度计算公式

$$a = \frac{C_3}{r^5}$$

其中

$$C_3 = \frac{-2C_2^2}{\phi^2}$$ (2-39)

4. 渗流面积计算公式

$A(r) = 4\pi r^2 = f(r)$，为球面。

5. 油井产量计算公式

$$Q_r = \frac{4\pi K}{\mu} \frac{p_e - p_w}{\dfrac{1}{r_w} - \dfrac{1}{r_e}} = \frac{p_e - p_w}{\dfrac{\mu}{4\pi K}\left(\dfrac{1}{r_w} - \dfrac{1}{r_e}\right)} = \frac{动力}{阻力}$$ (2-40)

油井产量与驱油动力（压差 $p_e - p_w$）成正比，与渗流阻力 $R = \dfrac{\mu}{4\pi K}\left(\dfrac{1}{r_w} - \dfrac{1}{r_e}\right)$ 成反比，满足达西定律。

6. 渗流阻力计算公式

$$R = \frac{\mu}{4\pi K}\left(\frac{1}{r_w} - \frac{1}{r_e}\right)$$ (2-41)

第四节　井的不完善性

前面讨论平面径向渗流规律时，认为井是钻开全部油层，并且是裸眼完成的，这种井称为水动力学完善井。但实际井并不一定钻穿全部油层，而且大多数井还是下套管加固井壁，用射孔方法完井的，这改变了井底的结构。另外，在钻井过程中，由于钻井液浸泡或在生产过程中为了增产，采用压裂、酸化等措施，使井底附近地区油层性质发生变化。这些井底结构和井底附近地区油层性质发生变化的井称为水动力学不完善井，实际油井绝大多数是不完善井。

富媒体 2-6　不完善井的类型划分

不完善井的井底结构类型很多（富媒体 2-6），可归纳为以下三种类型：

（1）打开程度不完善。油井没有钻开油层的全部厚度，而是裸眼完成的，如图 2-16 所示。这种井底结构多见于有底水而岩石坚固的油层中。

（2）打开性质不完善。油层全部钻穿，但油井是射孔或贯眼完成的，如图 2-17 所示。这种井是我国油田上最常见的。

（3）双重不完善。油井既没有钻穿油层全部厚度，而且又是射孔或贯眼完成的，如图 2-18 所示。

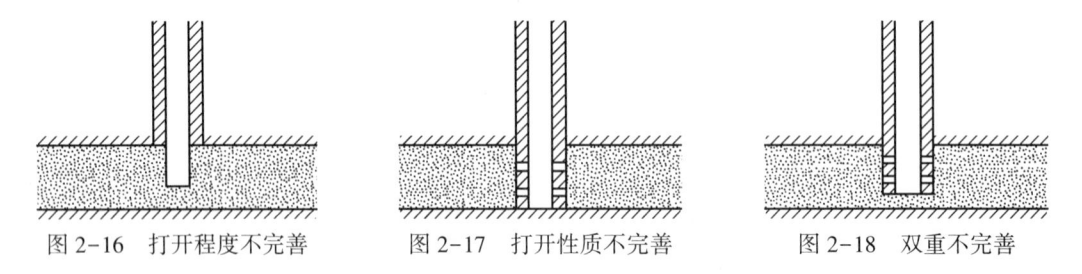

图 2-16　打开程度不完善　　　图 2-17　打开性质不完善　　　图 2-18　双重不完善

除此之外，还有井底附近地区油层性质变化的不完善井。

对于打开程度不完善井来说，液流通过钻开部分的侧面和底面流入井内，流线弯曲向井底集中。而打开性质不完善井，液流只能通过井壁上的孔眼流入井中，流线向孔眼集中。双重不完善井的流线变化更为复杂，它既向井底又向孔眼处集中。由于渗流面积发生变化，流线弯曲并集中，渗流速度变快，使得井底附近地区渗流阻力增加；井底附近地区油层性质的改变也导致渗流阻力变化，从而使得井产量发生变化。一般在其他条件（油层性质、流体性质、压差和井半径）相同时，不完善井的产量比完善井小，但是随着酸化、压裂技术的发展和推广及射孔方法的改善，不完善井产量能够比完善井还大，因此"不完善井"这个概念应理解为与完善井不同的井，而不应认为一定比完善井差。但在矿场实际工作中把不完善井狭义地理解为比完善井井底渗流阻力大、产量小的井，而把那些比完善井渗流阻力小、产量大的井称为超完善井。

由于油井不完善性的影响，在不完善井井底附近地区不再是平面径向渗流，而存在垂直方向上的分速度。但这种变化仅在井底附近地区，在距井较远处（$r>h$），渗流状态仍然是平面径向渗流，而且考虑到各种不完善井的共同特点是渗流面积的变化，即把实际的不完善井用一个产量与之相当的、半径较小（也可能较大）的假想完善井来代替，这一假想完善井的半径称为实际不完善井的折算半径 r_{wr}。

这样所有完善井的研究成果，都可推广来解决不完善井的问题，只需用折算半径 r_{wr} 代替原来公式中的油井完井半径 r_w 即可。从而产量公式可写为：

$$Q=\frac{2\pi Kh(p_e-p_w)}{\mu\ln\dfrac{r_e}{r_{wr}}} \tag{2-42}$$

压力分布公式为：

$$p=p_e-\frac{p_e-p_w}{\ln\dfrac{r_e}{r_{wr}}}\ln\frac{r_e}{r} \tag{2-43}$$

折算半径 r_{wr} 是用不稳定试井资料来确定的，在后面的有关章节中将介绍这一方法。

另外，也可用在平面径向渗流产量公式中增加一附加阻力值 S（也称为表皮因子或表皮系数）的方法来求不完善井的产量，即：

$$Q=\frac{2\pi Kh(p_e-p_w)}{\mu\left(\ln\dfrac{r_e}{r_w}+S\right)} \tag{2-44}$$

附加阻力 S 可用试井方法来求取。

下面讨论折算半径 r_{wr} 和附加阻力值 S 之间的关系：

$$\ln\frac{r_e}{r_{wr}}=\ln\frac{r_e}{r_w}+S;\quad \ln r_{wr}=\ln r_w-S \tag{2-45}$$

$$r_{wr}=r_w e^{-S} \tag{2-46}$$

当 S 为正值，即增加渗流阻力时，$r_{wr}<r_w$；反之当 S 为负值，即减少渗流阻力时，$r_{wr}>r_w$。

第五节　油井的稳定试井方法

稳定试井是通过人为改变油井工作制度，待生产稳定后，测量出各不同工作制度下油井的井底压力、产油量、产气量、含砂量和含水量等资料，以便弄清油井的生产特征和产能大小，确定油井合理的工作制度。另外，利用稳定试井资料可求出油层参数，如油层渗透率等。

稳定试井的具体方法依采油方法不同而不同。对于自喷井，其试井方法是通过改变井口油嘴的大小来改变油井的工作制度。改变油嘴尺寸时，可以由小到大，也可以由大到小改变。对于抽油井，一般是通过改变抽油机冲程、冲数来改变油井的工作制度。由于稳定试井需要系统地改变油井的工作制度，因此又称为"系统试井"。

油井改变工作制度后，要待生产稳定后才测量各种资料。在矿场实际工作中一般是在改变工作制度后，连续产油一定时间（12~14h），然后测量产量，如果连续几次测量，前后误差不超过5%~10%，即可认为生产已经稳定。稳定试井资料还应尽量取全，如油、气、水产量及含砂量，并且同时用井底压力计测量井底压力。

稳定试井主要用于油田的试采阶段，以便确定油井的合理工作制度。根据稳定试井资料绘制出的稳定试井曲线如图 2-19 所示，利用它可以确定油井合理的工作制度。一般是选择气油比小、含砂量和含水量小，而产油量大的工作制度。当然，单个油井生产是整个油田开发的一部分，因此确定每口井工作制度时，还应考虑到全油田开发的需要。

将测得的产量和井底压差数据，绘制在普通坐标纸上（以产量为横坐标，以油层压力和井底压力间的差值为纵坐标），得出的曲线称为油井指示曲线。在正常情况下，油井指示曲线开始是直线，然后出现曲线（图2-20）。在直线部分，产量与压差呈线性关系，此时渗流指数$n=1$，表明渗流服从达西直线定律。在曲线部分，渗流指数$n<1$，它可能在如下两种情况下出现：（1）油层中流体是单相液体，当压差增大后液体流速增大，破坏了直线渗流定律；（2）随着压差增大，井底压力低于饱和压力，在井底附近地区出现油、气两相渗流，渗流阻力增加，使得每增加一个大气压的压差，产量增加的数量逐渐减少，因此指示曲线呈曲线状。

有时还可能出现一种不正常的曲线，如图2-21所示，产生的主要原因是进行稳定试井时油井工作制度还没有达到稳定。此时油层岩石和液体弹性的作用增加了一部分产量，使得测出的产量偏高，因而油井指示曲线就凹向产量轴。遇到这种油井指示曲线时，需要重新试井。

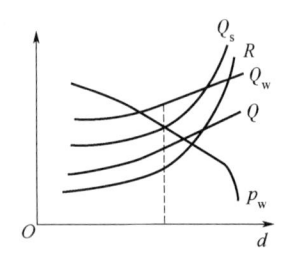

图2-19 稳定试井曲线
d—油嘴直径；p_w—井底压力；Q—产油量；
Q_w—含水量；Q_s—含砂量；R—气油比

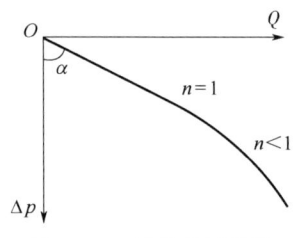

图2-20 油井指示曲线

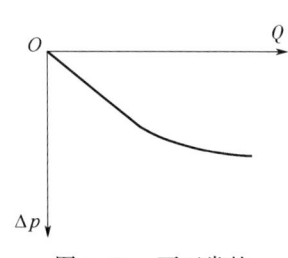

图2-21 不正常的油井指示曲线

油井指示曲线表示油井产量与压差间的关系。油井指示曲线可用如下方程式表示：

$$Q = C(p_e - p_w)^n \qquad (2-47)$$

式中　C——系数，无量纲；
　　　n——渗流指数，无量纲。

方程式(2-47)称为油井产液方程式。

油井采油指数J标志油井生产能力的大小，它的物理意义是压差为1个单位压力时油井的产量，计算公式如下：

$$J = \frac{G}{\Delta p} \qquad (2-48)$$

式中　J——采油指数，$t/(d \cdot MPa)$；
　　　G——油井产量，t/d；
　　　Δp——生产压差，MPa。

在油井指示曲线的直线段，采油指数是常数，它等于直线段的斜率（图2-20）：

$$J = \tan\alpha \qquad (2-49)$$

在矿场实际工作中绘制曲线时，有时还用纵坐标代表井底压力，横坐标代表油井产量，绘出的油井指示曲线如图2-22所示。

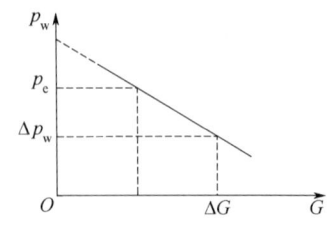

图2-22 矿场中油井指示曲线

此时采油指数的计算方法是在直线段上任取两点，其压

差值 $\Delta p_w = p_{w2} - p_{w1}$，在相应处找出产量差值 ΔG，用下式计算采油指数：

$$J = \frac{\Delta G}{\Delta p_w} \quad (2-50)$$

富媒体 2-7　利用采油指数求取油层参数公式

如果油田在生产过程中采油指数变小，说明井底附近地区渗透性变差（例如井底砂堵或结蜡等原因）。

利用采油指数还可以求出油层参数（富媒体 2-7）。

第六节　单相不可压缩液体稳定渗流基本微分方程的解

本章第一节和第二节介绍了求解单相不可压缩液体的单向和平面径向稳定渗流问题，但是当遇到一些更为复杂的问题。如较为复杂的边界形状、多井同时工作时的干扰现象等，用积分方法就无法解决问题。此时需要研究单相不可压缩液体稳定渗流的基本微分方程及其在一定边界条件下的解，有时甚至需要依靠计算机来求解。

不同边界情况下的许多单相不可压缩液体稳定渗流问题可以用同一微分方程，即拉普拉斯方程来描述，所以仅仅有微分方程还不能求得所研究的具体渗流问题的解，还需要加上一些附加条件。对稳定渗流问题来说，它与时间无关，因而只需附加边界条件。边界条件指的是渗流场边界上压力或流量所应满足的条件。

下面以几个不同边界情况的渗流问题为例来说明确定边界条件和求解微分方程的方法。

一、无限大地层中存在一个点汇的情况

在讨论问题前，先了解"点汇"与"点源"的概念：如果在渗流平面上存在一个点，所有流体流向这一点，并在此消失，这个点称为平面上的"点汇"，点汇可以看成一个半径无穷小的生产井。如果在渗流平面上存在一个点，所有流体从此点向四周径向流出，这个点称为平面上的"点源"，点源可看作一个半径无穷小的注入井。

设地层是均质、等厚、水平地层，地层某处存在一个生产井（点汇），其产量为 Q。这时压力分布规律 $p = p(r)$ 将满足拉普拉斯方程：

$$\frac{1}{r} \frac{d}{dr}\left(r \frac{dp}{dr}\right) = 0$$

其中，极坐标系的极点放在井点处。

为了确定边界条件，作一个以井轴为轴的圆柱面，它的半径为 r，按照达西定律，通过这个圆柱面向井点流去的液体质量为：

$$Q = A_r v_r = 2\pi r h \frac{K}{\mu} \frac{dp}{dr}$$

因此内边界条件（即油井定产量生产）可表达成如下形式：

$$2\pi h \frac{K}{\mu} r \frac{dp}{dr}\bigg|_{r \to 0} = Q$$

或

$$r \frac{dp}{dr}\bigg|_{r \to 0} = \frac{Q\mu}{2\pi K h}$$

这样，无限大地层中有一个产量为 Q 的点汇时，压力分布 $p=p(r)$ 将是下面问题的解：

$$\begin{cases} \dfrac{1}{r}\dfrac{\mathrm{d}}{\mathrm{d}r}\left(r\dfrac{\mathrm{d}p}{\mathrm{d}r}\right)=0 \\ r\dfrac{\mathrm{d}p}{\mathrm{d}r}\bigg|_{r\to 0}=\dfrac{Q\mu}{2\pi Kh} \end{cases}$$

可求出该问题的解为：

$$p(r)=\frac{Q\mu}{2\pi Kh}\ln r+C \tag{2-51}$$

式中 r——地层中任一点至点汇的距离，cm。

在原点位于点汇处的直角坐标下，解的形式将为：

$$p(x,y)=\frac{Q\mu}{2\pi Kh}\ln\sqrt{x^2+y^2}+C \tag{2-52}$$

如果井点不在直角坐标系的原点，而在点 (a, b) 处，则通过坐标系的平移，可得在此直角坐标系中解的形式是：

$$p=\frac{Q\mu}{2\pi Kh}\ln\sqrt{(x-a)^2+(y-b)^2}+C\ln\sqrt{x^2+y^2}+C \tag{2-53}$$

式（2-51）、式（2-52）或式（2-53）是求解一些复杂渗流问题的基础。

二、圆形地层中心有一点汇的情况

设地层是均质、等厚、水平的地层，其外边缘为供给边缘，在圆形地层中心有一生产井（点汇），在这种地层中压力分布 $p=p(r)$ 将是如下问题的解：

$$\begin{cases} \dfrac{1}{r}\dfrac{\mathrm{d}}{\mathrm{d}r}\left(r\dfrac{\mathrm{d}p}{\mathrm{d}r}\right)=0 \\ p\big|_{r=r_e}=p_e \\ r\dfrac{\mathrm{d}p}{\mathrm{d}r}\bigg|_{r\to 0}=\dfrac{Q\mu}{2\pi Kh} \end{cases}$$

解此方程，从微分方程和第二边界条件可求得：

$$p(r)=\frac{Q\mu}{2\pi Kh}\ln r+C$$

然后利用第一个边界条件来确定常数 C：

$$p_e=\frac{Q\mu}{2\pi Kh}\ln r_e+C; \quad C=p_e-\frac{Q\mu}{2\pi Kh}\ln r_e$$

消去常数 C 后，可得问题的解为：

$$p=p_e-\frac{Q\mu}{2\pi Kh}\ln\frac{r_e}{r} \tag{2-54}$$

式（2-54）表示圆形地层中压力分布规律。

如果知道在井壁处（$r=r_w$）的压力 p_w，则可得下式：

$$p_w=p_e-\frac{Q\mu}{2\pi Kh}\ln\frac{r_e}{r_w}; \quad Q=\frac{2\pi Kh}{\mu}\frac{p_e-p_w}{\ln\dfrac{r_e}{r_w}} \tag{2-55}$$

式（2-55）就是 Dupuit 公式。

三、渗透率发生突变的圆形地层中心有一个点汇的情况

设地层为等厚、水平圆形地层，地层可分为渗透率 K_1 的小圆形区域和渗透率 K_2 的环形区域两部分，如图 2-23 所示（富媒体 2-8）。

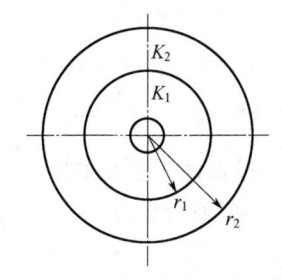

图 2-23　渗透率发生突变的圆形地层

富媒体 2-8　平面径向渗流渗透率突变分析（视频）

以 $p_1=p_1(r)$ 和 $p_2=p_2(r)$ 分别表示小圆形区域和环形区域中的压力分布规律，则它们将分别是下列两个问题的解：

$$\begin{cases} \dfrac{1}{r}\dfrac{\mathrm{d}}{\mathrm{d}r}\left(r\dfrac{\mathrm{d}p_1}{\mathrm{d}r}\right)=0 \quad (0<r\leqslant r_1) \\ \left.r\dfrac{\mathrm{d}p_1}{\mathrm{d}r}\right|_{r\to 0}=\dfrac{Q\mu}{2\pi K_1 h} \end{cases}$$

$$\begin{cases} \dfrac{1}{r}\dfrac{\mathrm{d}}{\mathrm{d}r}\left(r\dfrac{\mathrm{d}p_2}{\mathrm{d}r}\right)=0 \quad (r_1\leqslant r\leqslant r_e) \\ p_2|_{r=r_e}=p_e \end{cases}$$

同时，它们还必须满足下列连接条件：

（1）在 $r=r_1$ 处：

$$p_1(r_1)=p_2(r_1)$$

（2）在 $r=r_1$ 处渗流速度相等：

$$\left.\dfrac{K_1}{\mu}\dfrac{\mathrm{d}p_1}{\mathrm{d}r}\right|_{r=r_1}=\left.\dfrac{K_2}{\mu}\dfrac{\mathrm{d}p_2}{\mathrm{d}r}\right|_{r=r_1}$$

按照第（2）个连接条件，并考虑到液体是不可压缩的，从环形区域通过 $r=r_1$ 的圆柱面流向小圆形区块的流量可写成：

$$2\pi h\dfrac{K_2}{\mu}r\dfrac{\mathrm{d}p_2}{\mathrm{d}r}\bigg|_{r=r_1}=2\pi h\dfrac{K_1}{\mu}r\dfrac{\mathrm{d}p_1}{\mathrm{d}r}\bigg|_{r=r_1}=2\pi h\dfrac{K_1}{\mu}r\dfrac{\mathrm{d}p_1}{\mathrm{d}r}\bigg|_{r\to 0}=Q \qquad (2\text{-}56)$$

半径为 r_1 的圆柱面可看成是一个扩大井的井壁，这样上述第二个问题就化为圆形地层中心一口井的问题，所以按照式（2-54）就可得到第二个问题的解：

$$p_1=p_e-\dfrac{Q\mu}{2\pi K_2 h}\ln\dfrac{r_e}{r} \quad (r_1\leqslant r_e) \qquad (2\text{-}57)$$

式（2-57）表明在环形区域内压力是按对数关系分布的。

对于第一个问题，将半径为 r_1 的圆柱面看成是小圆形区域的供给边缘，其上的压力按第（1）个连接条件用 $p_2(r_1)$ 来表示，则按照式(2-54)就可得到第一个问题的解：

$$p_1 = p_2(r_1) - \frac{Q\mu}{2\pi K_1 h}\ln\frac{r_1}{r} \quad (0<r\leqslant r_1) \tag{2-58}$$

由于

$$p_2(r_1) = p_e - \frac{Q\mu}{2\pi K_2 h}\ln\frac{r_e}{r_1} \tag{2-59}$$

代入式(2-58)，所求的解就又可写成如下形式：

$$p_1 = p_e - \frac{Q\mu}{2\pi K_2 h}\ln\frac{r_e}{r_1} - \frac{Q\mu}{2\pi K_1 h}\ln\frac{r_1}{r} \quad (0<r\leqslant r_1) \tag{2-60}$$

式(2-60)表明在小圆形区域内压力是按对数关系分布的。不过在两个区域内压力分布曲线是不相重合的。在整个地层中压力分布曲线将是一条折断了的对数曲线。

如果知道井壁上的压力为 $p_1(r_w)=p_w$，则有：

$$p_w = p_e - \frac{Q\mu}{2\pi K_2 h}\ln\frac{r_e}{r_1} - \frac{Q\mu}{2\pi K_1 h}\ln\frac{r_1}{r_w} \tag{2-61}$$

由此可解出产量 Q：

$$Q = \frac{2\pi h(p_e-p_w)}{\mu\left(\dfrac{1}{K_2}\ln\dfrac{r_e}{r_1}+\dfrac{1}{K_1}\ln\dfrac{r_1}{r_w}\right)} \tag{2-62}$$

为加强对以上问题的理解，下面举一个开发生产中常遇到的问题说明渗透率发生变化的影响。

如图 2-24 所示，水平均质圆形供给边界的地层中间有口生产井，已知供给半径 $r_e=100$m，油井半径 $r_w=0.1$m，地层原始渗透率为 K_0，试分析：

（1）如在 $r_w \leqslant r \leqslant r_1$ 处渗透率变为 K_1，求渗透率变化引起的产量变化；

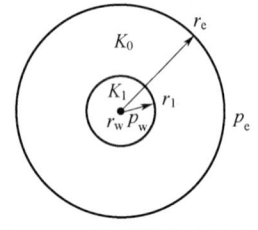

图 2-24 圆形供给边界地层

（2）如在井附近压裂，压裂区域半径为 $r_1=3$m，地层渗透率增为原来的 10 倍，求压裂后油井产量增加了多少倍；

（3）如在井周围发生污染，污染半径仍为 r_1（$r_1=3$m），地层渗透率降为原来的 1/10，求污染后油井产量降低了多少。

（1）原始地层渗透率条件下油井产量为：

$$Q = \frac{2\pi K_0 h(p_e-p_w)}{\mu\ln\dfrac{r_e}{r_w}} = \frac{p_e-p_w}{\dfrac{\mu}{2\pi K_0 h}\ln\dfrac{r_e}{r_w}} \tag{2-63}$$

r_1 处渗透率发生变化后，油井产量为：

$$Q' = \frac{p_e-p_w}{\dfrac{\mu}{2\pi h}\left(\dfrac{1}{K_0}\ln\dfrac{r_e}{r_1}+\dfrac{1}{K_1}\ln\dfrac{r_1}{r_w}\right)} \tag{2-64}$$

产量变化为：

$$\frac{Q'}{Q} = \frac{\frac{1}{K_0}\ln\frac{r_e}{r_w}}{\frac{1}{K_0}\ln\frac{r_e}{r_1}+\frac{1}{K_1}\ln\frac{r_1}{r_w}} \qquad (2\text{-}65)$$

（2）r_1 处压裂后，即 $K_1 = 10K_0$，有：

$$\frac{Q'}{Q} = \frac{\ln\frac{100}{0.1}}{\ln\frac{100}{3}+\frac{1}{10}\ln\frac{3}{0.1}} = 1.8 \qquad (2\text{-}66)$$

即压裂后，油井产量提高到原来的 1.8 倍。

（3）r_1 处污染后，即 $K_1 = 0.1K_0$，有：

$$\frac{Q'}{Q} = \frac{\ln\frac{100}{0.1}}{\ln\frac{100}{3}+10\ln\frac{3}{0.1}} = 0.184 \qquad (2\text{-}67)$$

即井底发生污染后，油井产量只有原来的 18.4%。

本章要点

1. 掌握三种基本流动（单向渗流、平面径向渗流、球形径向渗流）工程问题的地层模型、数学模型、压力分布、压力梯度、渗流速度、渗流阻力、油井产量及渗流场特征和分布（富媒体 2-9）。
2. 掌握地层渗透率发生变化时的油井产量和压力计算方法。
3. 掌握井的不完善性的概念、类型，了解表皮系数、折算半径物理意义。
4. 掌握稳定试井的原理、方法及应用。
5. 了解油井指示曲线和采油指数及其物理意义。

富媒体 2-9　三种流动规律对比

练习题

1. 何谓单相渗流和多相渗流、稳定渗流和不稳定渗流、达西渗流和非达西渗流？其区别和联系是什么？
2. 何谓单向渗流、平面径向渗流、球形径向渗流？其基本特征是什么？以一直线排液道中有一直线井排为例（图 2-25），说明渗流形态组合方式。

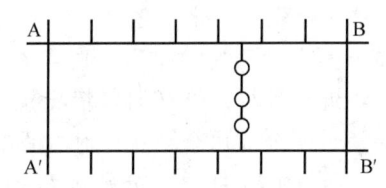

图 2-25　直线排液道中的直线井排（2 题）

3. 单向渗流、平面径向渗流和球形径向渗流的能量耗损特征是什么？

4. 何谓渗透率、流动系数、地层系数、流度、采油指数？

5. 何谓稳定试井？稳定试井的步骤是什么？在油田开发中有何作用？

6. 何谓等压线、流线和渗流场图？画出单向渗流、平面径向渗流、球形径向渗流的渗流场图。

7. 对于平面径向渗流，平均地层压力 $\bar{p}=p_e-\dfrac{p_e-p_w}{2\ln\dfrac{r_e}{r_w}}$，此式怎样得来？对于单向渗流和球形径向渗流是否适用？为什么？

8. 如何分析油井稳定试井下图2-26所示的三种油井指示曲线？

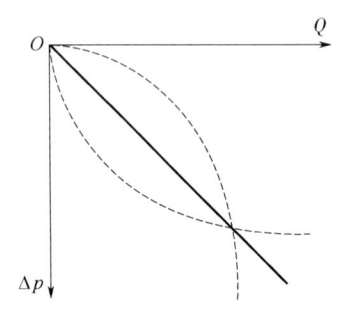

图2-26 三种油井指示曲线（8题）

9. 何谓完善井？何谓不完善井？不完善井又分哪几类？

10. 何谓不完善井的折算半径？如何确定不完善井的折算半径值？

11. 何谓质点移动规律？研究它有何意义？

12. 引入附加阻力有何意义？怎样由折算半径求解附加阻力？

13. 请分别写出单相不可压缩流体单向渗流、平面径向渗流、球形径向渗流的地质模型和数学模型及具体含义。

14. 请分别写出单向渗流、平面径向渗流、球形径向渗流的渗流阻力公式和油井产量公式。

15. 根据平面径向渗流的产量公式，分析提高油井产量的具体措施有哪些。

16. 已知 $K=1\mu m^2$，$\mu=2mPa\cdot s$，压差为 1.5MPa，$r_e=10km$，$r_w=0.1m$，$r_1=10km$，$r_2=1m$，$\phi=0.2$，求液体质点从 r_2 移动到 r_1 需用多长时间（平面径向渗流条件下）。

17. 有一块长方体岩心，长 50cm，截面积 20cm²，流量为 1.0cm³/s，$K=1.5\mu m^2$，$\mu=1.5mPa\cdot s$，求当 L 为 10cm、20cm、30cm、40cm、50cm 时的两端压差 Δp，并连接起来，能看出什么问题？

18. 已知液体服从达西定律并成平面径向流入井底，$r_e=10km$，$r_w=10cm$，试确定离井多远处地层压力为静压力与井底流动压力的算术平均值。

19. 地层渗透率与井距离 r 呈线性规律变化（图2-27），在井底 $r=r_w$ 处，$K=K_w$，在供给边缘 $r=r_e$ 处，$K=K_e$，计算液流服从达西定律平面径向渗流的产量，并将此产量与各处渗透率为 K_w 的均质地层平面径向渗流产量相比较（同等情况）。

20. 平面径向渗流，当地层渗透率分成两个环状区时（图2-28）：(1) 求出产量及压力分布表达式；(2) 与全地层渗透率均为 K_2 相比，分别对 $K_2<K_1$、$K_2>K_1$ 两种情况，讨论产量及压力分布曲线的变化状况（设两者压差相同）。

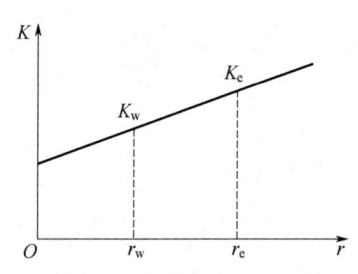

图 2-27 地层渗透率与井距离 r 变化关系（19 题） 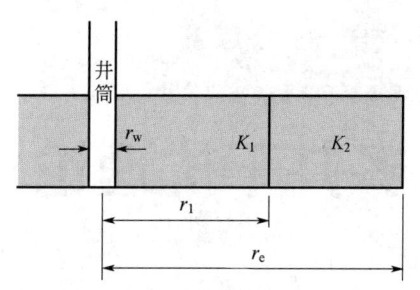　　图 2-28 地层分区模型（20 题）

21. 根据水压驱动地层稳定试井确定地层渗透率。已知液体黏度 $\mu=3\text{mPa}\cdot\text{s}$，地层厚度 $h=8\text{m}$，井的折算半径 $r_{\text{wr}}=10^{-4}\text{m}$，地层假想供给半径 $r_{\text{e}}=200\text{m}$，试井结果见表 2-1。

表 2-1　油井试井结果（21 题）

$Q(\text{m}^3/\text{d})$	20	40	60
$\Delta p(\text{MPa})$	1.11	3.30	6.56

22. 设利用模型实验求得不完善井的产量只相当于完善井产量的 80%，已知 $r_{\text{e}}=1000\text{m}$，$r_{\text{w}}=10\text{cm}$，其他条件相同，请计算附加阻力 S 及折算半径 r_{wr}。

23. 在重力水压驱动方式下，某井供油半径 250m，井半径为 10cm，外缘供给压力为 9.0MPa，井底流压为 7.0MPa，原始饱和压力为 3.4MPa，求：
（1）计算供给边缘到井底的压力分布数据（取 r 为 1.5m、10m、25m、50m、100m、150m），绘出压力分布曲线。
（2）如果油层渗透率 $K=0.5\mu\text{m}^2$，地下原油黏度 $\mu_{\text{o}}=8\text{mPa}\cdot\text{s}$，计算从供给边缘到井底的渗流速度分布（取 r 为 1.5m，10m，25m，50m，100m，150m），绘成曲线。
（3）计算平均地层压力。
（4）已知地面原油密度 $\rho=0.9\text{g/cm}^3$，$\phi=0.2$，$h=10\text{m}$，$B_{\text{o}}=1.1$，计算 Q（单位为 t/d）。
（5）计算距井 100m 处的原油流到井底需要的时间。

24. 从渗流数学模型出发，分别推导单向渗流、平面径向渗流和球形径向渗流的产量及压力分布公式，并定量分析其渗流特点。

第三章

多井干扰理论

本章仍讨论单相不可压缩液体渗流问题，不过不是单井工作，而是多井同时工作的情况。实际油田中总是大量的井在同时工作，一般为几十口到几百口，甚至达数千口。井的性质也不同，有的为生产井，有的为注水井，因而有必要讨论地层中多井同时工作时的渗流规律。

如果油层中有许多井在同时工作，任一口井工作制度的改变，如开井、关井、换油嘴变更产量等，必然会引起其他井的产量或井底压力发生变化。这种现象叫井间干扰现象，或多井干扰现象（富媒体3-1）。油层上只要有两口及以上的井在工作，就会产生井间干扰，因此实际油田中井间干扰现象总是难免的，在油井生产动态变化中可以清楚地看到井间干扰现象的存在。

富媒体3-1 多井干扰的物理过程与实质（视频）

在工作制度未改变前，多井已处于稳定状态中，油藏的能量供应和消耗处于暂时的平衡中，而任一口井的工作制度发生变化会使得原有的能量供应和消耗的平衡遭到破坏，引起整个渗流场的变化，导致油层中压力重新分布，因此一口井的变化必然会影响到其他井。

从发生井间干扰、原有的渗流场发生变化，到重新稳定、形成一个新的渗流场，是一个不稳定的传播过程。本章并不讨论这个不稳定过程，而是讨论干扰后达到重新稳定后的结果，以及形成的新的渗流场。本章讨论刚性稳定的渗流问题。

第一节 叠加原理

对于边底水供应充足的油田或注水开发的油田，驱油方式属于刚性水压驱动。此时井工作制度变化或新井投产引起的干扰在较短时间内就能趋于稳定。干扰的结果体现为压力重新分布，而压力重新分布是按照压力叠加原理进行的。

一、压力叠加原理

设地层是均质、等厚、无限大地层，以地层中有两口生产井（点汇）同时生产为例来研究干扰后地层中压力分布规律。设两井A和B相距$2a$，产量分别为Q_1和Q_2。在地层的平面上建立坐标系，使两口井（点汇）的坐标分别为$(a,0)$和$(-a,0)$，如图3-1所示。

此时在地层的平面上压力分布$p=p(x,y)$将是下一问题的解：

$$\begin{cases} \dfrac{\partial^2 p}{\partial x^2}+\dfrac{\partial^2 p}{\partial y^2}=0 \\ r_1 \dfrac{\partial p}{\partial r_1}\bigg|_{r_1\to 0}=\dfrac{Q_1\mu}{2\pi Kh} \\ r_2 \dfrac{\partial p}{\partial r_2}\bigg|_{r_2\to 0}=\dfrac{Q_2\mu}{2\pi Kh} \end{cases}$$

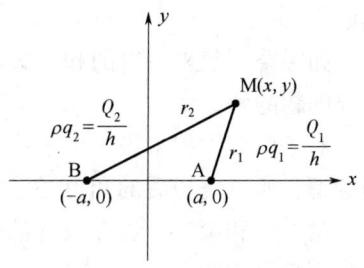

图 3-1 两点汇同时生产

其中 $r_1=\sqrt{(x-a)^2+y^2}$，$r_2=\sqrt{(x+a)^2+y^2}$

这里的微分方程及边界条件对于未知函数 p 和它的导数都是线性的，而且微分方程还是齐次的，但是边界条件不是齐次的。为了求出这个问题的解，下面尝试一下能否用叠加方法来得出问题的解。

先认为在无限大地层中只有位于点 $(a,0)$ 处的点汇（A 井）在单独工作，此时压力分布 $p_1=p_1(r_1)$ 将是下一问题的解：

$$\begin{cases} \dfrac{1}{r_1}\dfrac{\mathrm{d}}{\mathrm{d}r_1}\left(r_1\dfrac{\mathrm{d}p_1}{\mathrm{d}r_1}\right)=0 \\ r_1\dfrac{\mathrm{d}p_1}{\mathrm{d}r_1}\bigg|_{r_1\to 0}=\dfrac{Q_1\mu}{2\pi Kh} \end{cases}$$

类似此类问题在第二章中已讨论过，其解是：

$$p_1(r_1)=\dfrac{Q_1\mu}{2\pi Kh}\ln r_1+C_1$$

或

$$p_1(x,y)=\dfrac{Q_1\mu}{2\pi Kh}\ln\sqrt{(x-a)^2+y^2}+C_1$$

然后认为在无限大地层中只有位于点 $(-a,0)$ 处的点汇（B 井）在单独工作，此时压力分布 $p_2=p_2(r_2)$ 将是下一问题的解：

$$\begin{cases} \dfrac{1}{r_2}\dfrac{\mathrm{d}}{\mathrm{d}r_2}\left(r_2\dfrac{\mathrm{d}p_2}{\mathrm{d}r_2}\right)=0 \\ r_2\dfrac{\mathrm{d}p_2}{\mathrm{d}r_2}\bigg|_{r_2\to 0}=\dfrac{Q_2\mu}{2\pi Kh} \end{cases}$$

这个问题的解将有如下形式：

$$p_2(r_2)=\dfrac{Q_2\mu}{2\pi Kh}\ln r_2+C_2$$

或

$$p_2(x,y)=\dfrac{Q_2\mu}{2\pi Kh}\ln\sqrt{(x+a)^2+y^2}+C_2$$

将这两个解 p_1 和 p_2 叠加起来，然后研究叠加后得到的和是否就是所研究问题的解：

$$p=p_1+p_2=\dfrac{\mu}{2\pi Kh}(Q_1\ln r_1+Q_2\ln r_2)+C \tag{3-1}$$

其中
$$C = C_1 + C_2$$

如果叠加起来所得的和 p 满足微分方程，又满足第一个和第二个边界条件，则它就是所研究问题的解。

对于微分方程来说，由于拉普拉斯方程是齐次线性方程，而且 p_1 和 p_2 均是拉普拉斯方程的解，所以叠加后的和也必然满足该微分方程，这是齐次线性方程解的特性所决定的。

第一个和第二个边界条件都是非齐次的边界条件，对于它们，需要验证一下叠加起来的和是否满足它们。

由于：

$$\lim_{r_1 \to 0}\left(r_1 \frac{\partial p}{\partial r_1}\right) = \lim_{r_1 \to 0}\left(r_1 \frac{\partial p_1}{\partial r_1}\right) + \lim_{r_1 \to 0}\left(r_1 \frac{\partial p_2}{\partial r_1}\right)$$

$$= \frac{Q_1 \mu}{2\pi K h} + \lim_{r_1 \to 0}\left(r_1 \frac{\partial p_2}{\partial r_2} \frac{\partial r_2}{\partial r_1}\right)$$

$$= \frac{Q_1 \mu}{2\pi K h} + \frac{Q_2 \mu}{2\pi K h} \lim_{r_1 \to 0}\left(\frac{r_1}{r_2} \frac{\partial r_2}{\partial r_1}\right)$$

根据三角形的余弦定理：$c^2 = a^2 + b^2 - 2ab\cos\theta$，图 3-1 中三角形三边之间将有如下关系：$r_2^2 = 4a^2 + r_1^2 + 4ar_1\cos(r_1, x)$。由此式可得：

$$\frac{\partial r_2}{\partial r_1} = \frac{1}{r_2}[r_1 + 2a\cos(r_1, x)] \; ; \quad \frac{r_1}{r_2}\frac{\partial r_2}{\partial r_1} = \frac{r_1}{r_2^2}[r_1 + 2a\cos(r_1, x)]$$

其中，$\cos(r_1, x)$ 在 $r_1 \to 0$ 时是有界的，所以：

$$\lim_{r_1 \to 0}\left(\frac{r_1}{r_2}\frac{\partial r_2}{\partial r_1}\right) = 0$$

因此：

$$\lim_{r_1 \to 0}\left(r_1 \frac{\partial P}{\partial r_1}\right) = \frac{Q_1 \mu}{2\pi K h} + 0 = \frac{Q_1 \mu}{2\pi K h}$$

这就是说，p 满足非齐次的第一个边界条件。同样，可以验证 p 也满足非齐次的第二个边界条件。因此用叠加方法所得到的 $p = p_1 + p_2$ 的确是所给问题的解。解也可写成：

$$p(x,y) = p_1 + p_2 = \frac{\mu}{2\pi K h}[Q_1\ln\sqrt{(x-a)^2 + y^2} + Q_2\ln\sqrt{(x+a)^2 + y^2}] + C \tag{3-2}$$

对于无限大地层中同时有 n 口井同时工作的渗流问题，同样可以应用叠加方法求得该问题的解，形式如下：

$$p = \sum_{i=1}^{n} p_i = \frac{\mu}{2\pi K h}\sum_{i=1}^{n}(\pm Q_i \ln r_i) + C \tag{3-3}$$

式中，r_i 为第 i 口井到地层中任一点 M 处的距离；C 为由边界条件决定的常数。n 口井中可以有生产井（点汇），也可以有注入井（点源），点汇的产量取正值，点源的产量取负值。

无限大地层多井工作这种渗流问题的解可以用叠加单井工作的解而获得，这称为"压力叠加原理"，它是解决井间干扰问题的基本原则。

压力叠加原理不能理解为压力值的叠加，实际上是压力函数的叠加，因为在数学中关于方程的解有过如下定义：如果一个函数具有所需的各阶连续导数，并且代入某微分方程中能使该方程变成恒等式，则此函数称为该方程的解。所以叠加原理指的是压力这个函数的叠加，即指的是压力分布规律的叠加，而不是压力值的叠加。那么压力值是怎样变化的呢？以最简单的情况，两口井同时生产为例来说明这个问题。油层在未开发时，地层各点原始地层压力相等，其值如图3-2所示的E—E′水平线。

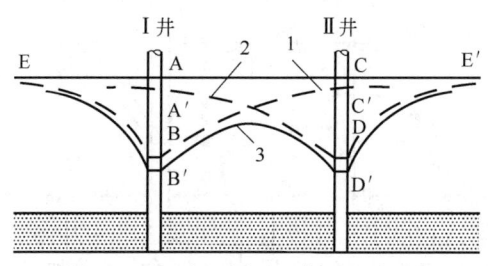

图 3-2 两点汇同时工作时压力叠加

先设想地层中只有一口Ⅰ井在生产，井产量为 Q_1，它消耗地层能量，形成的压降漏斗如图中虚线1所示，从此线中可看到Ⅰ井井底处的压力降值为AB，Ⅰ井单独生产时在Ⅱ井井底处引起的压降值为CC′。

再设想地层中只有一口Ⅱ井在单独生产，其井产量为 Q_2，则在地层中形成一个压降漏斗如图中虚线2所示，Ⅱ井井底压力降值为CD，Ⅱ井单独生产时在Ⅰ井井底处引起的压降值为AA′。

实际上地层中Ⅰ井和Ⅱ井是同时生产的，而且它们的产量分别为 Q_1 和 Q_2，即跟设想它们单独生产时的产量一样。这样对于Ⅰ井井底那点来说，Ⅰ井以 Q_1 产量生产时需要消耗压力降值为AB，而Ⅱ井生产时在此点上需要消耗压力降值为AA′。两口井同时生产，并且保持原产量 Q_1 和 Q_2 时则必须使Ⅰ井井底压力下降到B′值，其中BB′值应等于AA′值，这是因为如果Ⅰ井井底压力降仍维持AB值，则在AB值中AA′压降是供Ⅱ井生产消耗的，只有A′B压降是供Ⅰ井本身生产消耗的。也就是说供Ⅰ井本身生产的压降减少了，所以Ⅰ井产量也将下降，为了保证Ⅰ井原产量 Q_1 不变，Ⅰ井井底压力就必须下降。同样，对Ⅱ井井底那点来说，两口井同时生产时，要保持原产量，Ⅱ井井底压力就必须下降到D′，并且其中DD′值应等于CC′值。这样，我们就知道，两口井同时工作时，要保证各自单独生产时的产量，全地层的能量消耗势必增加，使得地层中任一点处的压降，为各井单独生产时在此点形成的压降之和。

再讨论一口生产井和一口注入井同时工作的情况。图3-3中Ⅰ井是注入井，注入量为 Q_1。当地层中设想只有Ⅰ井在注入时，它在地层中各点引起的压力升如虚线1，在Ⅰ井井底处压力升值为AB。若地层中单独有一口生产井Ⅱ井在生产，产量为 Q_2，它在地层各点造成的压力降如虚线2。两井同时工作时，若Ⅰ井井底压力此时仍保持为B值，则由于压差增大为BA′，注入量将增加，若要保持原注入量 Q_1 不变，则井底压力必然从B降到B′值。同理Ⅱ井要维持原来的产量 Q_2 不变，则井底压力必然从D值升到D′值。地层中压力分布曲线如实线3所示。

从上面两个例子中可看到生产井生产造成地层各点压力下降，注入井工作造成地层各点压力升高。实际工作中把生产井的压降看成正压降，其产量也为正产量，注入井造成压力上升看成负压降，其注入量也为负产量。从这两个例子可看出，多井同时工作时，压力值是按照压降叠加的，即地层中任一点的压降值等于各井单独工作时在此点造成的压降值的代数和。

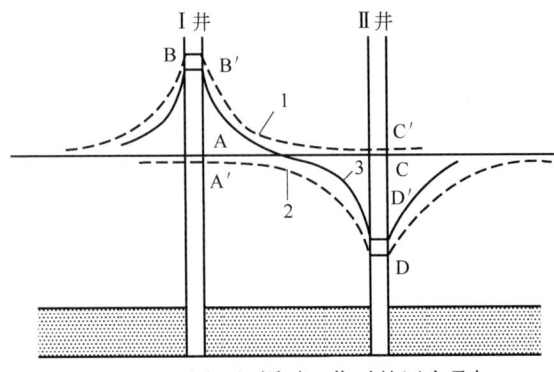

图 3-3 一源一汇同时工作时的压力叠加

二、平面上的势及势的叠加原理

1. 平面上的势

当渗流服从达西定律时，在均质、等厚地层水平面上任一点处的渗流速度可写成：

$$v = v_x \boldsymbol{i} + v_y \boldsymbol{j} = -\frac{K}{\mu}\frac{\partial p}{\partial x}\boldsymbol{i} + \left(-\frac{K}{\mu}\frac{\partial p}{\partial y}\right)\boldsymbol{j} = -\frac{K}{\mu}\left(\frac{\partial p}{\partial x}\boldsymbol{i} + \frac{\partial p}{\partial y}\boldsymbol{j}\right) = -\frac{K}{\mu}\operatorname{grad} p \quad (3-4)$$

"场论"理论告诉我们：如果矢量场中的 $\boldsymbol{a}$ 是某一函数 $u(x, y, z)$ 的梯度，即 $\boldsymbol{a} = \operatorname{grad} u$，则该矢量场叫有势场，$\boldsymbol{a}$ 叫势矢量，取 $v = u$，则 v 叫势函数。矢量 $\boldsymbol{a}$ 与势函数 v 之间的关系是：

$$\boldsymbol{a} = -\operatorname{grad} v$$

在渗流场中渗流速度是矢量，如果引入一个新的函数 Φ，使得：

$$v = -\frac{\partial \Phi}{\partial x}\boldsymbol{i} + \left(-\frac{\partial \Phi}{\partial y}\right)\boldsymbol{j} = -\operatorname{grad}\Phi \quad (3-5)$$

则渗流场将是一个有势场，可作为有势场来对待，运用一些数学工具解决渗流问题。新引入的函数由于满足式(3-5)，所以称为势函数或简称为势，显然它与压力的关系将是：

$$\mathrm{d}\Phi = \frac{K}{\mu}\mathrm{d}p$$

或

$$\Phi = \frac{K}{\mu}p + C \quad (3-6)$$

引入势函数 Φ 后，在极坐标系下的达西公式 $Q = \frac{K}{\mu}2\pi r h \frac{\mathrm{d}p}{\mathrm{d}r}$ 将改写成：

$$q = 2\pi r \frac{\mathrm{d}\Phi}{\mathrm{d}r} \quad (3-7)$$

式中 $q = \frac{Q}{h}$，为单位地层厚度上的产量。

单相不可压缩液体的基本微分方程式为：

$$\frac{\partial^2 p}{\partial x^2}+\frac{\partial^2 p}{\partial y^2}+\frac{\partial^2 p}{\partial z^2}=0$$

可改写成：

$$\frac{\partial^2 \Phi}{\partial x^2}+\frac{\partial^2 \Phi}{\partial y^2}+\frac{\partial^2 \Phi}{\partial z^2}=0 \tag{3-8}$$

或

$$\frac{1}{r}\frac{\mathrm{d}}{\mathrm{d}r}\left(r\frac{\mathrm{d}\Phi}{\mathrm{d}r}\right)=0$$

下面讨论无限大地层中存在一个点汇时势的分布规律。

显然势的分布规律将满足拉普拉斯方程：

$$\frac{1}{r}\frac{\mathrm{d}}{\mathrm{d}r}\left(r\frac{\mathrm{d}\Phi}{\mathrm{d}r}\right)=0$$

为了确定边界条件，作一个以点汇为中心的圆周，其半径为 r，按照达西定律，通过这个圆周向点汇流去的单位地层厚度上的流量为：

$$2\pi r\frac{\mathrm{d}\Phi}{\mathrm{d}r}=q$$

因此边界条件可表达成如下形式：

$$2\pi r\frac{\mathrm{d}\Phi}{\mathrm{d}r}\bigg|_{r\to 0}=q$$

或

$$r\frac{\mathrm{d}\Phi}{\mathrm{d}r}\bigg|_{r\to 0}=\frac{q}{2\pi}$$

这样，无限大地层中有一个点汇时势的分布规律 $\Phi=\Phi(r)$ 将是下面问题的解：

$$\begin{cases}\dfrac{1}{r}\dfrac{\mathrm{d}}{\mathrm{d}r}\left(r\dfrac{\mathrm{d}\Phi}{\mathrm{d}r}\right)=0\\[2mm] r\dfrac{\mathrm{d}\Phi}{\mathrm{d}r}\bigg|_{r\to 0}=\dfrac{q}{2\pi}\end{cases}$$

令 $r\dfrac{\mathrm{d}\Phi}{\mathrm{d}r}=u$，则 $\dfrac{1}{r}\dfrac{\mathrm{d}u}{\mathrm{d}r}=0$，解得：

$$u=r\frac{\mathrm{d}\Phi}{\mathrm{d}r}=C_1$$

利用边界条件求出积分常数 C_1：

$$C_1=\left(r\frac{\mathrm{d}\Phi}{\mathrm{d}r}\right)_{r\to 0}=\frac{q}{2\pi}$$

进而可求出势的表达式为：

$$\Phi=\frac{q}{2\pi}\ln r+C \tag{3-9}$$

在原点位于点汇处的直角坐标下，解的形式为：

$$\Phi=\frac{q}{2\pi}\ln\sqrt{x^2+y^2}+C \tag{3-10}$$

点汇不在坐标原点，而在点 (a, b) 处，解的形式为：

$$\Phi = \frac{q}{2\pi}\ln\sqrt{(x-a^2)+(y-b)^2}+C \tag{3-11}$$

式(3-9)、式(3-10)和式(3-11)是地层中任一点处的势的表达式。

2. 平面上势的叠加原理

无限大地层中有两个点汇同时工作，它们的坐标分别为$(a,0)$和$(-a,0)$，单位地层厚度上的产量分别为q_1和q_2，如图3-1所示。在地层的平面上势的分布$\Phi=\Phi(x,y)$将是下一问题的解：

$$\begin{cases} \dfrac{\partial^2 \Phi}{\partial x^2}+\dfrac{\partial^2 \Phi}{\partial y^2}=0 \\[4pt] r_1\dfrac{\partial \Phi}{\partial r_1}\bigg|_{r_1\to 0}=\dfrac{q_1}{2\pi} \\[4pt] r_2\dfrac{\partial \Phi}{\partial r_2}\bigg|_{r_2\to 0}=\dfrac{q_2}{2\pi} \end{cases}$$

其中 $r_1=\sqrt{(x-a)^2+y^2}$，$r_2=\sqrt{(x+a)^2+y^2}$

按照压力叠加原理的证明方法，不难得出，此问题的解可以通过叠加点汇单独工作时的解而获得，即：

$$\Phi=\Phi_1+\Phi_2=\frac{q_1}{2\pi}\ln r_1+\frac{q_2}{2\pi}\ln r_2+C$$

或

$$\Phi=\Phi_1+\Phi_2=\frac{q_1}{2\pi}\ln\sqrt{(x-a)^2+y^2}+\frac{q_2}{2\pi}\ln\sqrt{(x+a)^2+y^2}+C$$

无限大地层中有n个点汇或点源同时工作时，势的分布规律也可以用叠加方法来得到：

$$\Phi=\sum_{i=1}^{n}\Phi_i=\frac{1}{2\pi}\sum_{i=1}^{n}(\pm q_i\ln r_i)+C \tag{3-12}$$

式中 r_i——各点汇或点源到地层中任一个研究的点 M 处的距离，cm；

C——由边界条件决定的常数，无量纲；

q_i——产量，对于点汇q取正值，对于点源则取负值，cm³/s。

式(3-12)称为势的叠加公式，它是解决多井干扰问题的基本公式。

一般遇到的实际问题有两类：一是已知产量求压力；二是已知压力求产量。这两类问题都可以根据式(3-12)对n口井写出n个方程。由于除了n个未知数外，还有一个常数需要确定，所以必须有$n+1$个方程，才能联立求解。为求第$n+1$个方程，可将研究点 M 放在供给边缘上，找出供给边缘上势与各点汇、点源的关系：

$$\Phi_e=\frac{1}{2\pi}\sum_{i=1}^{n}(\pm q_i\ln r_{ei})+C$$

式中 r_{ei}——各点汇或点源至供给边缘的距离，cm。

每一个点汇或点源至供给边缘的距离r_{ei}是各不相同的，当供给边缘距这些点汇或点源越远时，所有的r_{ei}值彼此接近，而且r_{ei}又是在对数项内，所以常取各点汇或点源共同供给

边缘半径 r_e（图 3-4），这样上式写成：

$$\Phi_e = \frac{1}{2\pi} \sum_{i=1}^{n} (\pm q_i \ln r_e) + C \tag{3-13}$$

供给边缘距点汇或点源所在区域越远，结果越精确，实践证明当供给边缘半径 r_e 大于点汇、点源分布区域直径 $2 \sim 2.5$ 倍时，计算结果已足够准确。

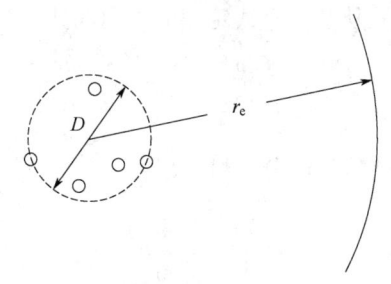

图 3-4 供给边缘与点源（汇）的距离
D—圆形区域直径

利用式(3-13)可从式(3-12)中消去积分常数 C，可得：

$$\Phi_e - \Phi = \frac{1}{2\pi} \sum_{i=1}^{n} \left(\pm q_i \ln \frac{r_e}{r_i} \right) \tag{3-14}$$

或者写成：

$$p_e - p = \frac{\mu}{2\pi Kh} \sum_{i=1}^{n} \left(Q_i \ln \frac{r_e}{r_i} \right)$$

式中，Φ 和 p 分别为所研究的点的势和压力，所研究的点不能选择距点汇、点源分布区太远的点，否则将会使计算出现较大误差。

按照式(3-14)将 n 个点汇、点源写成 n 个方程，然后联立求解，即可解决前述两类问题。

三、渗流速度的合成

点汇或点源单独工作时，地层中任一点 M 处的渗流速度为 v_i，其值为：

$$v = |v_i| = \frac{q_i}{2\pi r_i}$$

v_i 的方向视点汇和点源而不同。

点汇和点源同时工作时，M 点处的渗流速度是各点汇、点源单独工作时 M 点渗流速度的矢量和：

$$v = v_1 + v_2 + v_3 + \cdots + v_n = \sum_{i=1}^{n} v_i$$

因此，可用图解法来确定（图 3-5）。

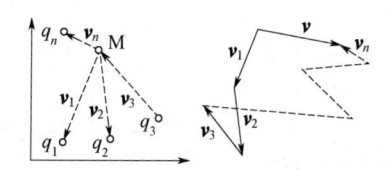

图 3-5 多井生产时的速度叠加

四、流函数与势函数的关系

在这里，我们只讨论平面定常渗流场，也就是说，渗流场中渗流速度矢量都平行于地层层面，而且在垂直于地层层面的任一条直线上的所有点处的渗流速度矢量都是相等的；渗流场中的渗流速度矢量也都是与时间无关的。显然，这种渗流场在所有平行于地层层面的平面内的分布情况是完全相同的，因此它完全可以用一个位于平行于地层层面的平面内的场来表示。

在平行于地层层面的平面内取定一直角坐标系 xOy，于是平面渗流场中任一点的渗流速度可写成 $\mathbf{v}=A_x\mathbf{i}+A_y\mathbf{j}$，当渗流服从达西直线定律时，可写出：

$$v_x=-\frac{K}{\mu}\frac{\partial p}{\partial x}; \quad v_y=-\frac{K}{\mu}\frac{\partial p}{\partial y}$$

引入势函数 $\Phi=\frac{K}{\mu}p+C$ 后，渗流速度的分量可写成：

$$\begin{cases}v_x=-\dfrac{\partial \Phi}{\partial x}\\[6pt] v_y=-\dfrac{\partial \Phi}{\partial y}\end{cases} \tag{3-15}$$

由于势函数 Φ 与渗流速度 v 之间有如式（3-15）的关系，所以势函数也称为速度势。

等压线上各点的势函数相等，它是势函数的等值线。等值线 $\Phi(x,y)=C$ 是等势线。不同等势线上势函数不相同。

势函数也满足拉普拉斯方程：

$$\frac{\partial^2 \Phi}{\partial x^2}+\frac{\partial^2 \Phi}{\partial y^2}=0$$

对于流线，按照它的定义，流线的方向代表液流的运动方向，即流线上任一点的切线方向跟液流在该点上的方向一致。

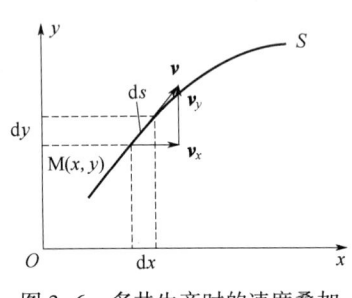

图3-6 多井生产时的速度叠加
过任一点 M 的流线

图3-6所示一条流线 S，沿着流线上取微分单元长度 $\mathrm{d}s$，可近似地看成直线，则其在坐标上的投影长度分别为 $\mathrm{d}x$ 和 $\mathrm{d}y$。液体在 M 点的渗流速度在坐标轴上的投影分别为 v_x 和 v_y。从图3-6中两个三角形相似关系中可得：

$$\frac{\mathrm{d}x}{v_x}=\frac{\mathrm{d}y}{v_y}$$

即：

$$\frac{\mathrm{d}y}{\mathrm{d}x}=\frac{v_y}{v_x}$$

不可压缩液体的连续性方程为：

$$\mathrm{div}\,\mathbf{v}=0 \text{ 或 } \frac{\partial v_x}{\partial x}+\frac{\partial v_y}{\partial y}=0$$

即：

$$\frac{\partial v_x}{\partial x}=-\frac{\partial v_y}{\partial y}$$

在高等数学中有一条定理，若函数 P、Q 在区域 D 上具有一阶连续偏导数，则 $P\mathrm{d}x+Q\mathrm{d}y$ 为某一函数 $u(x,y)$ 的全微分之必要且充分条件是：

$$\frac{\partial P}{\partial y} = \frac{\partial Q}{\partial x}$$

在我们所讨论的问题中，显然是：
$$P(x,y) = v_y; \quad Q(x,y) = -v_x$$

从而可写出 $v_y dx - v_x dy$ 是某一二元函数 $\Psi(x,y)$ 的全微分，即：
$$d\Psi = v_y dx - v_x dy$$

沿等值线 $\Psi(x,y) = C$，$\Psi(x,y)$ 的全微分为零，即 $d\Psi = v_y dx - v_x dy = 0$，所以：
$$\frac{dy}{dx} = \frac{v_y}{v_x}$$

在前面我们曾得出在流线上任一点处都满足这个关系式，因而在平面渗流场中 $\Psi(x,y) = C$ 就是流线，函数 $\Psi(x,y)$ 称为平面渗流场的流函数。同一条流线上流函数相同，不同流线上流函数不相同。流函数 $\Psi(x,y)$ 在 A 和 B 两点所取的值之差就是 A 和 B 两点之间穿过的单位地层厚度上的流量（图 3-7）。

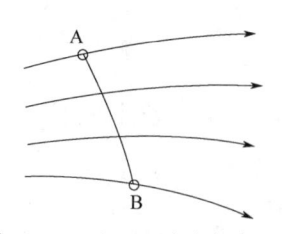

图 3-7 A 和 B 两点之间穿过的单位地层厚度上的流量

$\Psi(x,y) = C$ 是流线族的方程，给出不同的常数 C 值，就可得到不同位置的流线。

根据全微分的定义，流函数的全微分可写成：
$$d\Psi = \frac{\partial \Psi}{\partial x} dx + \frac{\partial \Psi}{\partial y} dy$$

将此式跟 $d\Psi = v_y dx - v_x dy = 0$ 相比较，由于对应系数应相等，所以渗流速度与流函数之间的关系为：
$$v_x = -\frac{\partial \Phi}{\partial x} = -\frac{\partial \Psi}{\partial y}; \quad v_y = \frac{\partial \Psi}{\partial x} = -\frac{\partial \Phi}{\partial y}$$

由于 $\frac{\partial \Phi}{\partial x} = -v_x$，$\frac{\partial \Phi}{\partial y} = -v_y$，所以可得：
$$\frac{\partial \Phi}{\partial x} = \frac{\partial \Psi}{\partial y}; \quad \frac{\partial \Phi}{\partial y} = -\frac{\partial \Psi}{\partial x}$$

这就是柯西—黎曼方程，因此流函数和势函数是满足柯西—黎曼方程的。

如前所述势函数满足拉普拉斯方程，同样流函数也满足拉普拉斯方程。因为从柯西—黎曼方程可得：
$$\frac{\partial^2 \Psi}{\partial y^2} = \frac{\partial^2 \Phi}{\partial x \partial y}; \quad \frac{\partial^2 \Psi}{\partial x^2} = -\frac{\partial^2 \Phi}{\partial y \partial x}$$

由于 $\frac{\partial^2 \Phi}{\partial x \partial y} = \frac{\partial^2 \Phi}{\partial y \partial x}$，所以 $\frac{\partial^2 \Psi}{\partial x^2} + \frac{\partial^2 \Psi}{\partial y^2} = 0$，即流函数也满足拉普拉斯方程。所以在平面渗流场中势函数 $\Phi(x,y)$ 和流函数 $\Psi(x,y)$ 是调和函数。还可证明势函数和流函数的正交关系。

沿着等势线，势函数的全微分为 0，即：
$$d\Phi = \frac{\partial \Phi}{\partial x} dx + \frac{\partial \Phi}{\partial y} dy = 0$$

所以等势线上任一点上切线的斜率为：

$$K_1 = \frac{dy}{dx} = -\frac{\frac{\partial \Phi}{\partial x}}{\frac{\partial \Phi}{\partial y}}$$

沿着流线，流函数的全微分为 0，有：

$$d\Psi = \frac{\partial \Psi}{\partial x}dx + \frac{\partial \Psi}{\partial y}dy$$

所以流线上任一点的切线的斜率为：

$$K_2 = \frac{dy}{dx} = -\frac{\frac{\partial \Psi}{\partial x}}{\frac{\partial \Psi}{\partial y}}$$

由柯西—黎曼条件可得：

$$K_1 K_2 = \frac{\frac{\partial \Phi}{\partial x} \frac{\partial \Psi}{\partial x}}{\frac{\partial \Phi}{\partial y} \frac{\partial \Psi}{\partial y}} = -1$$

即流线与等势线在平面渗流场中任一点上都互相正交。

第二节　无限大地层等产量一源一汇问题

如第一节所述无限大地层中存在一口注水井和一口生产井同时生产时（富媒体 3-2），会存在多井干扰问题。我们可以利用势的叠加原理来求解此类问题。首先，我们看等厚无限大地层一个点源或点汇的势的问题。

富媒体 3-2　无限大地层一源一汇渗流问题（视频）

一、无限大地层点源或点汇的势

对于等厚无限大地层，存在一个点汇。以点汇处为原点，建立极坐标系，点汇的势数学模型为：

$$\begin{cases} \dfrac{1}{r}\dfrac{d}{dr}\left(r\dfrac{d\Phi}{dr}\right) = 0 & \text{连续性方程} \\ \left. r\dfrac{d\Phi}{dr}\right|_{r\to 0} = \dfrac{q}{2\pi} & \text{边界条件} \end{cases}$$

此任一点势的解为：

$$\Phi = \frac{q}{2\pi}\ln r + C \quad (q>0) \tag{3-16}$$

其对应的流函数为：

$$\begin{cases} \dfrac{\partial^2 \Psi}{\partial r^2} + \dfrac{1}{r}\dfrac{\partial^2 \Psi}{\partial \theta^2} + \dfrac{1}{r}\dfrac{\partial \Psi}{\partial r} = 0 & \text{连续性方程} \\ \left.\dfrac{\partial \Psi}{\partial \theta}\right|_{\theta=\theta} = \dfrac{q}{2\pi} & \text{边界条件} \end{cases}$$

任一点流函数的解为：

$$\Psi = \frac{q}{2\pi}\theta + C'$$

下面利用势函数理论求解圆形供给边界一口生产井的产量问题。假设已知供给圆形边缘 $r=r_e$ 处，供给压力为 p_e，生产井底 $r=r_w$ 处，井底流压为 p_w。根据式（3-16）可得到地层中任一个研究点 M 处的势，包括在供给边界处和井底处。供给边界和生产井井壁都可以看成是一个等势圆。把 M 点取在圆形供给边缘上，有：

$$\Phi_e = \frac{q}{2\pi}\ln r_e + C$$

把 M 点取在生产井井壁处，有：

$$\Phi_w = \frac{q}{2\pi}\ln r_w + C$$

两式相减，消掉常数 C，得到：

$$\Phi_e - \Phi_w = \frac{q}{2\pi}\ln\frac{r_e}{r_w}$$

根据势函数的定义，同时可以得到

$$\Phi_e - \Phi_w = \frac{K}{\mu}(p_e - p_w)$$

联立两式可以得到厚度为 h 的圆形供给边界，一口生产井的产量为：

$$Q = qh = \frac{2\pi K h}{\mu}\frac{p_e - p_w}{\ln\dfrac{r_e}{r_w}} \tag{3-17}$$

式（3-17）即为第二章所述的裘比公式。

同理，也可以写出等厚无限大地层点源的势数学模型为：

$$\begin{cases} \dfrac{1}{r}\dfrac{\mathrm{d}}{\mathrm{d}r}\left(r\dfrac{\mathrm{d}\Phi}{\mathrm{d}r}\right)=0 & \text{连续性方程} \\ \left.r\dfrac{\mathrm{d}\Phi}{\mathrm{d}r}\right|_{r\to 0}=\dfrac{q}{2\pi} & \text{边界条件} \end{cases}$$

此方程的解为：

$$\Phi = -\frac{q}{2\pi}\ln r + C \quad (q>0)$$

对于此问题的产量的求解原理同上，我们不做赘述。

二、无限大地层中存在等产量的一个点源和一个点汇

1. 数学模型

如图 3-8 所示，设点源 B 和点汇 A 相距 $2a$，选取坐标系，使 x 轴通过井点，点源坐标为 $(-a,0)$，点汇坐标为 $(a,0)$。等产量一源一汇平面渗流场的势数学模型可以写出：

$$\begin{cases} \dfrac{\partial^2 \Phi}{\partial x^2}+\dfrac{\partial^2 \Phi}{\partial y^2}=0 & \text{连续性方程} \\ r_1 \dfrac{\mathrm{d}\Phi}{\mathrm{d}r_1}\bigg|_{r_1\to 0}=\dfrac{q}{2\pi} & \text{边界条件} \\ r_2 \dfrac{\mathrm{d}\Phi}{\mathrm{d}r_2}\bigg|_{r_2\to 0}=-\dfrac{q}{2\pi} & \text{边界条件} \end{cases}$$

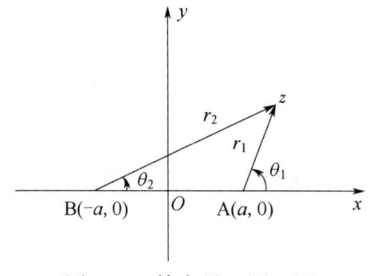

图 3-8 等产量一源一汇

其中 $r_1=\sqrt{(x-a)^2+y^2}$，$r_2=\sqrt{(x+a)^2+y^2}$

2. 势的叠加

在地层中任一个研究点 M 处的势。其中点汇 A 在 M 的势为：

$$\Phi_A=\dfrac{q}{2\pi}\ln r_1+C_1$$

点源 B 在 M 的势为：

$$\Phi_B=-\dfrac{q}{2\pi}\ln r_2+C_2$$

根据势的叠加原理，点汇 A 和点源 B 在 M 点叠加后的势为：

$$\Phi_M=\Phi_A+\Phi_B=\dfrac{q}{2\pi}\ln r_1-\dfrac{q}{2\pi}\ln r_2+C=\dfrac{q}{2\pi}\ln\dfrac{r_1}{r_2}+C \tag{3-18}$$

3. 产量公式

下面讨论无限大地层中等产量一源一汇时产量公式。

生产井井壁和注入井井壁都可以看成是一个等势圆，这样，如果把所研究的 M 点放在生产井井壁处，则有：

$$r_1=r_w\quad r_2\cong 2a$$

生产井井底的势为：

$$\Phi_w=\dfrac{q}{2\pi}\ln\dfrac{r_w}{2a}+C \tag{3-19}$$

再把所研究的点 M 取在注入井井壁上，则有：

$$r_1\cong 2a,\;r_2=r_w$$

注入井井底的势为：

$$\Phi_{win}=\dfrac{q}{2\pi}\ln\dfrac{2a}{r_w}+C$$

两式相减，消去常数 C，可得：

$$\Phi_{win}-\Phi_w=\dfrac{q}{\pi}\ln\dfrac{2a}{r_w}$$

从而求出 q 的表达式：

$$q=\dfrac{\pi(\Phi_{win}-\Phi_w)}{\ln\dfrac{2a}{r_w}} \tag{3-20}$$

或者写成产量与压差的关系式：

$$Q = \frac{\pi Kh(p_{\text{win}} - p_w)}{\mu \ln \frac{2a}{r_w}} \tag{3-21}$$

式中 p_{win}，p_w——注入井和生产井井底压力。

4. 压力场特征

将式(3-18)与式(3-19)相减，消去积分常数 C，可得地层中势的分布规律为：

$$\Phi = \Phi_w + \frac{q}{2\pi} \ln \left(\frac{r_1}{r_2} \cdot \frac{2a}{r_w} \right)$$

地层中压力分布规律为：

$$p = p_w + \frac{Q\mu}{2\pi Kh} \ln \left(\frac{r_1}{r_2} \cdot \frac{2a}{r_w} \right)$$

因此，地层中等压线或等势线族方程为：

$$\frac{r_1}{r_2} = C_0$$

式中 C_0——任意常数。

由于 $r_1 = \sqrt{(x-a)^2 + y^2}$，$r_2 = \sqrt{(x+a)^2 + y^2}$，所以等势线方程可改写成：

$$\frac{(x-a)^2 + y^2}{(x+a)^2 + y^2} = C_0^2$$

整理后可得：

$$x^2 + y^2 - 2a \frac{1+C_0^2}{1-C_0^2} x + a^2 = 0$$

对此方程配方，并整理后可改写成：

$$\left(x - \frac{1+C_0^2}{1-C_0^2} a \right)^2 + y^2 = \frac{4a^2 C_0^2}{(1-C_0^2)^2}$$

它是一个圆心都在 x 轴上的圆族方程，其圆心坐标为：$x_0 = \frac{1+C_0^2}{1-C_0^2} a$，$y_0 = 0$，等势圆的半径 $R = \frac{2aC_0}{1-C_0^2}$。

给 C_0^2 以不同数值，可得不同的等势圆圆心位置和圆半径值，从而可绘出全部等势线。当 $C_0 = 1$ 时，$R = \infty$，此时等势线为直线，可认为是圆的特殊情况，$C_0 = 1$，即 $r_1 = r_2$，所以该直线就是 y 轴。

因此，我们可以看出，等产量一源一汇等压线或等势线为一系列偏心圆族组成（图3-9，彩图3-9），且 y 轴也为一条等压线。

5. 流线场特征

按照流函数的叠加原理，一源一汇的流函数表达式为：

$$\Psi = \frac{q}{2\pi} (\theta_1 - \theta_2) + C_4 \tag{3-22}$$

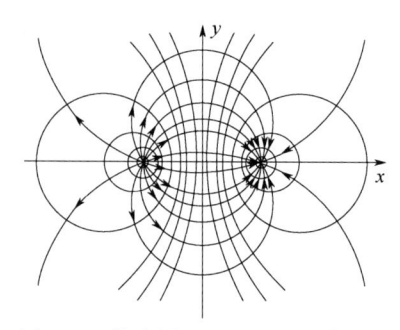

彩图 3-9　　　　图 3-9　等产量一源一汇平面渗流场

可得流线方程为：

$$\theta_1 - \theta_2 = C_0'$$

式中　C_0'——任意常数。

由于：

$$\theta_1 = \arctan\frac{y}{x-a}, \quad \theta_2 = \arctan\frac{y}{x+a}$$

所以：

$$\theta_1 - \theta_2 = \arctan\frac{y}{x-a} - \arctan\frac{y}{x+a} = C_0'$$

$$\tan(\theta_1 - \theta_2) = \frac{\dfrac{y}{x-a} - \dfrac{y}{x+a}}{1 + \dfrac{y^2}{(x-a)(x+a)}}$$

由此可得在直角坐标系下的流线方程为：

$$\frac{\dfrac{y}{x-a} - \dfrac{y}{x+a}}{1 + \dfrac{y^2}{(x-a)(x+a)}} = C_0''$$

整理后可得：

$$x^2 + y^2 - \frac{2a}{C_0''}y - a^2 = 0$$

对此方程配方，并整理后可写成：

$$x^2 + \left(y - \frac{a}{C_0''}\right)^2 = \left(\frac{a\sqrt{1+C_0''^2}}{C_0''}\right)^2$$

它是一个圆心都在 y 轴上的圆族方程，其圆心坐标为：$x_0 = 0$，$y_0 = \dfrac{a}{C_0''}$，圆的半径

$$R = \frac{a\sqrt{1+C_0''^2}}{C_0''}$$

给以 C_0'' 不同数值，可得不同圆心的位置和圆半径值，从而可绘出全部流线。当 $C_0'' = 0$

时，$R=\infty$，此时流线为一条直线，可认为是圆的特殊情况。即 $C_0''=0$ 时：

$$\frac{y}{x-a}-\frac{y}{x+a}=0$$

得到 $2ay=0$，$y=0$，所以该直线为 x 轴。

6. 速度特征

等产量一源一汇时的平面渗流场图如图 3-10 所示，下面讨论一源一汇渗流场中任一点处的渗流速度值（图 3-11）。

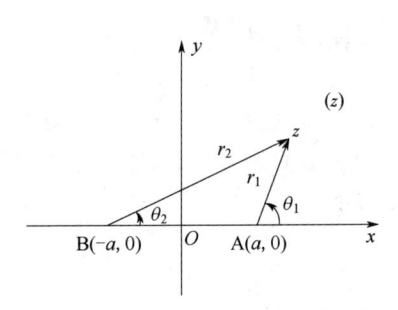

图 3-10　等产量一源一汇平面渗流场图

图 3-11　等产量一源一汇流场中质点运动情况示意图
v_1—源点在点 M 的速度；v_2—汇点在点 M 的速度；
v—点 M 处的速度叠加

当考虑一口井 A 工作时，任一点的速度为：

$$|v_{AM}|=\left|\frac{Q}{2\pi r_1 h}\right|=\frac{q}{2\pi r_1}$$

当考虑一口井 B 工作时，任一点的速度为：

$$|v_{BM}|=\left|\frac{Q}{2\pi r_2 h}\right|=\frac{q}{2\pi r_2}$$

根据速度矢量叠加和三角形相似原理，可以得到

$$\frac{|v_{BM}|}{|v|}=\frac{r_1}{2a}$$

因此，地层中任一点处的渗流速度为：

$$v=\frac{qa}{\pi r_1 r_2} \tag{3-23}$$

稳定流动时液体质点运动轨迹与流线是一致的（图 3-11）。液体质点从注入井出发沿着各条流线向生产井流去。在生产井和注入井连心线 x 轴上，由于在 x 轴上 $r_1 r_2$ 的乘积较其他流线上 $r_1 r_2$ 的乘积小，从式（3-23）可知 $r_1 r_2$ 的乘积越小，渗流速度越大，因此在 x 轴这条流线上液体质点流得最快，离 x 轴越远的流线上液体质点流速越慢。两井连心线 x 轴是一条流线，它称为主流线，液体质点沿主流线自注入井流入生产井时，沿其他流线运动的质点还未到达生产井时，于是形成所谓"舌进"现象（富媒体3-3），如图 3-12 所示，即沿主流线流入生产井已经是水质点时，沿其他流线流入生产井的还是油质点。

富媒体 3-3 "舌进"现象（动图）

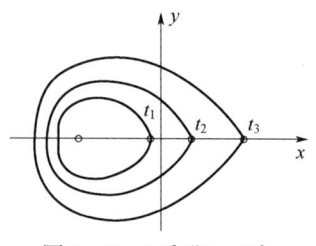

图 3-12 "舌进"现象

第三节　无限大地层等产量两汇问题

无限大地层中存在等产量两汇同时生产时（富媒体 3-4），会存在干扰问题，与第二节思路相同，利用势的叠加原理来求解此类问题。

富媒体 3-4　无限大地层两汇渗流产量求解（视频）

一、数学模型

如图 3-13 所示，设点汇 A 和点汇 B 相距 $2a$，选取坐标系，使 x 轴通过井点，点汇 A 坐标为 $(a,0)$，点汇 B 坐标为 $(-a,0)$。等产量两汇的渗流数学模型为：

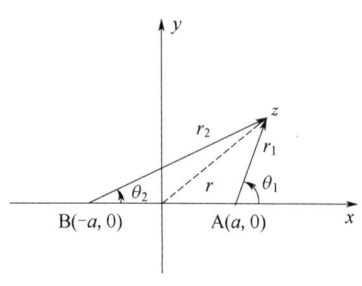

图 3-13　等产量两汇

$$\begin{cases} \dfrac{\partial^2 \Phi}{\partial x^2}+\dfrac{\partial^2 \Phi}{\partial y^2}=0 & \text{连续性方程} \\ r_1 \dfrac{\mathrm{d}\Phi}{\mathrm{d}r_1}\bigg|_{r_1 \to 0}=\dfrac{q}{2\pi} & \text{边界条件} \\ r_2 \dfrac{\mathrm{d}\Phi}{\mathrm{d}r_2}\bigg|_{r_2 \to 0}=\dfrac{q}{2\pi} & \text{边界条件} \end{cases}$$

其中　　$r_1=\sqrt{(x-a)^2+y^2}$，$r_2=\sqrt{(x+a)^2+y^2}$

二、势的叠加

在地层中任一个研究点 M 处的势。其中汇 A 在 M 的势为：

$$\Phi_A=\frac{q}{2\pi}\ln r_1+C_1$$

源 B 在 M 的势为：

$$\Phi_B=\frac{q}{2\pi}\ln r_2+C_2$$

根据势的叠加原理，汇 A 和源 B 在 M 点叠加后的势为：

$$\Phi_M=\Phi_A+\Phi_B=\frac{q}{2\pi}\ln r_1+\frac{q}{2\pi}\ln r_2+C=\frac{q}{2\pi}\ln r_1 r_2+C$$

三、产量公式

下面讨论无限大地层中等产量两汇时产量公式。

地层中任一点处的势为：

$$\Phi = \frac{q}{2\pi} \ln(r_1 \cdot r_2) + C$$

如果把所研究的点取在生产井 A 井壁处，则有：

$$r_1 = r_w, \quad r_2 \cong 2a$$

生产井 A 井壁上的势为：

$$\Phi_w = \frac{q}{2\pi} \ln(r_w \cdot 2a) + C$$

再把所研究的点取在供给边缘处，则有：

$$r_1 = r_2 = r_e$$

供给边缘上的势为：

$$\Phi_e = \frac{q}{2\pi} \ln r_e^2 + C$$

两式相减，消去常数 C 后，可得：

$$\Phi_e - \Phi_w = \frac{q}{2\pi} \ln \frac{r_e^2}{r_w \cdot 2a}$$

对上式进行变形得：

$$q = \frac{2\pi(\Phi_e - \Phi_w)}{\ln \dfrac{r_e^2}{r_w \cdot 2a}} \tag{3-24}$$

或者写成产量与压差的关系式：

$$Q = \frac{2\pi Kh(p_e - p_w)}{\mu \ln \dfrac{r_e^2}{r_w \cdot 2a}} \tag{3-25}$$

四、压力场特征

无限大地层等产量两汇时地层中势的分布规律为：

$$\Phi = \Phi_w + \frac{q}{2\pi} \ln \frac{r_1 \cdot r_2}{r_w \cdot 2a}$$

或

$$\Phi = \Phi_e - \frac{q}{2\pi} \ln \frac{r_e^2}{r_1 r_2}$$

地层中压力分布规律为：

$$p = p_w + \frac{Q\mu}{2\pi Kh} \ln \frac{r_1 \cdot r_2}{r_w \cdot 2a}$$

或
$$p = p_e - \frac{Q\mu}{2\pi Kh}\ln\frac{r_e^2}{r_1 r_2} \tag{3-26}$$

通过式(3-26)，可以看出凡是 $r_1 r_2$ 值相等的点势都相等，因此等势线族方程为：
$$r_1 r_2 = C_0$$

式中　C_0——任意常数。

由于 $r_1 = \sqrt{(x-a)^2 + y^2}$，$r_2 = \sqrt{(x+a)^2 + y^2}$，所以等势线族方程可改写为：
$$[(x-a)^2 + y^2][(x+a)^2 + y^2] = C_0^2$$

整理后可得：
$$x^4 + 2x^2 y^2 + y^4 + 2a^2 y^2 - 2a^2 x^2 + a^4 - C_0^2 = 0$$
$$(x^2 + y^2)^2 + 2(y^2 - x^2)a^2 + a^4 - C_0^2 = 0$$

这是一个四次曲线族，如图3-14所示。给 C_0 以不同的值，可画出不同的等势线。

彩图 3-14

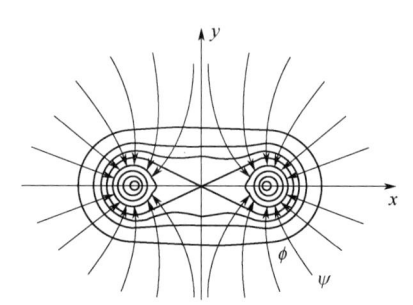

图 3-14　等产量两汇渗流场

五、流线场特征

从等产量两汇时流函数的表达式，可得流线族方程为：
$$\theta_1 + \theta_2 = C_0'$$

式中　C_0'——任意常数，给 C_0' 以不同的值，可画出不同的流线。

在直角坐标中，由于：
$$\theta_1 = \arctan\frac{y}{x-a}, \quad \theta_2 = \arctan\frac{y}{x+a}$$

所以：
$$\theta_1 + \theta_2 = \arctan\frac{y}{x-a} + \arctan\frac{y}{x+a}$$

$$\tan(\theta_1 + \theta_2) = \tan\left(\arctan\frac{y}{x-a} + \arctan\frac{y}{x+a}\right) = \frac{\dfrac{y}{x-a} + \dfrac{y}{x+a}}{1 - \dfrac{y^2}{(x-a)(x+a)}} = C_0'$$

由此可得在直角坐标下的流线族方程为：

$$\frac{\dfrac{y}{x-a}+\dfrac{y}{x+a}}{1-\dfrac{y^2}{(x-a)(x+a)}}=\frac{1}{C_0''}$$

化简后，可得：
$$x^2-y^2-2C_0''xy-a^2=0$$

它是一个双曲线族。C_0'' 为任意常数，给 C_0'' 以不同的数值，可画出全部流线。当 $C_0''=\infty$ 时，$\dfrac{y}{x-a}+\dfrac{y}{x+a}=0$，$xy=0$，则有 $x=0$ 或 $y=0$。也就是说 y 轴和 x 轴分别都是一条流线。由于两个点汇产量是相等的，因此液流流向它们的图形是对称的，而 y 轴将液流左右分开，故它称为分流线。x 轴是两井点的连心线，也是一条流线称为主要流线。

六、速度特征

下面讨论两汇平面渗流场中任一点处的渗流速度值（图 3-15）。

当考虑一口井 A 工作时，任一点的速度为：
$$|v_{AM}|=\left|\frac{Q}{2\pi r_1 h}\right|=\frac{q}{2\pi r_1}$$

当考虑一口井 B 工作时，任一点的速度为：
$$|v_{BM}|=\left|\frac{Q}{2\pi r_2 h}\right|=\frac{q}{2\pi r_2}$$

根据速度矢量叠加和三角形相似原理，可以得到

$$\frac{|v_{AM}|}{|v|}=\frac{r_2}{2r}$$

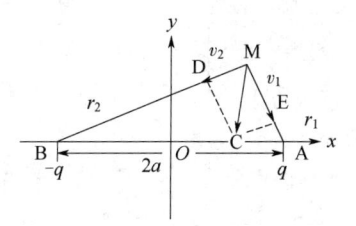

图 3-15　速度叠加

因此，地层中任一点处的渗流速度为：

$$v=\frac{qr}{\pi r_1 r_2} \tag{3-27}$$

式中　r——地层中任一点至坐标原点的距离，cm。

两汇连心线的中点，即坐标系原点，由于该处 r 等于 0，所以该处渗流速度为 0，此点称为平衡点。两汇存在时，必然会出现平衡点，平衡点附近将形成油的滞流区，即死油区（富媒体 3-5）。若两汇产量不相等时，平衡点在两汇连心线上的位置会发生变化，它总是偏向产量较小的点汇方向。如图 3-16 所示，A 井和 B 井产量分别为 q_1 和 q_2。A 井和 B 井单独工作时，在两井连心线任一点处的渗流速度分别为 $\boldsymbol{v}_1$ 和 $\boldsymbol{v}_2$，它们的方面相反，值不相等，其值分别为：

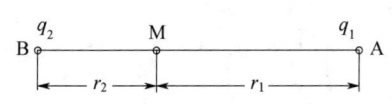

图 3-16　两汇产量不相等时的平衡点

富媒体 3-5　死油区的形成（动图）

$$v_1 = \frac{q_1}{2\pi r_1}; \quad v_2 = \frac{q_2}{2\pi r_2}$$

若两井同时工作，则两井连心线上任一点处的渗流速度可按矢量合成原则求得，其速度值为：$v = v_1 - v_2 = \frac{1}{2\pi}\left(\frac{q_1}{r_1} - \frac{q_2}{r_2}\right)$。

若所研究的点是平衡点，则该处 $v=0$，可得：$\frac{q_1}{r_1} - \frac{q_2}{r_2} = 0$，$\frac{q_1}{q_2} = \frac{r_1}{r_2}$。也就是说，平衡点分割两汇连心线的距离与这两汇的产量大小成正比。因此改变井产量的比例，可以使平衡点向产量小的井方向移动，通过这种移动可使滞流区面积缩小。

第四节　镜像反映法和几类复杂边界问题

势的叠加方法建立于无限大地层，但是实际油田中有一部分井可能距边界较近，边界可能是供给边缘，也可能是断层。位于边界附近的井由于边界的影响使流体渗流发生较大的变化，形成特殊的渗流场。对于这些问题可以运用镜像反映法（富媒体3-6），把这些特殊问题转化成一般问题，用建立于无限大地层的势的叠加方法来解。下面用两个例子来说明镜像反映法的实质和应用。

富媒体3-6　镜像反映的定义及应用（视频）

一、直线供给边缘附近一口井（点汇）

设距直线供给边缘为 a 的点处有一口井（点汇），其单位地层厚度上的产量为 q。我们这样建立坐标系，使 Oy 轴在直线供给边缘上，Ox 轴通过井点。于是井点坐标为 $(a, 0)$，如图3-17所示。

势的分布 $\Phi = \Phi(x, y)$ 将是下一定解问题的解：

$$\begin{cases} \dfrac{\partial^2 \Phi}{\partial x^2} + \dfrac{\partial^2 \Phi}{\partial y^2} = 0 \quad (x > 0) \\ r\dfrac{\partial \Phi}{\partial r}\bigg|_{r \to 0} = \dfrac{q}{2\pi} \quad [r = \sqrt{(x-a)^2 + y^2}] \\ \Phi|_{x=0} = \Phi_e \end{cases}$$

根据势的叠加原理，可写出无限大地层中等产量的一个点汇和一个点源共同工作时势的分布规律。点汇和点源相距为 $2a$，如图3-18所示。

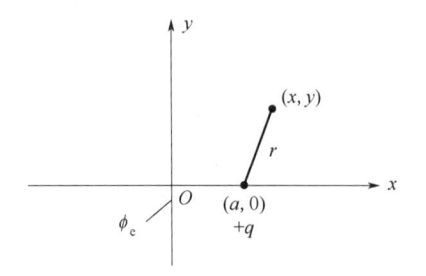

图3-17　直线供给边缘的点汇　　　　图3-18　等产量源汇

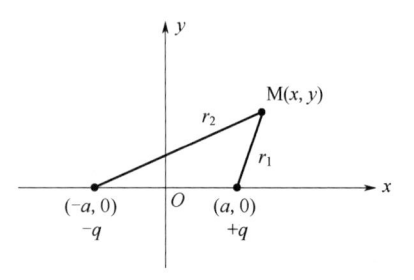

$$\Phi = \frac{q}{2\pi}\ln r_1 - \frac{q}{2\pi}\ln r_2 + C = \frac{q}{2\pi}\ln\frac{r_1}{r_2} + C \tag{3-28}$$

在 $x=0$ 时，$r_1=r_2$，则有：$\Phi|_{x=0}=0$，因而 Oy 轴是一条等势线。

将直线供给边缘附近一口井（点汇）时的边界条件跟无限大地层中等产量的一源一汇共同工作时在 $x>0$ 的半平面上的边界条件相比较，会发现它们是一致的，既然微分方程一致，边界条件又一样，那么无限大地层中等产量一源一汇共同工作时在 $x>0$ 的半平面上的解必将是直线供给边缘附近一口井这样一个定解问题的解，也就是说，为了求出给定解问题的解，可以设想在点 $(a,0)$ 对于直线供给边缘的对称点 $(-a,0)$ 处设置一个等产量的源，从而问题就演化成无限大地层中等产量一源一汇的求解问题。这种想象以直线供给边缘 Oy 轴为镜面，在镜面另一侧的半平面上反映出一个生产井的镜像，即一个等产量的假想的注入井，从而使边界影响问题归结为无限大地层中一口生产井和一口注入井共同工作的问题，这种镜像反映方法称为"汇源反映法"。

下面讨论生产井在直线供给边缘附近时产量公式。先运用汇源反映法将问题化为无限大地层中等产量的一源一汇问题（图3-18），根据式（3-28）可得到地层中任一个研究的点 M 处的势为：

$$\Phi_M = \frac{q}{2\pi}\ln\frac{r_1}{r_2} + C$$

把 M 点取在生产井井壁处，有：

$$r_1 = r_w, \quad r_2 \cong 2a$$

生产井井底的势为：

$$\Phi_w = \frac{q}{2\pi}\ln\frac{r_w}{2a} + C$$

再把 M 点取在直线供给边缘 Oy 轴上，有：

$$r_1 = r_2 = a$$

得到直线供给边缘上势为：

$$\Phi_e = \frac{q}{2\pi}\ln\frac{a}{a} + C = C$$

消去常数 C，可得：

$$\Phi_e - \Phi_w = \frac{q}{2\pi}\ln\frac{2a}{r_w}, \quad q = \frac{2\pi(\Phi_e - \Phi_w)}{\ln\frac{2a}{r_w}}$$

或者写成产量与压差关系式：

$$Q = \frac{2\pi Kh(p_e - p_w)}{\mu\ln\frac{2a}{r_w}} = \frac{2\pi Kh(p_e - p_w)}{\mu\left(\ln\frac{a}{r_w} + \ln 2\right)}$$

当供给边缘是半径为 a 的圆形时，地层中心一口井时的产量公式为：

$$Q = \frac{2\pi Kh(p_e - p_w)}{\mu\ln\frac{a}{r_w}} \tag{3-29}$$

比较上面两式，可以看出按圆形供给边缘计算出的产量将偏高，但偏差不是很大，因为仅在公式的分母中差一个 ln2。这个结论是很有价值的,因为实际供给边缘形状往往很难精确了解,并且不会是理想的几何曲线(直线或圆),这个结论使得在解决实际问题时允许在确定供给边缘形状上可以有出入,而且考虑到实际供给边缘形状总是介于圆和直线之间的中间形状(图 3-19),则供给边缘形状上判断错误所造成的产量偏差将会更小,因此在计算油井产量时,可以对实际泄油面积形状进行简化。但上面这个结论不能套用到压力分布上去,因为在圆形和直线供给边缘两种情况下渗流场图是不同的。

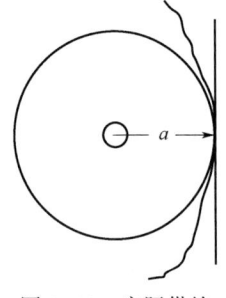

图 3-19 实际供给边缘形状

井在直线供给边缘附近时,势的分布为:

$$\Phi = \Phi_e - \frac{q}{2\pi}\ln\frac{r_2}{r_1} = \Phi_e - \frac{q}{2\pi}\ln\sqrt{\frac{(x+a)^2+y^2}{(x-a)^2+y^2}} \quad (x>0)$$

二、直线断层附近一口井(点汇)

设距直线断层为 a 的点处有一口井(点汇),其单位地层厚度上的产量为 q。建立坐标系,使 Oy 轴在直线断层上,Ox 轴通过井点,于是井点坐标为 $(a,0)$,如图 3-20 所示。

实际油层内部常存在局部断层,液体受这些不渗透边界的遮挡,当井位于断层附近时,其产量和压力分布都受到断层的影响。由于断层是不渗透边界,流体只能沿断层流动而不能穿透过断层,流体沿断层的法线方向(Ox 轴)的速度为 0:

$$v_x\big|_{x=0} = -\frac{\partial \Phi}{\partial x}\bigg|_{x=0} = 0$$

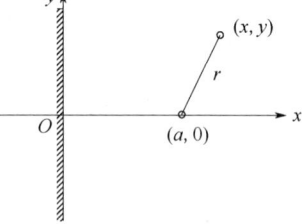

图 3-20 直线断层附近的点汇

所以断层线本身在渗流场中相应于一条流线。

这样,势的分布 $\Phi = \Phi(x,y)$ 将是下一定解问题的解:

$$\begin{cases} \dfrac{\partial^2 \Phi}{\partial x^2} + \dfrac{\partial^2 \Phi}{\partial y^2} = 0 \quad (x>0) \\ r\dfrac{\partial \Phi}{\partial r}\bigg|_{r\to 0} = \dfrac{q}{2\pi} \quad [r=\sqrt{(x-a)^2+y^2}] \\ \dfrac{\partial \Phi}{\partial x}\bigg|_{x=0} = 0 \end{cases}$$

当无限大地层中存在两个相距为 $2a$ 的等产量点汇时,根据势的叠加原理,可写出地层中任一点处的势的表达式为:

$$\Phi = \frac{q}{2\pi}(\ln r_1 + \ln r_2) + C = \frac{q}{2\pi}\left[\ln\sqrt{(x-a)^2+y^2} + \ln\sqrt{(x+a)^2+y^2}\right] + C \quad (3-30)$$

上式对 x 求导,可得:

$$\frac{\partial \Phi}{\partial x} = \frac{q}{2\pi}\left(\frac{x-a}{r_1^2} + \frac{x+a}{r_2^2}\right)$$

在 $x=0$ 时，$r_1=r_2$，因而

$$\left.\frac{\partial \Phi}{\partial x}\right|_{x=0}=0$$

也就是说，Oy 轴在由两汇形成的渗流场中是一条流线，它具有分流性质，将该线两侧的液流分开，液流不会穿过该线。

所以无限大地层中存在等产量两汇时，在 $x>0$ 的半平面上的解将是下一定解问题的解：

$$\begin{cases} \dfrac{\partial^2 \Phi}{\partial x^2}+\dfrac{\partial^2 \Phi}{\partial y^2}=0 & (x>0) \\ \left. r_1\dfrac{\partial \Phi}{\partial r_1}\right|_{r_1\to 0}=\dfrac{q}{2\pi} & [r_1=\sqrt{(x-a)^2+y^2}] \\ \left.\dfrac{\partial \Phi}{\partial x}\right|_{x=0}=0 & \end{cases}$$

这与井位于断层附近时的定解问题是一致的，因此为了求出该给定的定解问题的解，可以设想在点 $(a,0)$ 对于直线断层的对称点 $(-a,0)$ 处设置一个等产量的点汇，从而把问题演化成无限大地层中等产量两汇的求解问题。

这种想象以直线断层 Oy 轴为镜面，在镜面另一侧的半平面上反映出一个生产井的镜像，即一个等产量的假想的生产井，从而使断层影响问题归结为无限大地层中两口生产井共同工作的问题，这种镜像反映方法称为"汇点反映法"。

下面讨论断层附近井的产量计算公式。先运用汇点反映法将问题化为无限大地层中等产量的两汇问题（图3-21）。根据式（3-30）可得到地层中任一点 M 处的势为：

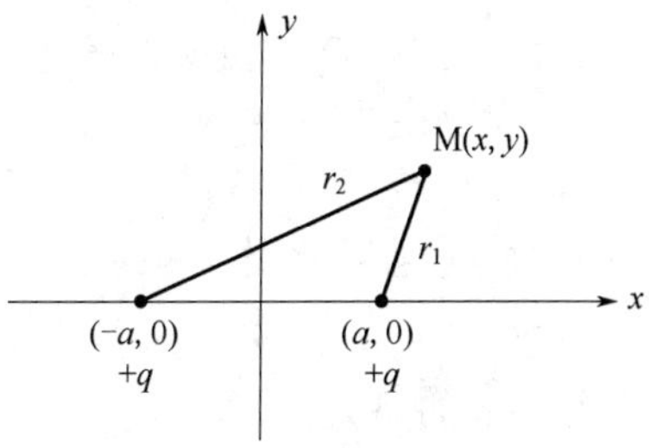

$$\Phi=\frac{q}{2\pi}\ln(r_1\cdot r_2)+C$$

图 3-21 等产量点汇

把 M 点取在生产井井壁处，有：

$$r_1=r_w, \quad r_2\cong 2a$$

生产井井底的势为：

$$\Phi_w=\frac{q}{2\pi}\ln(r_w\cdot 2a)+C$$

再把 M 点取在供给边缘处，有：

$$r_1=r_2=r_e$$

得到供给边缘上（注：不是断层上）的势为：

$$\Phi_e=\frac{q}{2\pi}\ln r_e^2+C$$

消去常数 C，可得：

$$\Phi_e-\Phi_w=\frac{q}{2\pi}\ln\frac{r_e^2}{r_w\cdot 2a}; \quad q=\frac{2\pi(\Phi_e-\Phi_w)}{\ln\dfrac{r_e^2}{r_w\cdot 2a}} \qquad (3-31)$$

或者写成产量与压差的关系式：

$$Q = \frac{2\pi Kh(p_e - p_w)}{\mu \ln \dfrac{r_e^2}{r_w \cdot 2a}}$$

井在直线断层附近时，势的分布为：

$$\Phi = \Phi_e - \frac{q}{2\pi}\ln\frac{r_e^2}{r_1 r_2} = \Phi_e - \frac{q}{2\pi}\ln\frac{r_e^2}{\sqrt{(x-a)^2+y^2}\cdot\sqrt{(x+a)^2+y^2}} \quad (x>0)$$

三、复杂边界问题

利用断层线具有分流线的特性，还可以用汇点反映法来解决一些断层形状更为复杂的问题。例如，A_1 井位于相交成 120°角的两断层线 H_1 和 H_2 的分角线上，如图 3-22 所示。利用汇点反映法，以 H_1 和 H_2 为镜面，分别在断层另一侧构成映像井 A_2 及 A_3，实际井与映像井分别位于等边三角形的顶点上，这时断层 H_1 及 H_2 都符合分流线的性质，此时问题就演化成无限大地层中三个相互对称的等产量点汇问题。

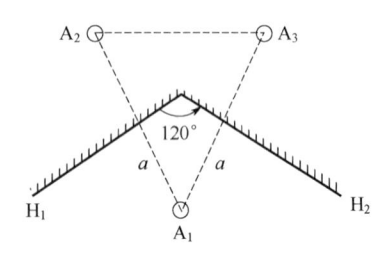

图 3-22 相交成 120°角的两断层线之间一口井的映射

地层中任一点处的势为：

$$\Phi = \frac{q}{2\pi}\ln(r_1 \cdot r_2 \cdot r_3) + C$$

把研究的点放在生产井 A_1 的井壁上，有：

$$r_1 = r_w; \quad r_2 \cong 2a; \quad r_3 \cong 2a$$

生产井井底的势为：

$$\Phi_w = \frac{q}{2\pi}\ln(r_w \cdot 2a \cdot 2a) + C$$

再把研究的点放在供给边缘处，有：

$$r_1 = r_2 = r_3 = r_e$$

供给边缘上的势为：

$$\Phi_e = \frac{q}{2\pi}\ln r_e^3 + C$$

消去常数 C，可得：

$$\Phi_e - \Phi_w = \frac{q}{2\pi}\ln\frac{r_e^3}{4a^2 r_w}; \quad q = \frac{2\pi(\Phi_e - \Phi_w)}{\ln\dfrac{r_e^3}{4a^2 r_w}}$$

或者写成产量和压差的关系式：

$$Q = \frac{2\pi Kh(p_e - p_w)}{\mu \ln\dfrac{r_e^3}{4a^2 r_w}}$$

势的分布规律为：

$$\Phi = \Phi_e - \frac{q}{2\pi}\ln\frac{r_e^3}{r_1 r_2 r_3}$$

式中　r_1，r_2，r_3——地层中任一点至 A_1、A_2 和 A_3 井的距离。

图 3-23 表示两断层线相交成直角，其间有一口生产井 A_1。为了使反映后断层线 H_1 及 H_2 仍具有分流线的性质，除了以 H_1 及 H_2 为镜面反映出 A_2 及 A_3 井以外，还应在 H_1 及 H_2 的延长线上反映出镜像 A_4 井。这样才能使 H_1 及 H_2 具有分流线的性质，从而把这一问题归结为无限大地层中四个等产量点汇的问题。

如果 A_1 井位于两个互相平行的直线断层 H_1 及 H_2 之间，并且它至两断层线的距离相等，为了使反映后 H_1 及 H_2 仍然具有分流线的性质，必须以 H_1 及 H_2 作镜面重复连续反映，结果会得到一个无限长的等产量的直线井排，如图 3-24 所示。

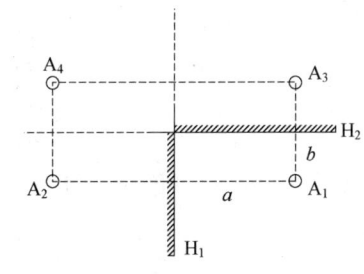

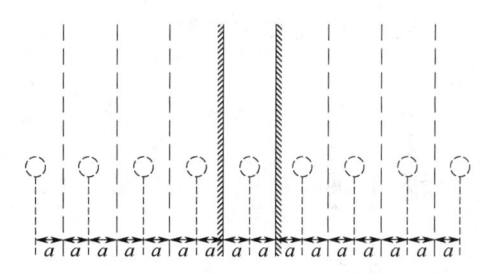

图 3-23　直角断层之间一口井的映射　　　图 3-24　平行断层之间一口井的映射

当边界附近存在多口井时，镜像反映法仍然适用，因为每口井反映后，都将化成无限大地层中井的问题，仍然能满足势的叠加原理。

其他 16 种典型复杂边界问题参考富媒体 3-7。

富媒体 3-7　16 种典型复杂边界问题

四、圆形供给边缘内一口偏心井问题

可以利用无限大地层中等产量一源一汇的解来解决圆形供给边缘内一口偏心井的问题。

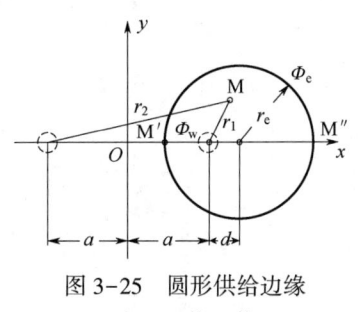

图 3-25　圆形供给边缘内一口偏心井

如图 3-25 所示，圆形地层供给边缘上势为 Φ_e，在距地层中心为 d 处有一口生产井，在生产井井壁处势为 Φ_w，供给边缘和井壁都是一条圆形的等势线。

从无限大地层等产量一源一汇的平面渗流场图中可看出，等势线族是一个圆族，所有这些等势圆的圆心都不在井点处，与它相差一个距离。如果选取一个等势圆作为供给边缘，其半径为 r_e，圆心与井点的距离为 d，此时生产井就成了圆形供给边缘内的一口偏心井，因此只要在适当的位置放上一个虚构的等产量注入井（点源）就可将圆形供给边缘内一口偏心井的问题演化为无限大地层等产量的一源一汇问题，从而使问题得到解。

显然在放置等产量注入井后，仍然要保持半径为 r_e 的圆周为一个等势圆，而无限大地层等产量一源一汇时 $\dfrac{r_1}{r_2}$ 值相等的点，势相等，所以半径 r_e 的圆周上的点 M' 和 M'' 满足下列等式：
$$\left(\frac{r_1}{r_2}\right)_{M'} = \left(\frac{r_1}{r_2}\right)_{M''}$$

或可写成：
$$\frac{r_e-d}{2a-(r_e-d)} = \frac{r_e+d}{2a+r_e+d}$$

由此式可求出应放置注入井的位置 $2a$，得：
$$2a = \frac{r_e^2 - d^2}{d} \tag{3-32}$$

在距离偏心井井点 $2a$ 处放置一口等产量注入井后，根据式(3-28)可得在半径为 r_e 的圆周上和圆周内任一点处的势为：
$$\Phi = \frac{q}{2\pi}\ln\frac{r_1}{r_2} + C$$

在半径为 R_e 的圆周上，各点的势相等，各点的 $\frac{r_1}{r_2}$ 的比值也相等，利用 M' 和 M'' 点的性质可求出此比值 $\frac{r_1}{r_2}$：
$$\frac{r_1}{r_2} = \frac{r_e-d}{2a-(r_e-d)} = \frac{r_e+d}{2a+r_e+d} = \frac{r_e}{2a+d}$$

将式(3-32)代入上式，可得圆形地层供给边缘上任一点的 $\frac{r_1}{r_2}$ 比值为：
$$\frac{r_1}{r_2} = \frac{d}{r_e}$$

如果将所研究的点取在圆形地层供给边缘上，则可得：
$$\Phi_e = \frac{q}{2\pi}\ln\frac{d}{r_e} + C$$

如果将所研究的点取在生产井井壁处，则有：
$$r_1 = r_w,\quad r_2 \cong 2a$$

井壁上的势为：
$$\Phi_w = \frac{q}{2\pi}\ln\frac{r_w}{2a} + C$$

两式相减，消去常数 C，可得：
$$\Phi_e - \Phi_w = \frac{q}{2\pi}\ln\frac{d\cdot 2a}{r_e r_w} = \frac{q}{2\pi}\ln\frac{r_e^2 - d^2}{r_e r_w} = \frac{q}{2\pi}\ln\left[\frac{r_e}{r_w}\left(1-\frac{d^2}{r_e^2}\right)\right]$$

$$q = \frac{2\pi(\Phi_e - \Phi_w)}{\ln\left[\frac{r_e}{r_w}\left(1-\frac{d^2}{r_e^2}\right)\right]} \tag{3-33}$$

或者写成产量与压差的关系式：

$$Q = \frac{2\pi Kh(p_e - p_w)}{\mu \ln\left[\frac{r_e}{r_w}\left(1 - \frac{d^2}{r_e^2}\right)\right]} \tag{3-34}$$

式(3-33)和式(3-34)是偏心井的产量公式,井距圆形地层中心的偏心距为 d。

将偏心井产量公式与中心井产量公式相比较,可以确定偏心距 d 的大小对井产量的影响。

令 φ 等于偏心井产量与中心井产量的比值,则:

$$\varphi = \frac{\ln \dfrac{r_e}{r_w}}{\ln\left[\dfrac{r_e}{r_w}\left(1 - \dfrac{d^2}{r_e^2}\right)\right]}$$

在 $r_w = 0.1$ 时,不同偏心距 d 和 r_e 情况下 φ 的值见表3-1。

表3-1 不同偏心距 d 和 r_e 情况下 φ 的值

φ $\quad d/r_e$ r_e	0	0.1	0.25	0.5	0.75
100m	1	1	1.01	1.04	1.13
1000m	1	1	1.00	1.02	1.08

从表3-1中可以看出,在 $d/r_e < 0.5$ 时,偏心对井产量的影响是不大的。

在偏心井情况下圆形地层内势的分布为:

$$\Phi = \Phi_e - \frac{q}{2\pi}\ln\left(\frac{d}{r_e}\frac{r_2}{r_1}\right)$$

或者改写成压力的形式:

$$p = p_e - \frac{Q\mu}{2\pi Kh}\ln\left(\frac{d}{r_e}\frac{r_2}{r_1}\right)$$

五、直线和环形井排问题

1. 直线无限井排

均质、等厚、无限大地层中,布有一排两端无限延伸的井排,如图3-26所示。各井井距相等为 $2a$,各井产量相等为 Q,井底压力相等为 p_w。

(1)在图示直角坐标中,无限井排井坐标为 $(2na-a, 0)$,$n = 0, \pm 1, \pm 2, \cdots, \pm \infty$。

(2)地层中任取一点M,其坐标为 (x, y),无限井排上任一口井 n 在M点的势为

$$\Phi_{nM} = \frac{q}{2\pi}\ln r_{nM} + C_n \tag{3-35}$$

$$r_{nM} = \left[(x - 2na + a)^2 + y^2\right]^{\frac{1}{2}} \tag{3-36}$$

式中 r_{nM}——n 井到M点的距离,cm。

(3)根据势的叠加原理,直线无限井排井在M点的势为:

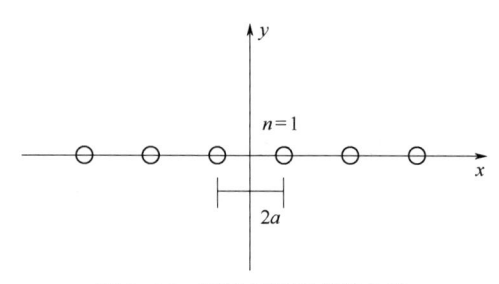

图 3-26 两端无限延伸的井排

$$\Phi_M = \sum_{n=-\infty}^{+\infty} \Phi_{nM} = \sum_{n=-\infty}^{+\infty} \left(\frac{q}{2\pi} \ln r_{nM} + C_n \right) = \frac{q}{4\pi} \sum_{n=-\infty}^{+\infty} \ln\left[(x-2na+a)^2 + y^2 \right] + C \quad (3-37)$$

其中
$$C = \sum_{n=-\infty}^{+\infty} C_n$$

根据公式：
$$\sum_{n=-\infty}^{+\infty} \ln\left[(x-a)^2 + (y-2nh-b)^2 \right] = \ln\left[\text{ch}\frac{\pi(x-a)}{h} - \cos\frac{\pi(y-b)}{h} \right] \quad (3-38)$$

式(3-37)可以改写成：
$$\Phi_M(x,y) = \frac{q}{4\pi} \ln\left[\text{ch}\frac{\pi y}{a} - \cos\frac{\pi(x+a)}{a} \right] + C \quad (3-39)$$

(4) 取特殊点。M 点取在 1 号井井壁上：$x = a - r_w$，$y = 0$，则：

$$\Phi_M(a-r_w,0) = \Phi_w = \frac{K}{\mu} p_w = \frac{q}{4\pi} \ln\left[\text{ch}(0) - \cos\frac{\pi(2a-r_w)}{a} \right] + C = \frac{q}{4\pi} \ln\left(1 - \cos\frac{\pi r_w}{a} \right) + C$$
$$(3-40)$$

再把 M 点取在 y 轴较远处：$x = 0$，$y = r_e$，此时：

$$\Phi_M = \Phi_e = \frac{K}{\mu} p_e = \frac{q}{4\pi} \ln\left(\text{ch}\frac{\pi r_e}{a} - \cos\frac{\pi a}{a} \right) + C = \frac{q}{4\pi} \ln\left(\text{ch}\frac{\pi r_e}{a} + 1 \right) + C \quad (3-41)$$

由式(3-40)、式(3-41)有：

$$\Phi_e - \Phi_w = \frac{q}{4\pi} \ln \frac{\text{ch}\dfrac{\pi r_e}{a} + 1}{1 - \cos\dfrac{\pi r_w}{a}} \quad (3-42)$$

$$q = \frac{4\pi(\Phi_e - \Phi_w)}{\ln \dfrac{\text{ch}\dfrac{\pi r_e}{a} + 1}{1 - \cos\dfrac{\pi r_w}{a}}} \quad (3-43)$$

由于当 $r_e > a$ 时 $\text{ch}\dfrac{\pi r_e}{a} \gg 1$，$\text{ch}\dfrac{\pi r_e}{a} + 1 \approx \text{ch}\dfrac{\pi r_e}{a} \approx \dfrac{e^{\frac{\pi r_e}{a}}}{2}$，又 $r_w \ll a$，故：

$$1 - \cos\frac{\pi r_w}{a} \approx \frac{1}{2}\left(\frac{\pi r_w}{a} \right)^2$$

式(3-43) 可改写成：

$$q = \frac{2\pi(\Phi_e - \Phi_w)}{\dfrac{\pi r_e}{2a} + \ln \dfrac{a}{\pi r_w}} \tag{3-44}$$

式(3-44) 还可写成压力形式：

$$Q = \frac{2\pi Kh(p_e - p_w)}{\mu\left(\dfrac{\pi r_e}{2a} + \ln \dfrac{a}{\pi r_w}\right)} \tag{3-45}$$

式(3-45) 就是直线无穷井排单井产量计算公式。

由式(3-39)、式(3-40) 可得地层中任一点势的表述式：

$$\Phi_M(x,y) = \Phi_w + \frac{q}{4\pi} \ln \frac{\operatorname{ch}\dfrac{\pi y}{a} - \cos\dfrac{\pi(x+a)}{a}}{1 - \cos\dfrac{\pi r_w}{a}} \tag{3-46}$$

进而可得地层中任一点处压力的表达式：

$$p_M(x,y) = p_w + \frac{Q\mu}{4\pi Kh} \ln \frac{\operatorname{ch}\dfrac{\pi y}{a} - \cos\dfrac{\pi(x+a)}{a}}{1 - \cos\dfrac{\pi r_w}{a}} \tag{3-47}$$

2. 直线供给边缘附近布有一直线井排

均质、等厚、半无限大地层中有一直线供给边缘，与供给边缘相平行布有一井排两端无限延伸的井排，如图3-27所示。井排中各井井距相等 $2a$，各井产量相等 Q，井底压力相等 p_w，井排与供给边缘距离为 L，供给边缘上压力为 p_e。

(1) 根据镜像反映原理，原问题可以转化为无限大地层中相距为 $2L$ 的一排生产井和一排注入井共同工作的问题。由此可知生产井排上生产井的坐标为 $(2na, L)$，注入井排上注入井的坐标为 $(2na, -L)$，$n = 0, \pm 1, \pm 2, \cdots, \pm\infty$。

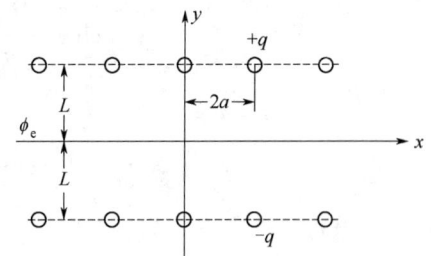

图 3-27　直线供给边缘附近无限延伸的井排

(2) 根据势的叠加原理，地层中任一点 $M(x,y)$ 势计算公式为：

$$\begin{aligned}
\Phi_M(x,y) &= \sum_{n=-\infty}^{+\infty} \Phi_{\text{生产井}} + \sum_{n=-\infty}^{+\infty} \Phi_{\text{注入井}} \\
&= \sum_{n=-\infty}^{+\infty} \left\{ \frac{q}{2\pi} \ln\left[(x-2na)^2 + (y-L)^2\right]^{\frac{1}{2}} + C_{n\text{生}} \right\} \\
&\quad + \sum_{n=-\infty}^{+\infty} \left\{ \frac{-q}{2\pi} \ln\left[(x-2na)^2 + (y+L)^2\right]^{\frac{1}{2}} + C_{n\text{注}} \right\} \\
&= \frac{q}{4\pi} \sum_{n=-\infty}^{+\infty} \ln \frac{(x-2na)^2 + (y-L)^2}{(x-2na)^2 + (y+L)^2} + C
\end{aligned} \tag{3-48}$$

其中

$$C = \sum_{n=-\infty}^{+\infty} C_{n采} + \sum_{n=-\infty}^{+\infty} C_{n注}$$

根据式(3-38)，式(3-48) 可写成：

$$\Phi_M(x,y) = \frac{q}{4\pi} \ln \frac{\operatorname{ch}\frac{\pi(y-L)}{a} - \cos\frac{\pi x}{a}}{\operatorname{ch}\frac{\pi(y+L)}{a} - \cos\frac{\pi x}{a}} + C \tag{3-49}$$

即为地层中任一点处的势。

（3）取特殊点。M 点取在供给边缘上：

$$y=0, \quad x=x, \quad \Phi_M(x,y) = \Phi_e = C \tag{3-50}$$

M 点取在 y 轴上的生产井井壁上，此时 $x=0$，$y=L-r_w$，

$$\Phi_M(0, L-r_w) = \Phi_w = \frac{q}{4\pi} \ln \frac{\operatorname{ch}\frac{\pi r_w}{a} - 1}{\operatorname{ch}\frac{\pi(2L-r_w)}{a} - 1} + C \tag{3-51}$$

由式(3-50)、式(3-51) 有：

$$\Phi_e - \Phi_w = \frac{q}{4\pi} \ln \frac{\operatorname{ch}\frac{\pi(2L-r_w)}{a} - 1}{\operatorname{ch}\frac{\pi r_w}{a} - 1} \tag{3-52}$$

当 $2L \gg r_w$ 时：

$$\operatorname{ch}\frac{\pi(2L-r_w)}{a} - 1 \approx \operatorname{ch}\frac{2\pi L}{a} \approx \frac{1}{2} e^{\frac{2\pi L}{a}} \tag{3-53}$$

因为：

$$\operatorname{ch} x = 1 + \frac{1}{2!}x^2 + \frac{1}{4!}x^4 + \cdots$$

所以：

$$\operatorname{ch}\frac{\pi r_w}{a} - 1 \approx 1 + \frac{1}{2}\left(\frac{\pi r_w}{a}\right)^2 - 1 = \frac{\pi^2 r_w^2}{2a^2} \tag{3-54}$$

将式(3-53) 和式(3-54) 代入式(3-52)：

$$q = \frac{4\pi(\Phi_e - \Phi_w)}{\frac{2\pi L}{a} + 2\ln\frac{a}{\pi r_w}} = \frac{2\pi(\Phi_e - \Phi_w)}{\frac{\pi L}{a} + \ln\frac{a}{\pi r_w}} \tag{3-55}$$

写成压力形式为：

$$Q = \frac{2\pi Kh(p_e - p_w)}{\mu\left(\dfrac{\pi L}{a} + \ln\dfrac{a}{\pi r_w}\right)} \tag{3-56}$$

地层中任一点的势的表达式为：

$$\Phi_M(x,y) = \Phi_e + \frac{q}{4\pi}\ln\frac{\mathrm{ch}\frac{\pi(y-L)}{a}-\cos\frac{\pi x}{a}}{\mathrm{ch}\frac{\pi(y+L)}{a}-\cos\frac{\pi x}{a}} \tag{3-57}$$

地层中任一点压力的表达式为:

$$p_M(x,y) = p_e + \frac{Q\mu}{4\pi Kh}\ln\frac{\mathrm{ch}\frac{\pi(y-L)}{a}-\cos\frac{\pi x}{a}}{\mathrm{ch}\frac{\pi(y+L)}{a}-\cos\frac{\pi x}{a}} \tag{3-58}$$

3. 环形井排

均质、等厚、无限大地层中有一环形井排,井排半径为 r,井位对称均匀分布,如图 3-28 所示。各井产量相等,井底压力相等。

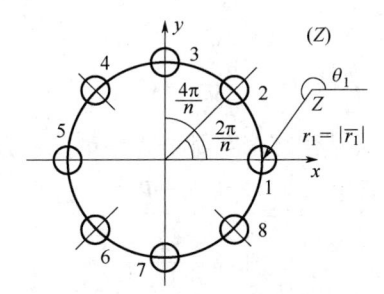

图 3-28 无限大地层中的环形井排

根据复势叠加原理,可写出环形井排平面渗流场的复势为:

$$W(Z) = \frac{q}{2\pi}\sum_{j=1}^{n}\ln(Z-a_j) + C \tag{3-59}$$

式中,a_j 为复常数,分别表示各井点在复平面上的位置。

复数 $Z-a_j$ 可用指数表示法来表示:

$$Z - a_j = r_j \mathrm{e}^{i\theta_j}$$

因此复势可改写成:

$$W(Z) = \frac{q}{2\pi}\sum_{j=1}^{n}(\ln r_j + i\theta_j) + C \tag{3-60}$$

由于势函数是复势的实部,因此该平面渗流场的势函数为:

$$\Phi = \frac{q}{2\pi}\sum_{j=1}^{n}\ln r_j + C_1$$

式中 C_1——复常数 C 的实部;

r_j——地层中任一点至 j 井点的距离,cm。

在供给边缘上 $\Phi=\Phi_e$,假设 $r_e \gg r$,有 $r_1 = r_2 = r_3 = \cdots = r_n = r_e$,因此供给边缘上势为:

$$\Phi_e = \frac{q}{2\pi}\ln r_e^n + C_1$$

在 1 井井壁上 $\Phi=\Phi_w$,而且有:

$$r_1 = r_w, \quad r_2 \cong 2r\sin\frac{\pi}{n}$$

$$r_3 = 2r\sin\frac{2\pi}{n}$$

$$\cdots\cdots$$

$$r_n = 2r\sin\frac{(n-1)\pi}{n}$$

因此井壁上的势为：

$$\Phi_w = \frac{q}{2\pi}\ln\left[r_w \cdot (2r)^{n-1} \cdot \sin\frac{\pi}{n} \cdot \sin\frac{2\pi}{n} \cdot \cdots \cdot \sin\frac{(n-1)\pi}{n}\right] + C_1$$

$$= \frac{q}{2\pi}\ln\left[(2r)^{n-1} \cdot r_w \prod_{j=1}^{n-1}\sin\frac{j\pi}{n}\right] + C_1$$

由于：

$$\prod_{j=1}^{n-1}\sin\frac{j\pi}{n} = \frac{n}{2^{n-1}}$$

于是：

$$\Phi_w = \frac{q}{2\pi}\ln\left[(2r)^{n-1} \cdot r_w \cdot \frac{n}{2^{n-1}}\right] + C_1 = \frac{q}{2\pi}\ln(nr^{n-1} \cdot r_w) + C_1$$

消去常数 C_1 后，可得无限大地层环形井排单井产量公式为：

$$q = \frac{2\pi(\Phi_e - \Phi_w)}{\ln\dfrac{r_e^n}{nr^{n-1} \cdot r_w}}$$

在上式对数项内的分子、分母上各乘以 r 后，产量公式可写成：

$$q = \frac{2\pi(\Phi_e - \Phi_w)}{n\ln\dfrac{r_e}{r} + \ln\dfrac{r}{nr_w}} \tag{3-61}$$

或者写成产量与压差的关系式：

$$Q = \frac{2\pi Kh(p_e - p_w)}{\mu\left(n\ln\dfrac{r_e}{r} + \ln\dfrac{r}{nr_w}\right)} \tag{3-62}$$

从式(3-62)可看出，当 $n=1$ 时，式(3-62)就变成单井的裘比公式(2-20)。

式(3-62)是无限大地层环形井排单井产量公式，此时 $r_e \gg r$，如果所研究的问题不满足 $r_e \gg r$ 的条件，就需要更精确的公式：

$$Q = \frac{2\pi Kh(p_e - p_w)}{\mu\ln\left[\dfrac{r_e^n}{nr^{n-1}r_w}\left(1 - \dfrac{r^{2n}}{r_e^{2n}}\right)\right]} \tag{3-63}$$

式(3-63)是圆形供给边缘地层中布有一环形井排时单井产量公式。此公式也可用保角变换方法推导出。

但是在一般情况下，环形井排半径与供给边缘半径之比总是小于1的，即 $\dfrac{r}{r_e} < 1$，而且井数 n 也至少有4口以上，所以 $\left(\dfrac{r}{r_e}\right)^{2n}$ 将远小于1，可忽略不计。

因此，式(3-63)可简化成：

$$Q = \frac{2\pi Kh(p_e - p_w)}{\mu \ln \dfrac{r_e^n}{nr^{n-1}r_w}} \tag{3-64}$$

式(3-64)与无限大地层环形井排单井产量公式相同。因此在实际运用上，圆形地层环形井排问题可按照无限大地层问题来求解。

下面讨论无限大地层环形井排时地层中势的分布规律。

根据地层中任一点处势的公式和井壁上势的公式，可得：

$$\Phi = \Phi_w + \frac{q}{2\pi} \ln \frac{r_1 \cdot r_2 \cdot r_3 \cdots r_n}{nr^{n-1}r_w}$$

压力分布规律为：

$$p = p_w + \frac{Q\mu}{2\pi Kh} \ln \frac{r_1 \cdot r_2 \cdot r_3 \cdots r_n}{nr^{n-1}r_w} \tag{3-65}$$

式中 $r_1, r_2, r_3, \cdots, r_n$ ——地层中任一点至各井点的距离，cm。

综合以上分析可看出，运用复势叠加原理求解井排问题是比较方便的。当多排井同时工作时，可看成是几个单排的叠加，不过计算将更为复杂。对于此类问题一般采用近似解法。

第五节　等值渗流阻力法

当多排井同时工作时，用叠加原理求解是较为复杂的。目前通用的一种近似解法称为等值渗流阻力法，它是根据电流和液流之间的相似性，用电路图来描述渗流的过程，然后按照电路定律列出电路方程来求解。

一、水电相似原理

设距直线供给边缘为 L，平行于供给边缘布一直线生产井排，如图 3-29 所示。生产井井距为 $2a$，井数为 n，各生产井井底压力 p_w 相同（富媒体 3-8）。

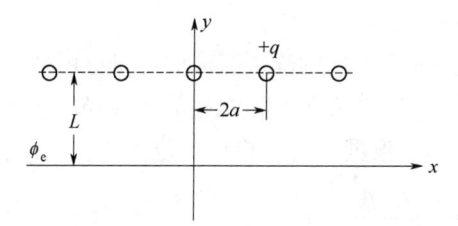

图 3-29　平行于供给边缘的直线生产井排

富媒体 3-8　水电相似原理（视频）

在上节中，得到了此问题的解，此时单井产量公式为式(3-56)：

$$Q = \frac{2\pi Kh(p_e - p_w)}{\mu \left(\dfrac{\pi L}{a} + \ln \dfrac{a}{\pi r_w}\right)}$$

全排井产量为：

$$Q_t = Q \cdot n = \frac{p_e - p_w}{\dfrac{\mu L}{n2aKh} + \dfrac{\mu}{n2\pi Kh}\ln\dfrac{a}{\pi r_w}} \tag{3-66}$$

在本节中令 Q_t 为全排生产井的总产量，它等于单井产量之和，并且考虑到井排长度为 $B = n \cdot 2A$，于是全排总产量可写为：

$$Q_t = \frac{p_e - p_w}{\dfrac{\mu L}{BKh} + \dfrac{1}{n}\cdot\dfrac{\mu}{2\pi Kh}\ln\dfrac{a}{\pi r_w}} \tag{3-67}$$

上式中分母各项表示渗流阻力，分子表示动力，动力和阻力的比值反映出产量的大小。式中 $\dfrac{\mu L}{BKh}$ 项相当于液流流过断面积为 Bh、距离为 L 的阻力，这是一种单向流动的渗流阻力。它相当于从供给边缘流到井排处一个假想的排液道的渗流阻力，称为渗流外阻，用 R_{ou} 来表示。式中 $\dfrac{1}{n}\cdot\dfrac{\mu}{2\pi Kh}\ln\dfrac{a}{\pi r_w}$ 项相当于从各井周围的一个假供给边缘（其供给半径为 $\dfrac{a}{\pi}$）流向各井的渗流阻力之和，它是一种径向渗流阻力，称为渗流内阻，用 R_{in} 来表示。

从井周围半径为 $\dfrac{a}{\pi}$ 的假想供给边缘流向井底的渗流是平面径向渗流，其渗流阻力为：$\dfrac{\mu}{2\pi Kh}\ln\dfrac{a}{2\pi r_w}$。对于全排井来说，其总产量为：

$$Q_t = n \cdot \frac{p_1 - p_w}{\dfrac{\mu}{2\pi Kh}\ln\dfrac{a}{\pi r_w}} = \frac{p_1 - p_w}{\dfrac{1}{n}\cdot\dfrac{\mu}{2\pi Kh}\ln\dfrac{a}{\pi r_w}}$$

式中 p_1 为井周围假想供给边缘上的压力，所以从各井周围的假想供给边缘流向各井的渗流阻力之和为：

$$R_{in} = \frac{\mu}{n2\pi Kh}\ln\frac{a}{\pi r_w}$$

于是全排井总产量公式可改写成：

$$Q_t = \frac{p_e - p_w}{R_{ou} + R_{in}} \tag{3-68}$$

这样，就可把实际液流看成由两段液流合成，一段是从供给边缘流向井排处的假想排液道的单向渗流，另一段是从各井周围的假想圆形供给边缘流向各井井底的平面径向渗流，并且假想排液道和假想圆形供给边缘处的压力 p_1 相等。根据上述设想可写成下式：

$$Q = \frac{p_e - p_1}{R_{ou}} = \frac{p_1 - p_w}{R_{in}} = \frac{p_e - p_w}{R_{ou} + R_{in}} \tag{3-69}$$

在图 3-30 中显示了实际渗流和假想渗流图。

在电路中如果电流强度为 I，电位差为 $U_1 - U_2$，串联两个电阻 R_1 和 R_2，则按照欧姆定律可得 $I = \dfrac{U_1 - U_2}{R_1 + R_2}$，此式与式（3-68）相比较可看出它们具有相似性，称为水电相似，即渗流的流量相当于电流强度，压力差相当于电位差，渗流阻力相当于电阻，因此渗流过程完全可以用电路图来描述,如图3-31所示,然后运用电路定律列出电路方程来求解渗流问题。

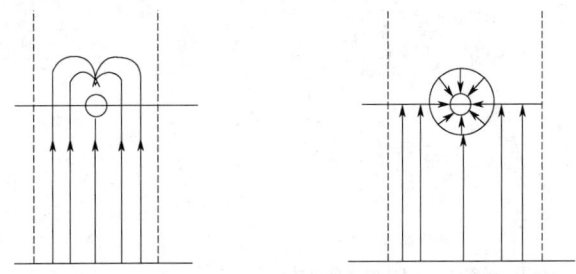

图3-30 直线生产井排实际渗流图和假想渗流图

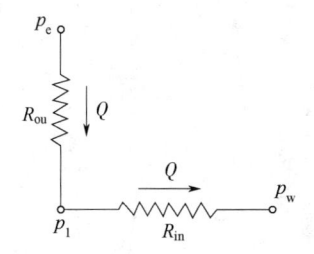

图3-31 用电路图来描述渗流过程

电路图中全排井的渗流内阻 R_{in},可看作是 n 口井内阻并联的结果,其中单井的内阻为 $\frac{\mu}{2\pi Kh}\ln\frac{a}{\pi r_w}$,它相当于从半径为 $\frac{a}{\pi}$ 的圆形供给边缘向半径 r_w 的井渗流的平面径向渗流阻力,这个假想供给边缘的周长正好等于井距:$2\pi\frac{a}{\pi}=2a$。

下面讨论具有圆形供给边缘的地层中布有一环形井排,环的半径为 r,环上均匀分布 n 口井,井距为 $2a$,供给边缘与环形井排成同心圆,供给边缘半径为 r_e,如图3-32所示。

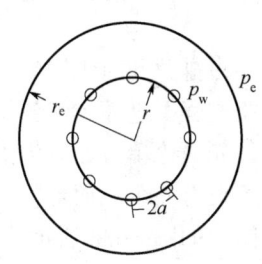

图3-32 圆形供给边缘的环形井排

在本章第三节中,得到了此问题的解。当 $\frac{r}{r_e}<1$,$n>4$ 时,全井排井总产量为:

$$Q_t = \frac{p_e - p_w}{\frac{\mu}{2\pi Kh}\ln\frac{r_e}{r} + \frac{1}{n}\cdot\frac{\mu}{2\pi Kh}\ln\frac{r}{nr_w}} \tag{3-70}$$

考虑到井排周长 $2\pi r = n\cdot 2a$ 或 $\frac{r}{n}=\frac{a}{\pi}$,则式(3-70)可改写成:

$$Q_t = \frac{p_e - p_w}{\frac{\mu}{2\pi Kh}\ln\frac{r_e}{r} + \frac{1}{n}\cdot\frac{\mu}{2\pi Kh}\ln\frac{a}{\pi r_w}} \tag{3-71}$$

从式(3-71)中可看出,分母中同样由两个渗流阻力组成,只是其渗流外阻与直线井排不同,它相当于液流从圆形供给边缘平面径向地流至以 r 为半径的扩大井(或理解为流至位于井排处的一个假想圆形排液道)时的渗流阻力,渗流外阻为:

$$R_{ou} = \frac{\mu}{2\pi Kh}\ln\frac{r_e}{r}$$

而渗流内阻与直线井排时一样,为:

$$R_{in} = \frac{1}{n}\cdot\frac{\mu}{2\pi Kh}\ln\frac{a}{\pi r_w}$$

或者

$$R_{in} = \frac{1}{n}\cdot\frac{\mu}{2\pi Kh}\ln\frac{r}{nr_w}$$

它的实际渗流图和假想渗流图如图 3-33 所示，而电路图则与直线井排时毫无差别。

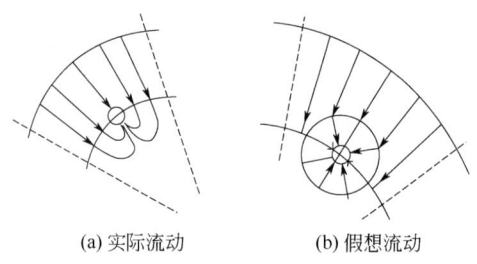

(a) 实际流动　　　　(b) 假想流动

图 3-33　环形井排实际渗流图和假想渗流图

二、等值渗流阻力法在多排井上的应用

多排井同时工作中，根据水电相似原理，同样可以画出电路图，然后根据电路定律列出电路方程，进而求解各排井产量或各排井井底压力。

先讨论单方面有供给来源的情况。

设有一个三面封闭、一面有液源供给的带状油藏，有三排井同时工作，油藏及井排的几何图形如图 3-34 所示。所布的三排井应具有以下条件：

（1）同一排上各井井距 $2a$ 相同，但不同井排上井距可不同；
（2）同一排上各井井底压力相同，但不同井排上的井底压力可不同；
（3）同一排上各井产量都相同；
（4）同一排上各井井径相等，不同排上的井径可以不同（如为不完善井，则同一排上各井折算半径相等）。

如果各排井满足上述条件就可以应用等值渗流阻力法来求解，具体计算步骤如下：

第一步：绘出电路图，如图 3-35 所示。从电路图中可看出，全部液流 $Q_t = Q_1 + Q_2 + Q_3$ 从供给边缘处流出，克服 L_1 排间外阻后，有一部分液流 Q_1 克服第一排井的内阻后流向第一排井井底，剩下的液流 Q_2+Q_3 克服 L_2 排间外阻后，又有一部分液流 Q_2 克服第二排井的内阻后流向第二排井井底，最后剩下的液流 Q_3 克服 L_3 排间外阻和第三排井的内阻后流向第三排井井底。

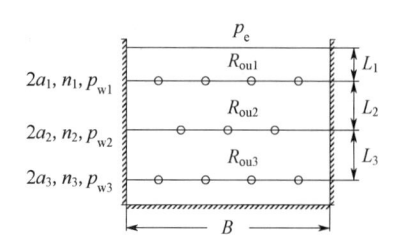

图 3-34　油藏及井排的几何图形　　　图 3-35　等值电路图

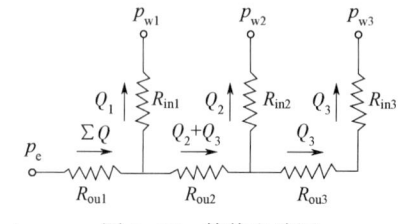

第二步：分别计算渗流外阻和渗流内阻。给出各排井的参数：
第一排生产井井距 $2a_1$，井数 n_1，井径 r_{w1}；
第二排生产井井距 $2a_2$，井数 n_2，井径 r_{w2}；
第三排生产井井距 $2a_3$，井数 n_3，井径 r_{w3}；

计算各排渗流外阻和渗流内阻：

$$R_{ou1} = \frac{\mu L_1}{BKh}, \quad R_{ou2} = \frac{\mu L_2}{BKh}, \quad R_{ou3} = \frac{\mu L_3}{BKh}$$

$$R_{in1} = \frac{\mu}{n_1 2\pi Kh}\ln\frac{a_1}{\pi r_{w1}}, R_{in2} = \frac{\mu}{n_2 2\pi Kh}\ln\frac{a_2}{\pi r_{w2}}, R_{in3} = \frac{\mu}{n_3 2\pi Kh}\ln\frac{a_3}{\pi r_{w3}}$$

第三步：根据电路图，按多回路的电路定律对每排井列出电路方程：

$$\begin{cases} p_e - p_{w1} = (Q_1+Q_2+Q_3)R_{ou1} + Q_1 R_{in1} \\ p_{w1} - p_{w2} = -Q_1 R_{in1} + (Q_2+Q_3)R_{ou2} + Q_2 R_{in2} \\ p_{w2} - p_{w3} = -Q_2 R_{in2} + Q_3 R_{ou3} + Q_3 R_{in3} \end{cases} \quad (3-72)$$

这样有几排井就有几个方程，可给定压力求产量或给定产量求压力。

实际计算表明，当多排井同时工作时，由于排间的遮挡作用和干扰，在各排井井底压力相等的条件下，逐排产量有显著下降。如果三排井同时工作，并且各排井井底压力相等，排距等于井距，则此时井排间产量之比 $Q_1:Q_2:Q_3$ 约为 5:2:1，因此一般认为同时生产的井排多于三排时，对提高产量并不有利。

下面讨论圆形地层中环形井排的情况。

设在圆形地层中布有一排注入井和三排生产井，如图 3-36 所示。注入井排、第一井排、第二井排和第三井排的井数分别为 n_{in}、n_1、n_2、n_3，注入井排各井井底压力、第一井排上、第二井排上和第三井排上各井井底压力分别为 p_{win}、p_{w1}、p_{w2}、p_{w3}。

图 3-36 圆形地层中环形井排

计算步骤与带状地层时一样：

第一步：绘出电路图；

第二步：计算渗流外阻和内阻：

$$R_{ou1} = \frac{\mu}{2\pi Kh}\ln\frac{r_e}{r_1}, R_{ou2} = \frac{\mu}{2\pi Kh}\ln\frac{r_1}{r_2}, R_{ou3} = \frac{\mu}{2\pi Kh}\ln\frac{r_2}{r_3}$$

注入井排渗流内阻：

$$R_{in} = \frac{\mu}{n_{in} 2\pi Kh}\ln\frac{r_e}{n_{in} r_w}, \quad R_{in1} = \frac{\mu}{n_1 2\pi Kh}\ln\frac{r_1}{n_1 r_w}$$

$$R_{in2} = \frac{\mu}{n_2 2\pi Kh}\ln\frac{r_2}{n_2 r_w}, R_{in3} = \frac{\mu}{n_3 2\pi Kh}\ln\frac{r_3}{n_3 r_w}$$

第三步：列出电路方程：

$$\begin{cases} p_{win} - p_{w1} = (Q_1+Q_2+Q_3)R_{in} + (Q_1+Q_2+Q_3)R_{ou1} + Q_1 R_{in1} \\ p_{w1} - p_{w2} = -Q_1 R_{in1} + (Q_2+Q_3)R_{ou2} + Q_2 R_{in2} \\ p_{w2} - p_{w3} = -Q_2 R_{in2} + Q_3 R_{ou3} + Q_3 R_{in3} \end{cases}$$

对此方程组联立求解，即可得产量或压力。

下面再讨论两方面有供给来源的情况。

在实际情况下，还会碰到有双面供源的情况，例如栅状地层进行行列式割注水开发时，或者圆形地层中在边缘和顶部同时进行注水时，都会出现两方面有供给来源的情况。在双面

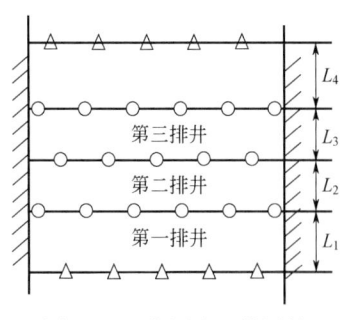

图 3-37　实际油田使用的一种注采井排

供源的情况下，生产井排的排数往往是单数的，否则中间井排间的原油可能会采不出来。在双面供源情况下仍可使用等值渗流阻力法来求解井的产量或压力。在所有的生产井排中必然有一排井受到两方面液流的供给，这个井排称为分流井排，它把渗流区分成两部分，每一部分相当于有单方面液流供给的情况。

在实际油田开发工作中，常会遇到两排注水井中间夹有三排生产井的情况，如图 3-37 所示。

在两边条件完全对称的情况下，中间那排生产井排将是分流井排，此时的计算步骤如下：

第一步：绘出电路图。

第二步：计算各井排的渗流内阻和外阻，注水井排井距 $2a_{in}$，井数 n_{in}，井径 r_{win}：

第一排生产井井距 $2a_1$，井数 n_1，井径 r_{w1}；
第二排生产井井距 $2a_2$，井数 n_2，井径 r_{w2}；
第三排生产井井距 $2a_3$，井数 n_3，井径 r_{w3}；

各井排的长度均为 B。

则注水井排内阻 $R_{in} = \dfrac{\mu}{n_{in} 2\pi Kh} \ln \dfrac{a_{in}}{\pi r_{win}}$；

第一排生产井内阻 $R_{in1} = \dfrac{\mu}{n_1 2\pi Kh} \ln \dfrac{a_1}{\pi r_{w1}}$；

第二排生产井内阻 $R_{in2} = \dfrac{\mu}{n_2 2\pi Kh} \ln \dfrac{a_2}{\pi r_{w2}}$；

第三排生产井内阻 $R_{in3} = \dfrac{\mu}{n_3 2\pi Kh} \ln \dfrac{a_3}{\pi r_{w3}}$；

第一排间外阻 $R_{ou1} = \dfrac{\mu L_1}{BKh}$；第二排间外阻 $R_{ou2} = \dfrac{\mu L_2}{BKh}$；

第三排间外阻 $R_{ou3} = \dfrac{\mu L_3}{BKh}$；第四排间外阻 $R_{ou4} = \dfrac{\mu L_4}{BKh}$；

第三步：列出电路方程：

$$\begin{cases} p_{win} - p_{w1} = (Q_1 + Q_2) R_{in} + (Q_1 + Q_2) R_{ou1} + Q_1 R_{in1} \\ p_{w1} - p_{w2} = -Q_1 R_{in1} + Q_2 R_{ou2} + (Q_2 + Q_2') R_{in2} \\ p_{w2} - p_{w3} = -(Q_2 + Q_2') R_{in2} - Q_2' R_{ou3} + Q_3 R_{in3} \\ p_{w3} - p_{win} = -Q_3 R_{in3} - (Q_2' + Q_3) R_{ou4} - (Q_2' + Q_3) R_{in} \end{cases}$$

联立求解此方程组，可求得问题的解。分流井排的产量将为 $Q_2 + Q_2'$。

如前所述，在条件完全对称的情况下，中央井排将是分流井排，如果两方面供给情况和井排参数两边不对称，则分流井排不一定在中央位置。解题时常需先假定某排为分流井排，绘出电路图，标示流向，然后列出电路方程并联立求解。若解出的分流井排产量出现负值，则说明假定错误，需重新设定分流井排再进行求解。

三、等值渗流阻力的计算

一般解具有三个方程的联立方程组并不太困难，如果要解具有四个或四个以上方程的联立方程组就相当麻烦。所以对于井排数在三排以上时，如果所有井排各井井底压力相同，可以用一个等值渗流阻力 R_{eq} 来代替各井排的渗流阻力，从而简化求解联立方程组的过程，可以直接根据井排产量的通用公式，求出任一井排的产量。

如果在电路中有两个串联电阻 R_1 和 R_2，则可用一个等值电阻 R_{eq} 来代替它们：

$$R_{eq} = R_1 + R_2$$

如果在电路中有两个并联电阻 R_1 和 R_2，则等值电阻 R_{eq} 要满足如下等式：

$$\frac{1}{R_{eq}} = \frac{1}{R_1} + \frac{1}{R_2}$$

根据以上原则，可以计算出油藏上有几个井排时总的等值渗流阻力 R_{eq}，其分析方法如下：

设油藏上有四排井各井排上各井井底压力都相等，渗流电路图如图 3-38 所示。

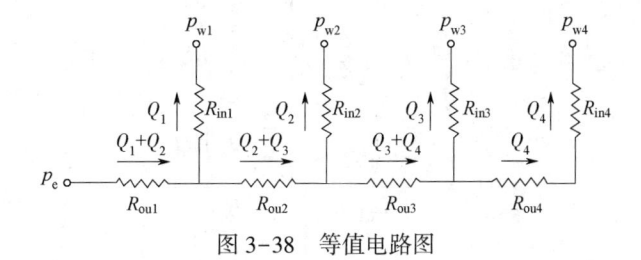

图 3-38 等值电路图

第 3 点以后的渗流阻力用等值阻力 R_{eq3} 来代替：

$$R_{eq3} = R_{ou4} + R_{in4}$$

在计入 R_{in3} 时，等值阻力以下式表示：

$$\frac{1}{R'_{eq3}} = \frac{1}{R_{in3}} + \frac{1}{R_{ou4} + R_{in4}}$$

第 2 点以后的阻力用等值阻力 R_{eq2} 来代替：

$$R_{eq2} = R_{ou3} + R'_{eq3}$$

在计入 R_{in2} 时，用等值阻力 R'_{eq2} 来代替：

$$\frac{1}{R'_{eq2}} = \frac{1}{R_{in2}} + \frac{1}{R_{ou3} + R'_{eq3}}$$

$$R'_{eq2} = \cfrac{1}{\cfrac{1}{R_{in2}} + \cfrac{1}{R_{ou3} + \cfrac{1}{\cfrac{1}{R_{in3}} + \cfrac{1}{R_{ou4} + R_{in4}}}}}$$

第 1 点以后的渗流阻力用等值阻力 R_{eq1} 来代替：

$$R_{eq1} = R_{ou2} + R'_{eq2}$$

在计入 R_{in1} 时，用等值阻力 R'_{eq1} 来代替。

$$R'_{eq1} = \cfrac{1}{\cfrac{1}{R_{in1}} + \cfrac{1}{R_{ou2} + \cfrac{1}{\cfrac{1}{R_{in2}} + \cfrac{1}{R_{ou3} + \cfrac{1}{\cfrac{1}{R_{in3}} + \cfrac{1}{R_{ou4} + R_{in4}}}}}}}$$

整个系统的总等值阻力 R_{eq} 来代替：

$$R_{eq} = R_{ou1} + R'_{eq1}$$

因此，$\sum_{i=1}^{n} Q_i = \dfrac{p_e - p_w}{R_{eq}}$；对于第一井排来说：

$$Q_1 = \dfrac{p_1 - p_w}{R_{in1}}$$

式中 p_1——电路图上第 1 点处的压力。

对于其余各井排产量之和，可写成：

$$\sum_{i=2}^{n} Q_i = \dfrac{p_1 - p_w}{R_{eq1}}$$

从此两式中消去 $p_1 - p_w$，并考虑到 $\sum_{i=2}^{n} Q_i = \sum_{i=1}^{n} Q_i - Q_1$，可得：

$$Q_1 = \dfrac{\sum_{i=2}^{n} Q_i R_{eq1}}{R_{in1}} = \dfrac{\sum_{i=1}^{n} Q_i - Q_1}{\dfrac{R_{in}}{R_{eq1}}}$$

整理后，得：

$$Q_1 = \dfrac{\sum_{i=1}^{n} Q_i}{1 + \dfrac{R_{in1}}{R_{eq1}}}$$

同理可得：

$$Q_2 = \dfrac{p_2 - p_w}{R_{in2}}; \quad \sum_{i=3}^{n} Q_i = \dfrac{p_2 - p_w}{R_{eq2}}$$

从两式中消去 $p_2 - p_w$，并考虑到：$\sum_{i=3}^{n} Q_i = \sum_{i=2}^{n} Q_i - Q_2$，可得：

$$Q_2 = \dfrac{\sum_{i=2}^{n} Q_i}{1 + \dfrac{R_{in2}}{R_{eq2}}}$$

这样可得各井排产量的通用公式：

$$Q_j = \dfrac{\sum_{i=j}^{n} Q_i}{1 + \dfrac{R_{inj}}{R_{eqj}}}$$

利用上述各有关公式可用等值阻力来求解各井排产量，而不必求解联立方程组，具体计算步骤如下：首先求出整个系统的总等值阻力 R_{eq}，以及电路图上各点以后的等值阻力 R_{eq1}，R_{eq2}，…，然后求出各排井的总产量 $\sum_{i=1}^{n} Q_i$，最后利用各井排产量的通用式求出 Q_1，然后 Q_2，依次类推直至求出 n 井排产量 Q_n 为止。

需要强调的是等值渗流阻力计算只适用于各井排井底压力均相等的情况。

综合前面所述，本节中讨论了多排井同时工作时井排产量和压力关系的一种近似解法，在计算中不考虑油水黏度的差别，因此在计算渗流阻力时流体黏度一般采用原油的黏度。

另外，根据水电相似原理，可以设计水电相似模拟实验（富媒体3-9）。

富媒体 3-9　水电相似模拟实验（视频）

本章要点

1. 理解地层多口井同时生产时多井干扰的物理实质是渗流场重新分布的结果。
2. 了解势函数、流函数的概念及其相互关系。
3. 深刻理解叠加原理，掌握五种叠加的含义。
4. 理解无限大地层中点源点汇的势 $\Phi(r)=\dfrac{q}{2\pi}\ln r+C$ 及应用。
5. 掌握无限大地层等产量一源一汇、两汇的求解方法（产量、压力分布、渗流速度、渗流场特征、流场图、"舌进"现象、平衡点等）。
6. 理解镜像反映原理，能较熟练运用镜像反映求解两类边界条件的渗流问题，了解存在一系列边界效应问题时的求解方法。
7. 理解水电相似原理，掌握不同形式渗流内阻、渗流外阻表达公式，掌握等值渗流阻力法的原理、方法及应用。
8. 运用等值渗流阻力法解决各种复杂井排问题（直线井排和环形井排）。

练习题

1. 何谓井间干扰？井间干扰的物理实质是什么？井间干扰遵循什么规律？
2. 叠加原理的内容是什么？
3. 势和压力是什么关系？平面点源、点汇势表达式是什么？
4. 什么叫势函数、流函数？
5. 何谓汇源反映法？用它能解决哪些方面的问题？
6. 何谓汇点反映法？它主要用于解决哪类问题？
7. 什么叫等值渗流阻力法？采用等值渗流阻力法解决问题时，一般可分为几步进行？

8. 试证明势函数和流函数均满足拉普拉斯方程：$\dfrac{\partial^2 \Phi}{\partial x^2}+\dfrac{\partial^2 \Phi}{\partial y^2}=0$，$\dfrac{\partial^2 \Psi}{\partial x^2}+\dfrac{\partial^2 \Psi}{\partial y^2}=0$。

9. 多源多汇时渗流速度应如何计算？

10. 何为模拟方法？两个物理现象相似必须具备什么条件？为什么油层渗流可以用电流流动来模拟？

11. 为什么等产量两汇同时生产时，其采收率不高（在同一个油层中）？

12. 等值渗流阻力法中的内外阻如何定义？表达式如何？

13. 无限大地层中一源一汇和两汇流场图中 x、y 轴各有什么特点？渗流速度分布特征如何？

14. 写出无限大地层中一源一汇和两汇的产量计算公式。

15. 怎样理解"舌进"现象？

16. 什么叫平衡点？写出它和两井产量和距离的关系表达式。

17. 如图 3-39 所示，直角供给边缘中线有一口生产井 A，供给边缘上压力为 $p_e=12\text{MPa}$，求井 A 的井底压力。已知油井半径 $r_w=10\text{cm}$，地层厚度 $h=5\text{m}$，渗透率 $K=0.8\mu\text{m}^2$，油井产量 $Q=80\text{m}^3/\text{d}$，地层原油黏度 $\mu=2.5\text{mPa}\cdot\text{s}$，$d=200\text{m}$。

18. 试确定相邻两不渗透边界成 90°时生产井 A 的井底压力 p_w（图 3-40）。已知井 A 到不渗透边界距离为 $d=100\text{m}$，供给边界半径为 $r_e=5\text{km}$，井半径 $r_w=10\text{cm}$，供给边界上压力 $p_e=8.0\text{MPa}$，地层渗透率 $K=0.8\mu\text{m}^2$，地层厚度 $h=10\text{m}$，液体黏度 $\mu=4\text{mPa}\cdot\text{s}$，油井产量 $100\text{m}^3/\text{d}$。

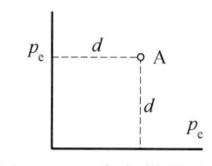

图 3-39　直角供给边缘中线生产井 A（17 题）

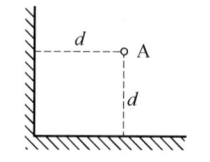

图 3-40　相邻两不渗透边界（18 题）

19. 无限大地层中有 A 和 B 两口生产井，相距 100m，已知井产量 $Q_A=2Q_B$，Q_A 为 A 井产量，Q_B 为 B 井的产量，平衡点位于何处？如果将 2 口生产井同时改为注水井情况又如何？如果 $Q_A=Q_B$ 呢？通过计算能说明什么问题？

20. 如图 3-41 所示，直线供给边缘一侧有 A 和 B 两口生产井，供给边缘上压力 $p_e=10\text{MPa}$，生产井井底压力均为 $p_w=9\text{MPa}$，油井半径均为 $r_w=0.1\text{m}$，地层厚度 $h=5\text{m}$，渗透率 $K=1\mu\text{m}^2$，黏度 $\mu=4\text{mPa}\cdot\text{s}$，地下原油密度 $\rho_o=0.9\text{g/cm}^3$，试求各井日产量。

21. 某井距直线供给边缘的距离为 250m，求该井的产量（地下值）。已知：地层厚度 8m，渗透率 $0.3\mu\text{m}^2$，地层原油黏度 $9\text{mPa}\cdot\text{s}$，生产压差为 2MPa，井半径为 10cm。如果供给边缘是 $r_e=250\text{m}$ 的圆，井的产量又为多少？比直线供给边缘的情况有百分之几的差异？

22. 如图 3-42 所示，直线供给边缘一侧有 A 和 B 两口生产井，供给边缘上的压力 $p_e=10\text{MPa}$，油井半径为 10cm，地层厚度为 5m，渗透率为 $1\mu\text{m}^2$，地下原油密度为 0.9g/cm^3，地层原油黏度 $3\text{mPa}\cdot\text{s}$，当 2 口井各以 50t/d 产量生产时，油井井底压力各为多少？

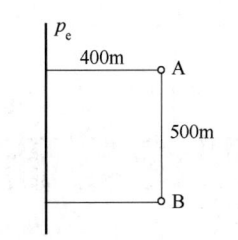

图 3-41　直线供给边缘一侧的
两口生产井（20 题）

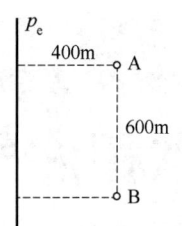

图 3-42　直线供给边缘一侧的两口
生产井（22 题）

23. 如图 3-43 所示，带状油藏有 3 排生产井和 1 排注水井，已知各排井井距均为 500m，井的折算半径为 10cm，注水井排到第一生产井排距离 $L_1=1100$m，生产井排间的距离为 $L_2=L_3=600$m，油层厚度 16m，渗透率 $0.5\mu m^2$，地下原油黏度 9mPa·s，注水井井底压力为 19.5MPa，各排生产井保持同样的井底压力为 7.5MPa，各排井数均为 16 口，原油体积系数为 1.12，地面原油密度为 $0.85g/cm^3$，求各排井的产量和各排上单井的平均产量。

24. 各井参数如 23 题，如果各排生产井单井产量均保持 50t/d，则各排井的井底压力分别为多少？

25. 带状油藏两排注水井夹 3 排生产井，如图 3-44 所示，已知各井井距均为 500m，油井半径 10cm，$L_1=L_4=1100$m，$L_2=L_3=600$m，各排井数为 20 口，油层厚度为 20m，渗透率 $0.5\mu m^2$，地下原油黏度 9mPa·s，注水井井底压力为 19.5MPa，油井井底压力为 7.5MPa，原油体积系数 1.2，地面原油密度为 $0.85g/cm^3$，求各排井产量及各排上单井平均产量。

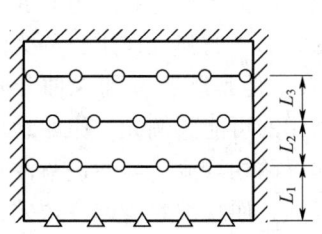

图 3-43　带状油藏 3 排生产井、
1 排注水井布井方式（23 题）
〇—采油井；△—注水井

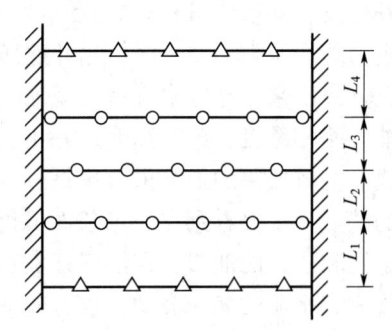

图 3-44　带状油藏 2 排注水井、
3 排生产井布井方式（25 题）
〇—采油井；△—注水井

第四章

油水和油气两相渗流理论基础

在前面章节中讨论在边底水压能作用下地层中流体的渗流规律时，没有考虑到油、水在黏度上的差别，而是认为在地层中只有一种流体——油在流动。实际上在边水作用下地层中发生的是两种性质不同的流体驱替的过程，此时地层中油和水的黏度相差很大，我国某大油田地下油水黏度比为15，有的油田甚至达几十或几百，因此，在研究渗流规律时就必须考虑到油水黏度的差别，除此之外，油和水的密度也不相同，不过在本章中不考虑油、水密度的差异，只考虑油水黏度的差别。本章第一节和第二节讨论的流体仍然是不可压缩流体，刚性水压驱动方式下水驱油的过程就是两种不同黏度的不可压缩液体驱替的过程。近年来我国在注水开发油田方面已经取得了很大成就，注水保持地层压力可使油井保持长期的高产量生产，从而可提高油田采收率。油田注水后油井迟早会见水，油井见水后含水量上升，产油量下降会影响油井的长期高产，因此必须研究水驱油过程中的客观规律，使油井能以更合理的方式生产，以达到提高油田最终采收率的目的。

另外在没有外来能量补充（无边水或气顶）的油田开发过程中，由于不断消耗油藏本身的能量，地层压力不断下降，当井底压力低于饱和压力时，井底附近原来溶解在原油中的天然气就分离出来，井底附近就出现油气两相渗流。当地层压力低于饱和压力时，全油田上都将是油气两相渗流，此时油流入井主要是依靠分离出的天然气的弹性作用，称为溶解气驱开采方式。溶解气驱的最终采收率低，一般只有5%~25%。但是既要看到这种开采方式采收率低的缺点，也要看到在一定条件下仍有全部或局部采用的可能。例如，原始地层压力本来就低于饱和压力的油田，在油田开发初期就已经存在油气两相渗流，即使进行注水，也就是溶解气驱和水驱的混合驱动。也有的油田没有边水或气顶，而且油层渗透性很差，断层和裂缝很多，注水效果差，也有采用溶解气驱方式开采的可能。本章第三节讨论油气两相渗流基本规律。

第一节　活塞式水驱油理论

对水驱油问题的认识也是逐步深化的，早先是假定水驱油过程中含水区和含油区之间存在着一个明显的油水分界面，这个油水分界面将垂直于液流流线向井排处移动，水渗入含油区后将孔隙中的油全部驱走，即油水分界面像活塞一样向井排移动，当它到达井排处时井排就见水（水淹）。这样的水驱油方式被称为"活塞式水驱油"。下面将分别就单向渗流和平面径向渗流两种情况讨论活塞式水驱油规律。假设地层是均质、等厚的地层，流体是不可压缩的，并且不考虑油和水在密度上的差别。

一、单向渗流

带状水驱油藏如图 4-1 所示。设供给边缘上压力为 p_e，排液道上压力为 p_w 并且在水驱油过程中保持不变；供给边缘至排液道的距离为 L_e，cm；原始含油边缘至排液道的距离为 L_o，cm；目前含油边缘至排液道的距离为 x_o，cm。研究此时产量变化规律。

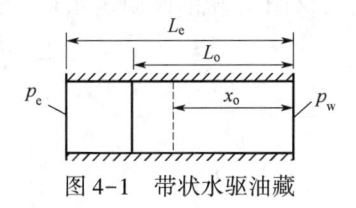

图 4-1 带状水驱油藏

彩图 4-1

从第二章中了解到单相不可压缩液体作单向渗流时，从供给边缘流至排液道的渗流阻力为 $\dfrac{\mu L}{BKh}$，其中 L 为渗流区的距离。在水驱油过程中，含油边缘不断向排液道推进，含水区逐渐扩大，含油区逐渐缩小，当含油边缘活塞式地推进到排液道时，排液道完全水淹。这样在水驱油过程中任一瞬时从供给边缘至排液道的渗流阻力将由含水区渗流阻力和含油区渗流阻力组成。无论对含水区还是含油区来说，在其中流动的都是单相不可压缩液体，因此可写出含水区的渗流阻力为：

$$R_w = \frac{\mu_w}{KBh}(L_e - x_o) \tag{4-1}$$

同理可得含油区渗流阻力为：

$$R_o = \frac{\mu_o}{KBh}x_o \tag{4-2}$$

从而可知从供给边缘至排液道的总渗流阻力为：

$$R_t = \frac{\mu_w(L_e - x_o) + \mu_o x_o}{BKh} \tag{4-3}$$

因此可得排液道产量公式为：

$$Q = \frac{KBh(p_e - p_w)}{\mu_w(L_e - x_o) + \mu_o x_o} \tag{4-4}$$

随着含油边缘向排液道推进，x_o 逐渐变小，水区扩大，渗流阻力增加，油区缩小，渗流阻力减小，当油黏度 $\mu_o >$ 水黏度 μ_w 时，水区渗流阻力增加量小于油区阻力的减少量，因此总渗流阻力随时间延长而减少，而在压差保持不变的情况下产量随时间延长而增加；当 $\mu_o < \mu_w$ 时，情况将相反，水区阻力的增加量将大于油区的减少量，总渗流阻力将增加，产量将随时间延长而减少。因此，在供给边缘与排液道之间压差保持不变情况下，由于渗流阻力随时间延长而变，产量也随时间延长而变化，所以渗流将是不稳定渗流。

二、平面径向渗流

圆形水驱油藏中心一口井，如图 4-2 所示。井位于油藏中心。供给边缘半径为 r_e（即原始含油边缘半径），cm；目前含油边缘半径为 r，cm。

单相不可压缩液体作平面径向渗流时，从供给边缘流至井底的渗流阻力为：

$$\frac{\mu}{2\pi Kh}\ln\frac{r_e}{r_w}$$

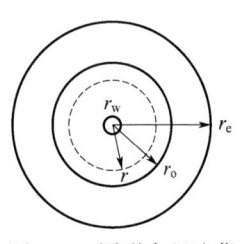

图 4-2 圆形水驱油藏

与单向渗流时情况一样，活塞式水驱油时从供给边缘至井壁处的渗流阻力将由水区阻力和油区阻力组成。水区渗流阻力可写为：

$$R_w=\frac{\mu_w}{2\pi Kh}\ln\frac{r_e}{r} \tag{4-5}$$

油区渗流阻力可写为：

$$R_o=\frac{\mu_o}{2\pi Kh}\ln\frac{r}{r_w} \tag{4-6}$$

因此总渗流阻力为：

$$R_t=\frac{\mu_w}{2\pi Kh}\ln\frac{r_e}{r}+\frac{\mu_o}{2\pi Kh}\ln\frac{r}{r_w} \tag{4-7}$$

由此可得井产量公式为：

$$Q=\frac{2\pi Kh(p_e-p_w)}{\mu_w\ln\frac{r_e}{r}+\mu_o\ln\frac{r}{r_w}} \tag{4-8}$$

在含油边缘不断向井收缩过程中，r 不断变小，水区阻力将增加，油区阻力将减少，当 $\mu_o>\mu_w$ 时，总的渗流阻力随时间延长而减少，当 $\mu_o<\mu_w$ 时，总渗流阻力随时间而增加。在供给边缘与井底间压差不变情况下，产量将随时间延长而变化，其变化状况与单向渗流时的分析相同，因此活塞式水驱油时渗流将是不稳定渗流。

第二节 非活塞式水驱油理论

早先认为水驱油藏开发时，在压差作用下边水（或注入水）渗入含油区，像汽缸中活塞一样将油驱向井底，也就是认为含水区和含油区之间存在一个明显的油水分界面，并且像活塞一样向井排移动，当它到达井排处时，井排就完全水淹。但是实际生产资料如油井见水后长时间内油和水同时产出等否定了这种看法。对这种现象进一步分析，并通过大量实验发现水驱油过程是非活塞式的驱替过程，即水渗入含油区后将出现一个油和水同时混合流动的油水混合区（油水两相区），这种水驱油的方式称为非活塞式水驱油。

在图 4-3 中，显示了非活塞式水驱油时，在带状水驱油藏中所形成的含水区、油水两相区和含油区。x_o 为原始含油边缘的位置；x_f 为水驱油前缘的位置。

从大量的实验资料分析中可以看出，当原始油水界面垂直于流线、含油区中束缚水饱和度为常量时，在水渗入油区后形成油水两相渗流区，两相区中含水饱和度和含油饱和度的分布规律如图 4-4 所示。图中以距离为横坐标，以含水饱和度为纵坐标，S_w 为含水饱和度；S_o 为含油饱和度；Z 为可流动的含油饱和度，$Z=S_o-S_{or}$；S_{or} 为残余油饱和度；S_{wr} 为束缚水饱和度；S_{of} 为水驱油前缘上含油饱和度；S_{wf} 为水驱油前缘上含水饱和度。

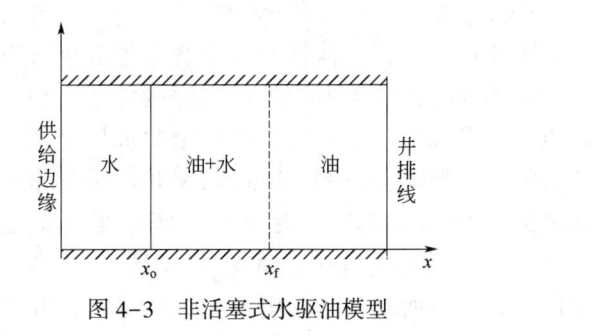

图 4-3　非活塞式水驱油模型

彩图 4-3

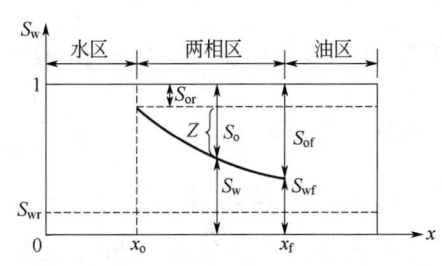

图 4-4　非活塞式水驱油含水饱和度分布

从图 4-4 中可看到在两相区的前缘上含水饱和度突然下降，这种变化称为"跃变"，而后由于水继续渗入，两相区不断扩大，除了两相区范围扩大外，原来的两相区范围内的油又被水洗出一部分，因此两相区中含水饱和度逐渐增加，含油饱和度则逐渐减小，两相区中任一点处含水饱和度随时间的变化规律如图 4-5 所示。

从图 4-5 可以看出油水前缘上含水饱和度 S_{wf} 基本上稳定不变，这已为大量实验资料所验证。油水前缘上含水饱和度值的大小取决于岩层的微观结构和地下油水黏度比值。对于同一岩层来说油水黏度比 $\mu_r = \dfrac{\mu_o}{\mu_w}$ 越大，油水前缘上含水饱和度越小。不同油水黏度比条件下油水前缘含水饱和度如图 4-6 所示。

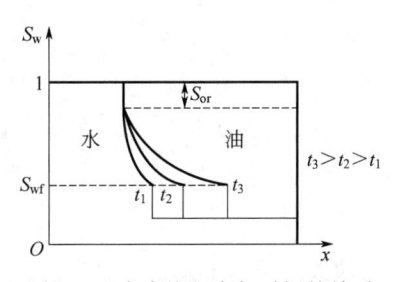

图 4-5　含水饱和度与时间的关系

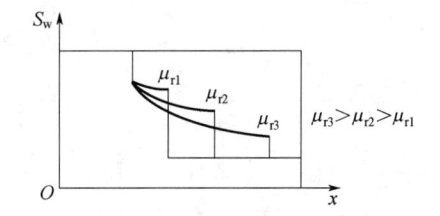

图 4-6　不同油水黏度比含水饱和度分布对比

油水黏度比越大，油水前缘上含水饱和度越小。在进入油区的累积水量一定的条件下，油水黏度比越大，形成的两相区范围也越大，因此累积注入水量相同时，油水黏度比大的岩层中井排见水时间短。在油田开发中把井排见水前的采油阶段称为水驱油的第一阶段，第一阶段中的累积采油量称为无水产油量。在开发油田的实践中可采用注稠化水驱油的办法，以缩小油水黏度的差别，从而提高无水产油量和无水期采收率。而经验告知较高的无水期采收率能保证较高的油藏最终采收率。

图4-4所示的油水两相区中含水饱和度分布曲线是不考虑油水重力和毛细管力影响时的曲线，如果考虑油水重力和毛细管力的作用，则原始油水界面也不会垂直于流线，将如图4-7所示。此时两相区中含水饱和度分布曲线的前缘并不完全是突变，而是缓慢地变化。从图4-7中可看出重力和毛细管力仅仅影响饱和度分布前缘的形态，因而如在计算中不考虑油水重力和毛细管力作用将不会带来过大的误差。

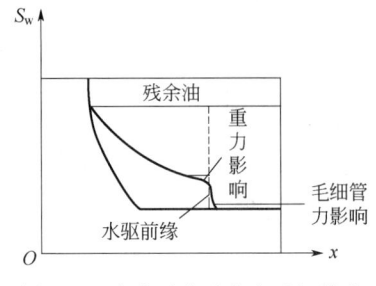

图4-7 考虑油水重力和毛细管力时含水饱和度分布

一、油水两相渗流理论——巴克利—莱弗里特驱油理论

在这里定量地研究带状地层水驱油藏中水驱油过程，即一维流动。

1. 含水率和含油率方程（也叫分流量方程）

在两相渗流区中油、水两相同时流动，油相和水相的渗流都分别服从达西定律，考虑重力和毛细管力作用时，油相和水相的运动方程分别为：

油相
$$v_{ox} = -\frac{K_o}{\mu_o}\left(\frac{\partial p_o}{\partial x}+\rho_o g\sin\alpha\right) \tag{4-9}$$

水相
$$v_{wx} = -\frac{K_w}{\mu_w}\left(\frac{\partial p_w}{\partial x}+\rho_w g\sin\alpha\right) \tag{4-10}$$

其中
$$K_o = KK_{ro}, K_w = KK_{rw}$$

式中 K_o，K_w——油相、水相渗透率，μm^2；

p_o，p_w——油相、水相压力，10^{-1}MPa；

g——重力加速度，$9.8 m/s^2$；

α——地层倾角，(°)。

式(4-9) 和式(4-10) 可写成：

$$-\frac{\mu_o}{K_o}v_{ox} = \frac{\partial p_o}{\partial x}+\rho_o g\sin\alpha \tag{4-11}$$

$$-\frac{\mu_w}{K_w}v_{wx} = \frac{\partial p_w}{\partial x}+\rho_w g\sin\alpha \tag{4-12}$$

由式(4-11)、式(4-12) 可得：

$$-\frac{\mu_o}{K_o}v_{ox}+\frac{\mu_w}{K_w}v_{wx} = \left(\frac{\partial p_o}{\partial x}-\frac{\partial p_w}{\partial x}\right)-(\rho_w-\rho_o)g\sin\alpha = \frac{\partial p_{cwo}}{\partial x}-\Delta\rho g\sin\alpha \tag{4-13}$$

其中
$$p_{cwo} = p_o - p_w, \quad \Delta\rho = \rho_o - \rho_w$$

式中 p_{cwo}——毛细管力，MPa；

$\Delta\rho$——油水密度差，kg/m^3。

定义f_w为液量中水所占的分量，称为含水率，可以表示为：

$$f_w = \frac{Q_w}{Q} = \frac{Q_w}{Q_w+Q_o} = \frac{Av_{wx}}{Av_{wx}+Av_{ox}} = \frac{v_{wx}}{v_{wx}+v_{ox}} = \frac{v_{wx}}{v_t} \tag{4-14}$$

因为 $v_t = v_{wx} + v_{ox}$，所以 $v_{ox} = v_t - v_{wx}$，代入式（4-13），有：

$$-\frac{\mu_o}{K_o}(v_t - v_{wx}) + \frac{\mu_w}{K_w}v_{wx} = \frac{\partial p_{cwo}}{\partial x} - \Delta\rho g\sin\alpha$$

整理得：

$$\left(\frac{\mu_o}{K_o} + \frac{\mu_w}{K_w}\right)v_{wx} = \frac{\mu_o}{K_o}v_t + \left(\frac{\partial p_{cwo}}{\partial x} - \Delta\rho g\sin\alpha\right)$$

两边同除以 $\left(\frac{\mu_o}{K_o} + \frac{\mu_w}{K_w}\right)v_t$，得：

$$f_w = \frac{v_{wx}}{v_t} = \frac{\dfrac{\mu_o}{K_o} + \dfrac{1}{v_t}\left(\dfrac{\partial p_{cwo}}{\partial x} - \Delta\rho g\sin\alpha\right)}{\dfrac{\mu_o}{K_o} + \dfrac{\mu_w}{K_w}} \tag{4-15}$$

式（4-15）就是同时考虑重力和毛细管力时含水率的计算公式，该式还可写成：

$$f_w = \frac{1 + \dfrac{K_o}{\mu_o}\dfrac{A}{Q_t}\left(\dfrac{\partial p_{cwo}}{\partial x} - \Delta\rho g\sin\alpha\right)}{1 + \dfrac{K_o}{K_w}\dfrac{\mu_w}{\mu_o}} \tag{4-16}$$

当不考虑毛细管力仅考虑重力作用时，含水率计算公式为：

$$f_w = \frac{1 - \dfrac{K_o}{\mu_o}\dfrac{A}{Q_t}(\Delta\rho g\sin\alpha)}{1 + \dfrac{K_o}{K_w}\dfrac{\mu_w}{\mu_o}} \tag{4-17}$$

当不考虑重力仅考虑毛细管力作用时，含水率计算公式为：

$$f_w = \frac{1 + \dfrac{K_o}{\mu_o}\dfrac{A}{Q_t}\dfrac{\partial p_{cwo}}{\partial x}}{1 + \dfrac{K_o}{K_w}\dfrac{\mu_w}{\mu_o}} \tag{4-18}$$

当不考虑重力差也不考虑毛细管力作用时，含水率计算公式为：

$$f_w = \frac{1}{1 + \dfrac{K_o}{K_w}\dfrac{\mu_w}{\mu_o}} = \frac{1}{1 + \dfrac{K_{ro}}{K_{rw}}\dfrac{\mu_w}{\mu_o}} \tag{4-19}$$

同理规定 f_o 为总液量中油所占的分量，称为含油率：

$$f_o = \frac{1}{1 + \dfrac{K_w}{K_o}\dfrac{\mu_o}{\mu_w}} = \frac{1}{1 + \dfrac{K_{rw}}{K_{ro}}\dfrac{\mu_o}{\mu_w}} = \frac{1}{1 + \mu_r\dfrac{K_w}{K_o}} \tag{4-20}$$

其中

$$\mu_r = \frac{\mu_o}{\mu_w}$$

式中 μ_r——岩层条件下油水黏度比，无量纲。

含水率与含油率之间关系为：
$$f_w = 1 - f_o \tag{4-21}$$

对于任一已知的水驱油藏来说，该油藏的油水黏度比 μ_r 是定值，所以两相区中各渗流横截面上含水率或含油率的变化仅取决于该横截面上油水相渗透率（或相对渗透率）的比值，而相渗透率是含水饱和度的函数，因此利用相对渗透率曲线，根据式(4-19) 或式(4-20) 即可求出两相区中各渗流横截面上含水率（或者含油率）与含水饱和度关系曲线如图4-8所示。

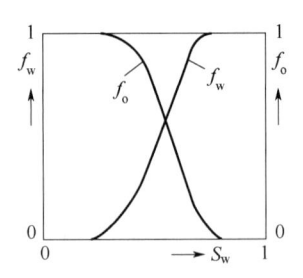

图 4-8 含水率（含油率）曲线

2. 等饱和度面移动方程（富媒体4-1）

富媒体 4-1 非活塞式水驱油等饱和度面移动方程的建立（视频）

研究一维带状地层水驱油藏，设地层是均质、水平的，渗流是流体从供给边缘流向排液道的单向渗流。边水（或注入水）进入含油区后，形成两相渗流区，在两相区中任取一微小单元体 Adx，带状地层面积为 A，孔隙度为 ϕ。选择坐标系，使得单相渗流时流体渗流沿 x 轴方向，如图4-9所示。

在微元体中心点 M 处，水相的渗流速度为 $f_w v$，其中 v 为油水两相的总渗流速度，即：

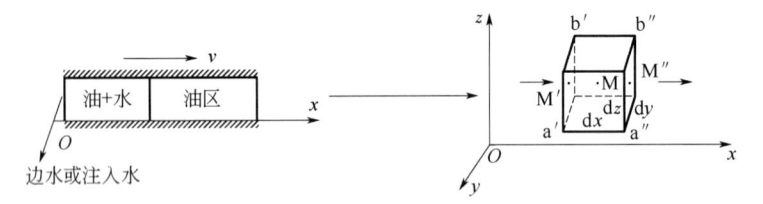

图 4-9 两相区中的微单元体

$$v = Q/A$$

所以水相渗流速度为：
$$v_w = \frac{Q}{A} f_w$$

在 a'b'面的中心点 M'处水相渗流速度为 $\dfrac{Q}{A}f_w - \dfrac{\partial}{\partial x}\left(\dfrac{Q}{A}f_w\right)\dfrac{dx}{2}$；在 a″b″面的中心点 M″处水相渗流速度为 $\dfrac{Q}{A}f_w + \dfrac{\partial}{\partial x}\left(\dfrac{Q}{A}f_w\right)\dfrac{dx}{2}$。

由于微小单元体 a'b'和 a″b″侧面面积很小，故可将 M'和 M″点上的渗流速度看成是 a'b'和 a″b″侧面上的平均渗流速度。这样 dt 时间内沿 x 轴流入 a'b'侧面的水相体积为：

$$\left(\frac{Q}{A}f_w - \frac{Q}{A}\frac{\partial f_w}{\partial x}\frac{dx}{2}\right)Adt \tag{4-22}$$

而 dt 时间内沿 x 轴流出 a″b″侧面的水相体积为：

$$\left(\frac{Q}{A}f_w + \frac{Q}{A}\frac{\partial f_w}{\partial x}\frac{dx}{2}\right)Adt$$

因此 dt 时间内流入和流出的水相体积差值为：

$$-\frac{Q}{A}\frac{\partial f_w}{\partial x}dxAdt \tag{4-23}$$

式中 Q 为两相区中通过任一横截面的油水总流量，它不随距离而变。

由于存在一个 dt 时间流入和流出的水相体积差值，所以微小单元体的含水饱和度将因为有这些水相体积留在微小单元体中而发生变化。在 t 时刻微元体中水相体积为 $S_w \phi dxA$。而在 t+dt 时刻微元体中水相体积为 $\left(S_w + \frac{\partial S_w}{\partial t}dt\right)\phi dxA$；因此 dt 时间内微元体中水相体积变化值为 $\frac{\partial S_w}{\partial t}\phi dxAdt$。

从物理意义上来看，显然此值应等于 dt 时间内流入与流出的水相体积差值，因而可得出：

$$\frac{\partial S_w}{\partial t}\phi dxAdt = -\frac{Q}{A}\frac{\partial f_w}{\partial x}dxAdt$$

进而可得：

$$\frac{\partial S_w}{\partial t} = -\frac{Q}{\phi A}\frac{\partial f_w}{\partial x} \tag{4-24}$$

式中负号的出现是由于随着 x 的增加，含水率 f_w 减少，$\frac{\partial f_w}{\partial x}$ 是负值的缘故。

由于含水率 f_w 是含水饱和度的函数 $f_w = f_w(S_w)$，而含水饱和度 S_w 又是距离和时间的函数 $S_w = S_w(x,t)$，根据复合函数求导法则，式(4-24) 可改写成：

$$\frac{\partial S_w}{\partial t} = -\frac{Q}{\phi A}\frac{\partial f_w}{\partial S_w}\frac{\partial S_w}{\partial x} \tag{4-25}$$

如果研究等饱和度平面的移动规律，则在此平面上 $dS_w = 0$，因此可写成：

$$dS_w = \frac{\partial S_w}{\partial t}dt + \frac{\partial S_w}{\partial x}dx = 0$$

由此可得：

$$\frac{dx}{dt} = -\frac{\frac{\partial S_w}{\partial t}}{\frac{\partial S_w}{\partial x}}$$

将式(4-25) 代入上式，可得：

$$\frac{dx}{dt} = \frac{Q}{\phi A} \frac{\partial f_w}{\partial S_w} = \frac{Q}{\phi A} f'_w(S_w) \qquad (4-26)$$

式（4-26）是某一等饱和度平面推进的速度式，它表明等饱和度平面推进速度等于截面上的总液流速度乘以含水率对含水饱和度的微商。在含水率跟含水饱和度关系曲线上，不同含水饱和度时的含水率对含水饱和度的微商不相同，因而各含水饱和度平面推进速度也不相同。式（4-26）称为巴克利—莱弗里特方程，或称为等饱和度面移动方程。

式（4-26）还可由下面推导得出，微元体 Adx 的流动从 t 时刻开始到 $t+dt$ 时刻结束，从 $a'b'$ 侧面流入，其含水率为 $f_{w1}(S_w)$，从 $a''b''$ 侧面流出，其含水率为 $f_{w2}(S_w)$，则根据质量守恒原理：流入水量－流出水量＝水的变化量，其中，水的变化量 $= \phi A dx (S_{w2} - S_{w1}) = \phi A dx \Delta S_w$，$S_{w2}$ 为 $t+dt$ 时刻微元体的含水饱和度，S_{w1} 为 t 时刻微元体的含水饱和度，从 t 时刻到 $t+dt$ 时刻含水饱和度的变化 $\Delta S_w = (S_{w2} - S_{w1})$。

$$流入水量-流出水量 = Qf_{w1}dt - Qf_{w2}dt = (f_{w1}-f_{w2})Qdt = \Delta f_w Qdt$$

$$\phi A dx \Delta S_w = \Delta f_w Q dt$$

$$\frac{dx}{dt} = \frac{\Delta f_w}{\Delta S_w} \cdot \frac{Q(t)}{\phi A} \Rightarrow \lim_{\Delta S_w \to 0} \frac{\Delta f_w}{\Delta S_w} = f'_w(S_w)$$

$$\frac{dx}{dt} = \frac{Q}{\phi A} f'_w(S_w)$$

对式（4-26）两边积分，可得：

$$\int_{x_o}^{x} dx = \frac{f'_w(S_w)}{\phi A} \int_0^t Qdt; \quad x - x_o = \frac{f'_w(S_w)}{\phi A} \int_0^t Qdt \qquad (4-27)$$

式中　x——某一等饱和度平面在 t 时刻到达的位置；

x_o——原始油水界面的位置；

$\int_0^t Qdt$——从两相区形成（$t=0$）到 t 时刻渗入的总水量（或为从 0 到 t 时刻所采出的油水总量）。

用式（4-27）可计算出各个等饱和度平面在 t 时刻所到达的位置，由于各含水饱和度值下的 $f'_w(S_w)$ 值不相同，因此各等饱和度平面在 t 时刻的位置也不同，如图 4-10 所示。

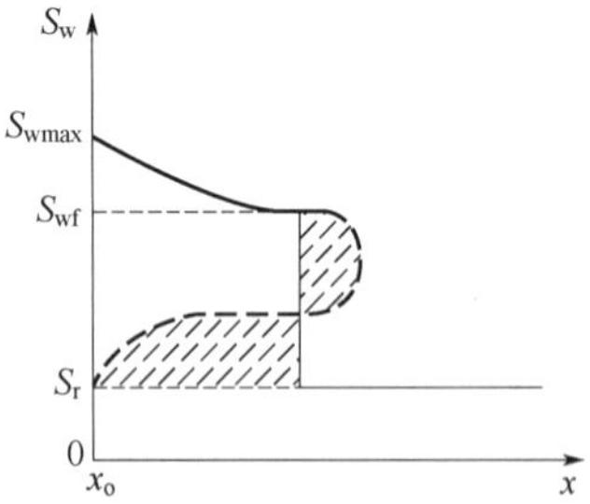

从图 4-10 中可以看出含水饱和度分布出现了双值，这是由于在含水率—含水饱和度曲线上两个含水饱和度具有相同的 $\dfrac{df_w}{dS_w}$ 值，因而根据式（4-27）可得出，两个不同含水饱和度可能具有同一速度，即可能同一时间在地层中的同一位置出现的情况。巴克利和莱弗里特承认，这种情况在物理上是不可能的。显然计算出的饱和度分布有一部分是虚构的，而真正的饱和度—距离曲线是不连续的。在图 4-10 中，曲线的虚构部分用虚线表示，"真实"的分布曲线用实线表示。含水饱和度发生不连续"跃变"的位置可用物质平衡法确定，"虚构"与"真实"曲线之间的阴影面积在"跃变"处的左右两边是相等的。含水饱和度分布曲线发生不连续"跃变"的位置就是水驱油前缘的位置。

图 4-10　含水饱和度分布

上面讨论的是渗流截面积不随坐标变化的单向渗流情况，如果研究渗流截面积随坐标变化的平面径向渗流，也可用类似方法求解。此时等饱和度面移动方程可写成：

$$\frac{dr}{dt} = -\frac{Q}{\phi A(r)} f'_w(S_w)$$

其中
$$A(r) = 2\pi rh$$

式中 $A(r)$——渗流截面积，cm^2。

对上式两边积分，可得：

$$-\int_{r_o}^{r} 2\pi \phi hr dr = f'_w(S_w) \int_0^t Qdt; \quad r_o^2 - r^2 = \frac{f'_w(S_w)}{\pi \phi h} \int_0^t Qdt$$

式中 r_o——原始含油边缘半径，cm；

r——t 时刻某一等饱和度面到达位置的半径，cm。

用上式可计算出在平面径向渗流时各个等饱和度面在 t 时刻到达的位置，从而得到该时刻两相区中含水饱和度分布曲线。

3. 水驱油前缘含水饱和度 S_{wf} 和水驱油前缘位置 x_f 的确定（富媒体4-2）

从两相区开始形成到 t 时刻渗入两相区（$x_f - x_o$）范围内的总水量使该范围内各处含水饱和度值相应增加，根据物质平衡原理可写出下式：

$$\int_0^t Qdt = \int_{x_o}^{x_f} \phi A [S_w(x,t) - S_{wr}] dx \quad (4-28)$$

式中 $S_w(x,t)$——两相区中任一点处 t 时刻的含水饱和度，小数；

S_{wr}——束缚水饱和度，小数。

富媒体4-2 前缘含水饱和度公式推导（视频）

对式(4-27)微分，可得：

$$dx = \frac{\int_0^t Qdt}{\phi A} f''_w(S_w) dS_w$$

式中 $f''_w(S_w)$——含水率对含水饱和度的二阶微商。

将上式代入式(4-28)，并变换积分上下限，可得：

$$\int_0^t Qdt = \int_{S_{wmax}}^{S_{wf}} \phi A [S_w(x,t) - S_{wr}] \frac{\int_0^t Qdt}{\phi A} f''_w(S_w) dS_w$$

积分上下限为：$x = x_o$ 处，$S_w = S_{wmax}$；$x = x_f$ 处，$S_w = S_{wf}$。

上式整理后可得：

$$1 = \int_{S_{wmax}}^{S_{wf}} [S_w(x,t) - S_{wr}] f''_w(S_w) dS_w$$

运用分部积分法则 $\int udv = uv - \int vdu$ 进行处理，令：

$$S_w(x,t) - S_{wr} = u, \quad f''_w(S_w)dS_w = dv$$

则
$$dS_w = du, \quad f'_w(S_w) = v$$

因而
$$1 = [S_w(x,t) - S_{wr}] f'_w(S_w) \Big|_{S_{wmax}}^{S_{wf}} - \int_{S_{wmax}}^{S_{wf}} f'_w(S_w) dS_w$$

由于 $f_w(S_{wmax}) = 1$，$f'_w(S_{wmax}) = 0$，因而可得：

$$1 = [S_{wf} - S_{wr}] f'_w(S_{wf}) - f_w(S_{wf}) + 1$$

由此得到：

$$f'_w(S_{wf}) = \frac{f_w(S_{wf})}{S_{wf} - S_{wr}} \tag{4-29}$$

式(4-29)是一个含有水驱油前缘含水饱和度 S_{wf} 的隐函数关系式，根据此式可用图解法来求得水驱油前缘含水饱和度值 S_{wf}，方法如下：

在含水率—含水饱和度关系曲线图（图 4-11）中通过束缚水饱和度 S_{wr} 点对 f_w—S_w 曲线作切线，得到切点 B，该切点所对应的含水饱和度即为水驱油前缘含水饱和度 S_{wf}，所对应的含水率即为水驱油前缘含水率 $f_w(S_{wf})$。

求得水驱油前缘含水饱和度 S_{wf} 后，再在 f_w—S_w 关系曲线上求出 $f'_w(S_{wf})$，然后根据式(4-27)求出水驱油前缘到达的位置 x_f：

$$x_f - x_o = \frac{f'_w(S_{wf})}{\phi A} \int_0^T Q dt \tag{4-30}$$

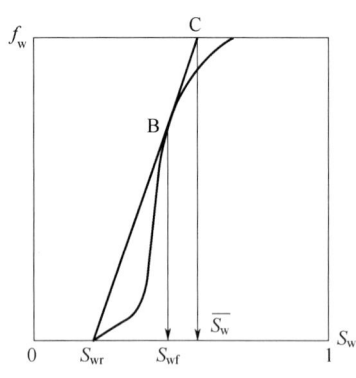

图 4-11 f_w—S_w 关系曲线

当水驱油前缘到达井排时，油井就见水，此时 $(x_f - x_o)$ 值等于原始油水边缘跟井排之间的距离 $(L_e - x)$，因而根据上式可求出水驱油前缘到达井排（或排液道）的时间，也就是可确定出井排见水时间：

$$L_e - x_o = \frac{f'_w(S_{wf})}{\phi A} \int_0^T Q dt \tag{4-31}$$

式中　L_e——供给边缘至井排处的距离，cm；

x_o——供给边缘至原始油水边缘的距离，cm；

T——井排见水时间，s。

4. 两相渗流区中平均含水饱和度 $\bar{S}_w$ 的确定

根据物质平衡原理可写出下式：

$$\int_0^t Q dt = \phi A(x_f - x_o)(\bar{S}_w - S_{wr})$$

由此可得：

$$\bar{S}_w - S_{wr} = \frac{\int_0^t Q dt}{\phi A(x_f - x_o)}$$

利用式(4-30)可进一步得出：

$$\bar{S}_w - S_{wr} = \frac{1}{f'_w(S_{wf})}$$

或者写成：

$$f'_w(S_{wf}) = \frac{1}{\bar{S}_w - S_{wr}} \tag{4-32}$$

式(4-32)是一个含有两相区中平均含水饱和度 $\bar{S}_w$ 的隐函数关系式，难于直接求解，可根据此式用图解法来求得平均含水饱和度 $\bar{S}_w$。方法如下：在图 4-11 中通过束缚水饱和度 S_{wr} 点对 f_w—S_w 曲线作切线，并延长此切线，使它与 $f_w(S_w) = 1$ 的横线相交于 C 点，C 点所对应的含水饱和度即为两相区中平均含水饱和度 $\bar{S}_w$。应该指出的是，用本方法确定的 $\bar{S}_w$ 是水驱油前缘到达井排（或排液道）前两相渗流区中平均含水饱和度，它是一个定值，在井排（或排液道）见水后，两相渗流区中平均含水饱和度值将随时间而变，它的确定方法将在下面讨论。

5. 井排见水后，两相渗流区中含水饱和度变化规律

水驱油前缘到达井排处（或排液道）后，两相渗流区中含水饱和度的变化规律可认为与前缘到达井排处前的变化规律相似，这已为实验所验证，因此，在求解井排见水后两相区中含水饱和度变化规律时可假设水驱油前缘在到达井排处（或排液道）后，继续向前移动（图4-12）。此时可利用式(4-27)计算出任一时刻 t 两相区中任一点 x 处的 $f'_w(S_w)$，然后在 $f'_w(S_w)$ — S_w 关系曲线上找出相应的 S_w（图4-13）。这样就可得到井排见水后任一时刻两相区中含水饱和度的分布曲线（图4-14）。

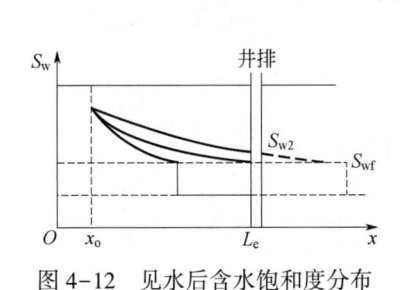

图 4-12 见水后含水饱和度分布

图 4-13 $f'_w(S_w)$ — S_w 关系曲线

如果要求出见水后井排处（或岩心出口端）含水饱和度 S_{w2} 随时间的变化时，可从下式求出 t 时刻 $f'_w(S_{w2})$ 值：

$$L_e - x_o = \frac{f'_w(S_{w2})}{\phi A} \int_0^t Q \mathrm{d}t$$

进一步根据 $f'_w(S_{w2})$ 求出相应的井排处含水饱和度 S_{w2}。给出不同的时间 t 值，进行计算即可求得 S_{w2}—t 关系曲线。

下面讨论见水后，两相渗流区中平均含水饱和度 $\overline{S}_w$ 的变化规律。

在1952年，韦尔杰推导出一个可以把水驱油时岩心中平均含水饱和度 $\overline{S}_w$ 与岩心出口端含水饱和度 S_{w2} 联系起来的方程式。

设有一个一维的水驱油模型，模型中含水饱和度分布如图4-14所示。岩心中平均含水饱和度 $\overline{S}_w$ 可按下式计算：

$$\overline{S}_w = \frac{\int_{x_1}^{x_2} S_w \mathrm{d}x}{x_2 - x_1}$$

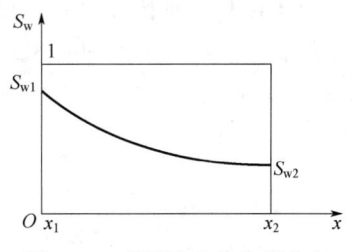

图 4-14 模型含水饱和度分布

式中 x_2, x_1——岩心出口端和入口端的位置，cm。

由于任一给定的含水饱和度在岩心中所走过的距离是与 f'_w 成正比的，因此上式可写成：

$$\bar{S}_w = \frac{\int_{f'_w(S_{w1})}^{f'_w(S_{w2})} S_w df'_w}{f'_w(S_{w2})}$$

用分部积分法处理，可改写成：

$$\bar{S}_w = \frac{S_{w2} f'_w(S_{w2}) - S_{w1} f'_w(S_{w1}) - \int_{S_{w1}}^{S_{w2}} f'_w dS_w}{f'_w(S_{w2})}$$

由于 $S_{w1} = S_{wmax}$，$f_w(S_{w1}) = 1$，$f'_w(S_{w1}) = 0$，因此可得：

$$\bar{S}_w = \frac{S_{w2} f'_w(S_{w2}) - [f_w(S_{w2}) - 1]}{f'_w(S_{w2})} \tag{4-33}$$

根据式(4-27)，对岩心出口端截面可写出：

$$x_2 - x_1 = \frac{f'_w(S_{w2})}{\phi A} \int_0^t Q dt = \frac{f'_w(S_{w2})}{\phi A} W_i; \quad W_i = \int_0^t Q dt$$

式中 W_i——累积注入量。

由此可得：

$$f'_w(S_{w2}) = \frac{(x_2 - x_1) A \phi}{W_i} = \frac{1}{Q_i}$$

式中 Q_i——累积注入水量的孔隙体积倍数。

而且：

$$f_o(S_{w2}) = 1 - f_w(S_{w2})$$

将 $f'_o(S_{w2})$ 和 $f_o(S_{w2})$ 代入式(4-33)，可得：

$$\bar{S}_w = S_{w2} + Q_i f_o(S_{w2}) \tag{4-34}$$

式中 $f_o(S_{w2})$——岩心出口端的含油率。

式(4-34)表示岩心见水后，岩心中平均含水饱和度与出口端含水饱和度关系。在水驱油实验资料处理中往往利用该式反求岩心出口端含水饱和度 S_{w2}。

下面通过两道例题加深对上面公式的理解和应用。

【例4-1】 如图4-15所示，在一维水驱油方式下，已知地层长度 L，横截面积为 F，孔隙度 ϕ，前缘含水饱和度 S_{wf}、束缚水饱和度 S_{wc}，并且 $f(S_w)$ 和 $f'(S_w)$ 函数值也已知，试求：

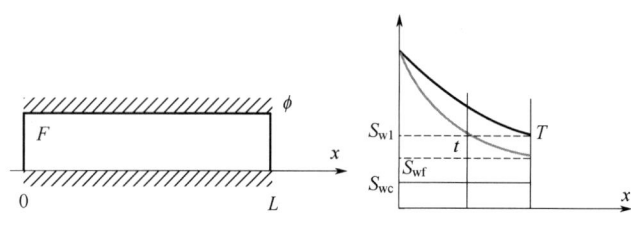

图4-15 例4-1图

(1) 见水时累计注入量 V_1 表达式及无水采收率表达式；
(2) 此时（t 时刻）某一饱和度点 S_{w1}（$S_{w1} > S_{wf}$）所推进的距离 L_1 的表达式；
(3) 若见水后继续生产，则当出口端含水饱和度为 S_{w1} 时，此时（T 时刻）累计注入量

V_2 表达式；

（4）从 t 时刻到 T 时刻累计采油量表达式。

解：

（1）地质储量：$N_p = \phi F L (1-S_{wc})$

$$x - x_o = L = \frac{f'_w(S_{wf})}{\phi F} \int_0^t Q(t) \mathrm{d}t$$

累计注水量：$V_1 = \int_0^t Q(t) \mathrm{d}t = \frac{\phi F L}{f'_w(S_w)}$

V_1 同时也是累计采液量或累计采油量或无水采油量。

无水采收率：$\eta = \dfrac{V_1}{N_p} = \dfrac{1}{f'(S_{wf})(1-S_{wc})}$

另一种方法求无水采收率：$\eta = \dfrac{\overline{S}_w - S_{wc}}{1-S_{wc}} = \dfrac{1}{f'(S_{wf})(1-S_{wc})}$

其中，见水时平均含水饱和度 $\overline{S}_w$ 计算公式为：$f'(S_{wf}) = \dfrac{1}{\overline{S}_w - S_{wc}}$，$\overline{S}_w - S_{wc} = \dfrac{1}{f'(S_{wf})}$

（2）$x - x_o = L_1 = \dfrac{f'_w(S_{w1})}{\phi F} \int_0^t Q(t) \mathrm{d}t$

$L_1 = \dfrac{f'_w(S_{w1})}{f'_w(S_{wf})} L$（$t$ 时刻 S_{w1} 推进的距离）

（3）$x - x_o = L = \dfrac{f'_w(S_{w1})}{\phi F} \int_0^T Q(t) \mathrm{d}t$

T 时刻累计注入量：$V_2 = \int_0^T Q(t) \mathrm{d}t = \dfrac{\phi F L}{f'_w(S_{w1})}$

（4）T 时刻累计采油量：$V_3 = (\overline{S}_w - S_{wc}) \phi F L$

见水后平均含水饱和度：$\overline{S}_w = S_{w1} + Q_i [1 - f'_w(S_{w1})]$，$Q_i = \dfrac{V_2}{\phi F L}$

t 到 T 时刻累积采油量 $= V_3 - V_1$

【例4-2】 如例4-1，已知相渗曲线与 $f_w(S_w)$ 曲线（图4-16），试通过图解法求：

（1）两相区前缘含水饱和度 S_{wf}；

（2）见水前，两相区平均含水饱和度 $\overline{S}_w$；

（3）见水后，某时刻采出端含水饱和度为 S_{w2}，此时的两相区平均含水饱和度及采收率 η。

解：

（1）过点 $(S_{wc}, 0)$ 作曲线 $f_w(S_w)$ 的切线，切点 $(S_{wf}, f_w(S_{wf}))$ 所对应的横坐标 S_{wf} 即为两相区前缘含水饱和度（图4-17）。

（2）过点 $(S_{wc}, 0)$ 作曲线 $f_w(S_w)$ 的切线，延长切线与 $f_w(S_w) = 1$ 相交于点 $(\overline{S}_w, 1)$，点 $(\overline{S}_w, 1)$ 所对应的横坐标 $\overline{S}_w$ 即为见水前两相区平均含水饱和度（图4-18）。

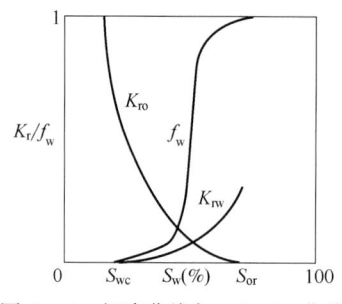

图 4-16 相渗曲线与 $f_w(S_w)$ 曲线

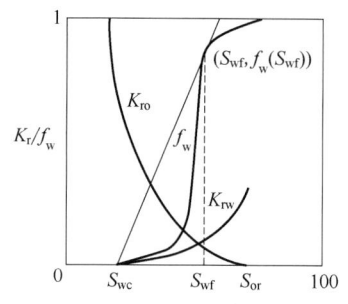

图 4-17 两相区前缘含水饱和度

（3）在曲线 $f_w(S_w)$ 上找到含水饱和度 S_{w2} 所对应的点 $(S_{w2},f_w(S_{w2}))$，过点 $(S_{w2},f_w(S_{w2}))$ 作曲线 $f_w(S_w)$ 的切线与 $f_w(S_w)=1$ 相交于点 $(\bar{S}_{w2},1)$，点 $(\bar{S}_{w2},1)$ 所对应的横坐标 $\bar{S}_{w2}$ 即为见水后两相区平均含水饱和度（图 4-19）。此时的采收率为 $\eta=\dfrac{\bar{S}_{w2}-S_{wc}}{1-S_{wc}-S_{or}}\times 100\%$。

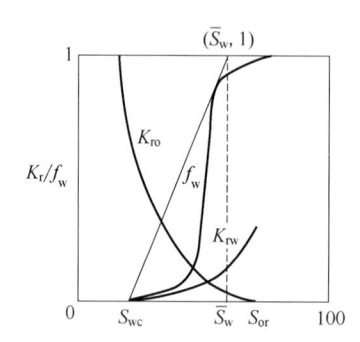

图 4-18 两相区平均含水饱和度

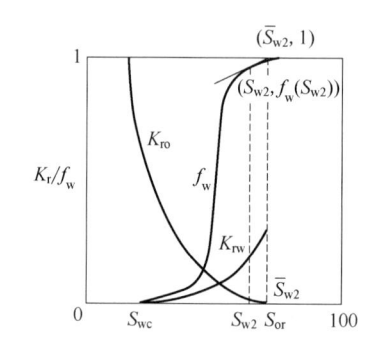

图 4-19 见水后两相区平均含水饱和度

二、两相渗流区的渗流阻力及产量变化规律

以图 4-20 所示的单向渗流为例，在非活塞式水驱油时，从供给边缘到井排处（或排液道）存在有 3 个区域：水区、两相区和油区。在水区和油区中流动的都是单相流体，其渗流阻力计算方法在第二章中已经讨论过，因此只要确定了两相区的渗流阻力计算方法，就可进而得出非活塞式水驱油时产量和压力差的变化规律。

通过两相渗流区中任一截面的油、水总流量为：

$$Q = Q_o + Q_w$$

油流量

$$Q_o = -KBh\dfrac{K_{ro}}{\mu_o}\dfrac{dp}{dx}$$

水流量

$$Q_w = -KBh\dfrac{K_{rw}}{\mu_w}\dfrac{dp}{dx}$$

因此油、水总流量为：

$$Q = -KBh\left(\dfrac{K_{rw}}{\mu_w}+\dfrac{K_{ro}}{\mu_o}\right)\dfrac{dp}{dx}$$

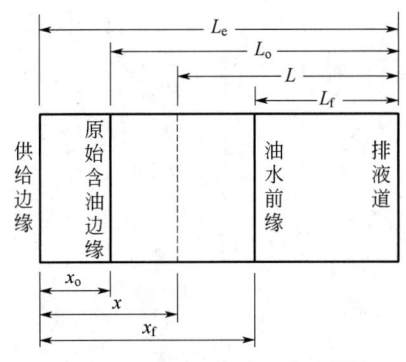

图 4-20 两相流体单向渗流模式

L_e—供给边缘至排液道的距离，cm；L_o—原始含油边缘至排液道的距离，cm；L—两相区中任一截面至排液道的距离，cm；L_f—油水前缘至排液道的距离，cm；x_o—供给边缘至原始含油边缘的距离，cm；x—供给边缘至两相区中任一截面距离，cm；x_f—供给边缘至油水前缘距离，cm。

将上式分子分母同乘上 μ_o，并令油水黏度比 $\mu_r = \dfrac{\mu_o}{\mu_w}$，则可得：

$$Q = -\frac{BKh}{\mu_o}(\mu_r K_{rw} + K_{ro})\frac{\mathrm{d}p}{\mathrm{d}x}$$

从上式中不难看出，两相渗流区中 $\mathrm{d}x$ 长度上的渗流阻力为 $-\dfrac{\mu_o}{BKh}\dfrac{\mathrm{d}x}{\mu_r K_{rw} + K_{ro}}$。

从图 4-20 中可看出 $x = L_e - L$，所以 $\mathrm{d}x = -\mathrm{d}L$，如用 $\mathrm{d}L$ 表示距离的微分时，可得两相区中 $\mathrm{d}L$ 长度上的渗流阻力为 $\dfrac{\mu_o}{BKh} \cdot \dfrac{\mathrm{d}L}{\mu_r K_{rw} + K_{ro}}$。

两相渗流区总的渗流阻力等于上式在整个两相区上的积分，即：

$$\frac{\mu_o}{BKh}\int_{L_f}^{L_o}\frac{\mathrm{d}L}{\mu_r K_{rw} + K_{ro}} = \frac{\mu_o}{KA}\int_{L_f}^{L_o} W_o \mathrm{d}L$$

$$W_o = \frac{1}{\mu_r K_{rw} + K_{ro}}$$

只要能找出 W_o 与距离 L 的关系式，就可对上述积分式进行积分，从而求出两相区总的渗流阻力。

下面讨论怎样找出 W_o 与 L 的关系式：

油、水总流量中的含油量称为含油率 f_o：

$$f_o = \frac{1}{1 + \mu_r \dfrac{K_w}{K_o}} = \frac{1}{1 + \mu_r \dfrac{K_{rw}}{K_{ro}}} = K_{ro} W_o \tag{4-35}$$

苏联学者研究表明，如果以含油率为纵坐标，以可流动的含油饱和度 Z 为横坐标，在这样的双对数坐标纸上绘制 f_o 和 Z 曲线，可得一直线，并且随着油水黏度比 μ_r 的增大，此直线的截距变小，截距与油水黏度比 μ_r 成反比。研究还表明，当 $1 < \mu_r < 10$ 时，直线的斜率 b 相近，$b \approx 3$（图 4-21）。

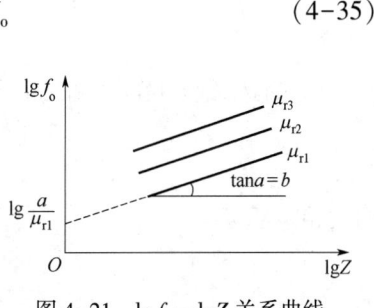

图 4-21 $\lg f_o$—$\lg Z$ 关系曲线

直线方程为：

$$\lg f_o(S_w) = \lg \frac{a}{\mu_r} + b\lg Z$$

如用指数方程来表示，则为：

$$f_o(S_w) = \frac{a}{\mu_r} Z^b \tag{4-36}$$

其中

$$Z = 1 - S_w - S_{or}$$

利用油藏的相对渗透率曲线和公式 $f_o = \dfrac{1}{1+\mu_r \dfrac{K_{rw}}{K_{ro}}}$，$Z = 1 - S_w - S_{or}$ 在双对数坐标纸上绘制 f_o—Z 关系曲线，找出直线的斜率和截距，即可求出系数 a 和 b。从式（4-35）和式（4-36）可得：

$$K_{ro}W_o = \frac{a}{\mu_r} Z^b$$

或改写成：

$$\mu_r W_o = \frac{a}{K_{ro}} Z^b \tag{4-37}$$

式（4-37）表示 W_o 与可流动的含油饱和度 Z 之间关系，如能找出 Z 与 L 的关系式，就能求得 W_o 与 L 之间关系式，从而进一步可求出两相区总的渗流阻力。

式（4-37）所表示的关系曲线的类型如图 4-18 所示。

图 4-17 类型的曲线可用多项式表示，即：

$$\mu_r W_o = A + BZ + CZ^2 \tag{4-38}$$

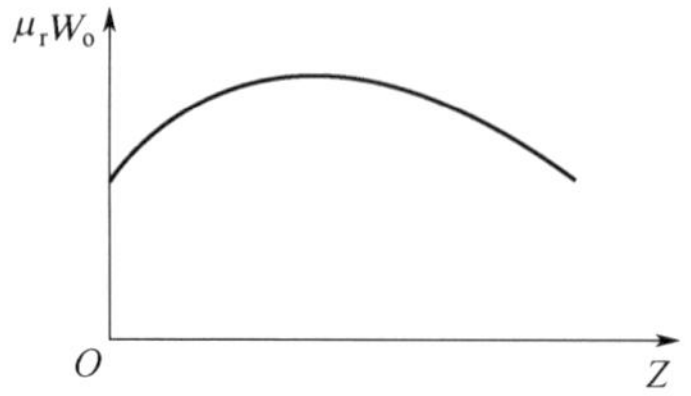

在此曲线上任取 3 个点，列出联立方程组，联立求解方程组，可得出系数 A、B 和 C。有了系数 A、B 和 C 的具体数值后，即可得到 W_o 与 Z 的函数关系式。

前面已经讨论过，任一固定饱和度平面在 t 时刻所到达的位置为：

$$x - x_o = \frac{f_w'(S_w)}{\phi A} \int_0^t Q \mathrm{d}t$$

由于 $f_w(S_w) = 1 - f_o(S_w)$，因而：

$$f_w'(S_w) = -f_o'(S_w)$$

图 4-22 μW_o—Z 关系曲线

由此上式可写成：

$$x - x_o = \frac{-f_o'(S_w)}{\phi A} \int_0^t Q \mathrm{d}t$$

前缘含水饱和度平面在 t 时刻到达的位置为：

$$x_f - x_o = \frac{-f_o'(S_{wf})}{\phi A} \int_0^t Q \mathrm{d}t$$

两式相除后可得：

$$\frac{x - x_o}{x_f - x_o} = \frac{f_o'(S_w)}{f_o'(S_{wf})}$$

由式(4-36)可得：

$$f'_o S_w = \frac{df_o(S_w)}{dS_w} = -\frac{ab}{\mu_r} Z^{b-1}$$

$$f'_o(S_{wf}) = -\frac{ab}{\mu_r} Z_f^{b-1}$$

其中
$$Z_f = 1 - S_{wf} - S_{or}$$

式中 Z_f——前缘含水饱和度时的可流动含油饱和度。

因此可写出下式：

$$\frac{x - x_o}{x_f - x_o} = \left(\frac{Z}{Z_f}\right)^{b-1}$$

将 x 化为用 L 表示，可得：

$$\frac{L_o - L}{L_o - L_f} = \left(\frac{Z}{Z_f}\right)^{b-1}$$

从而可求出：

$$Z = Z_f^{b-1} \sqrt{\frac{L_o - L}{L_o - L_f}} \tag{4-39}$$

式(4-39)是 Z 与 L 的关系式。利用式(4-38)和式(4-39)可对两相区总渗流阻力积分式进行积分，方法如下：

两相渗流区总渗流阻力为：

$$\Omega = \frac{\mu_o}{BKh} \int_{L_f}^{L_o} W_o dL = \frac{\mu_w}{BKh} \int_{L_f}^{L_o} \mu_r W_o dL = \frac{\mu_w}{BKh} \int_{L_f}^{L_o} (A + BZ + CZ^2) dL$$

$$= \frac{\mu_w}{BKh} \int_{L_f}^{L_o} \left[A + BZ_f^{b-1} \sqrt{\frac{L_o - L}{L_o - L_f}} + C\left(Z_f^{b-1} \sqrt{\frac{L_o - L}{L_o - L_f}}\right)^2 \right] dL$$

将前面求得的 b 值代入积分式，即可进行积分。当 $b=3$ 时，上式可简化为：

$$\Omega = \frac{\mu_w}{BKh} (A' + B' Z_f + C' Z_f)(L_o - L_f) \tag{4-40}$$

其中
$$A = A', \quad B' = \frac{2}{3} B, \quad C' = \frac{1}{2} C$$

求得两相区总渗流阻力后，即可得出排液道产量（或井排总产量）与压力差的关系式：

$$Q = \frac{p_e - p_w}{\frac{\mu_w}{BKh}(L_e - L_o) + \frac{\mu_w}{BKh}(A' + B' Z_f + C' Z_f^2)(L_o - L_f) + \frac{\mu_o}{BKh} L_f} \tag{4-41}$$

式中 p_e——供给边缘压力，10^{-1}MPa；

p_w——排液道（或井排处）上压力，10^{-1}MPa。

式(4-41)是瞬时产量表达式，因为在水驱油过程中，水驱油前缘的位置随时间而变化，使得排液道产量也将随时间而变化。产量公式中分母第二项是两相区渗流阻力，它随时间增加而增加；第三项是油区渗流阻力，它随时间增加而减小。如果分母第二项的增大值大于第三项的减小值，则从供给边缘到排液道的总渗流阻力将增大，产量将下降；反之则产量增加。用类似方法，可以分析圆形油藏中心一口井的平面径向渗流情况。

类似单向渗流情况可求得以下几个关系式：

$$f_o(S_w) = K_{ro}W_o$$

$$f_o(S_w) = \frac{a}{\mu_r}(Z)^b \mu_r W_o = \frac{a}{K_{ro}}(Z)^b$$

$$\mu_r W_o = A + BZ + CZ^2$$

前面已经得出，平面径向渗流时各等饱和度面 t 时刻到达位置 r 的表达式为：

$$r_o^2 - r^2 = \frac{f_w'(S_w)}{\pi\phi h}\int_0^t Q\mathrm{d}t$$

类似于单向渗流的情况可推导出：

$$\frac{r_o^2 - r^2}{r_o^2 - r_f^2} = \left(\frac{Z}{Z_f}\right)^{b-1}$$

当 $b=3$ 时，可得：

$$Z = Z_f\sqrt{\frac{r_o^2 - r^2}{r_o^2 - r_f^2}}$$

下面讨论平面径向渗流时两相渗流区渗流阻力的表达式。

通过两相渗流区中任一渗流截面 $A = 2\pi rh$ 的油水总流量为：

$$Q = \frac{2\pi Khr}{\mu_o}(\mu_r K_{rw} + K_{ro})\frac{\mathrm{d}p}{\mathrm{d}r} \tag{4-42}$$

从式（4-42）中可看出，两相区中 $\mathrm{d}r$ 距离上渗流阻力为 $\dfrac{\mu_o}{2\pi Khr}\dfrac{\mathrm{d}r}{\mu_r K_{rw} + K_{ro}}$。

令 $W_o = \dfrac{1}{\mu_r K_{rw} + K_{ro}}$，则可得两相区总的渗流阻力为：

$$\Omega = \frac{\mu_o}{2\pi Kh}\int_{r_f}^{r_o} W_o \frac{\mathrm{d}r}{r} = \frac{\mu_w}{2\pi Kh}\int_{r_f}^{r_o} \mu_r W_o \frac{\mathrm{d}r}{r} = \frac{\mu_w}{2\pi Kh}\int_{r_f}^{r_o}(A + BZ + CZ^2)\frac{\mathrm{d}r}{r}$$

当 $b=3$ 时，两相区总的渗流阻力为：

$$\Omega = \frac{\mu_w}{2\pi Kh}\int_{r_f}^{r_o}\left(A + BZ_f\sqrt{\frac{r_o^2 + r^2}{r_o^2 - r_f^2}} + CZ_f^2\frac{r_o^2 - r^2}{r_o^2 - r_f^2}\right)\frac{\mathrm{d}r}{r}$$

$$= \frac{\mu_w}{2\pi Kh}\left[A\ln\frac{r_o}{r_f} + BZ_f\left(\frac{r_o}{\sqrt{r_o^2 - r_f^2}}\ln\frac{r_o + \sqrt{r_o^2 - r_f^2}}{r_f} - 1\right) + CZ_f^2\left(\frac{r_o^2}{r_o^2 - r_f^2}\ln\frac{r_o}{r_f} - \frac{1}{2}\right)\right]$$

式中 　r_o ——原始含油边缘半径，cm；

　　　r_f ——水驱油前缘半径，cm；

　　　Z_f ——前缘含水饱和度时的可流动含油饱和度，小数。

从而可求得产量公式为：

$$Q = \frac{p_e - p_w}{\dfrac{\mu_w}{2\pi Kh}\ln\dfrac{r_e}{r_o} + \Omega + \dfrac{\mu_o}{2\pi Kh}\ln\dfrac{r_f}{r_w}} \tag{4-43}$$

在水驱油过程中油水前缘位置随时间而变化，因而产量也将发生变化。式（4-43）中分母第二项是两相区渗流阻力，它随时间增加而增加；第三项是油区渗流阻力，它随时间增加而减小。如果分母第二项的增大值大于第三项的减小值，则产量将下降；反之则产量增加。

第三节　油气两相渗流理论

由于在溶解气驱方式下，能量来源于均匀分布在全油藏的溶解气体，因此一般采用均匀的几何井网布井。若把每口井所控制的供油面积换算成面积相等的圆面积，就可以化为封闭圆形地层中心一口井的问题，因此研究混气液体渗流问题时只要研究一口井的情况就可以了。

研究封闭油藏中心一口井，原始地层压力接近于饱和压力的典型情况。当生产井投产后，井底压力低于饱和压力，在井底附近形成油气两相渗流（富媒体 4-3），如果保持油井产量恒定，井底压力将不断下降，压降漏斗逐渐扩大并加深（油气两相渗流区范围逐渐扩大），如图 4-23 所示。

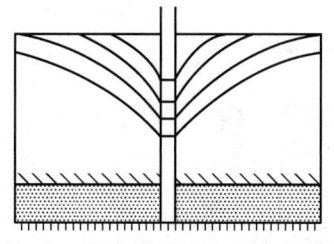

图 4-23　封闭油藏中直井压降漏斗

富媒体 4-3　油气两相稳定渗流（视频）

在两相渗流区之外，由于没有压差，液体不流动。两相渗流区扩大到封闭边缘以前称为溶解气驱第一期；两相渗流区外缘到达封闭边缘后，边缘上压力下降，全油藏处于两相渗流状态下，称为溶解气驱第二期。由于单井控制的供油面积并不大，第一期时间很短，因此以后分析的混气石油渗流过程是指在溶解气驱第二期状态下发生的过程。

一、油气两相渗流规律

油气两相渗流基本微分方程组是一个非线性的偏微分方程组，求精确的解析解是很困难的，故下面介绍一种建立在物质平衡基础上的近似解法，即马斯凯特法。

1. 油层含油饱和度和平均地层压力的变化规律

任一平均地层压力下剩在地层中的原油体积，当其换算到大气条件时，体积 V_o 为：

$$V_o = \frac{S_o V_p}{B_o} \tag{4-44}$$

式中　V_p——地层孔隙体积，cm^3；
　　　S_o——任一平均地层压力下，地层孔隙中含油饱和度，小数；
　　　B_o——任一平均地层压力下原油体积系数，m^3/m^3。

折算到地面大气条件下的地下原油体积随平均地层压力变化的变化率是式（4-44）对压

力的导数：

$$\frac{dV_o}{dp}=V_p\left(\frac{1}{B_o}\frac{dS_o}{dp}-\frac{S_o}{B_o^2}\frac{dB_o}{dp}\right)$$

任一平均地层压力下，剩在地层中的气体体积（包括自由气和溶解气），当其换算到地面标准条件时，体积 V_g 为：

$$V_g=\frac{R_s V_p S_o}{B_o}+(1-S_o-S_{wr})B_g' V_p \tag{4-45}$$

式中　R_s——溶解气油比，m^3/m^3；
　　　S_{wr}——束缚水饱和度，小数；
　　　B_g'——气体体积系数的倒数，m^3/m^3。

式中第一项表示溶解气量的体积，第二项表示自由气体体积。

折算到地面标准条件下的地下气体体积随平均地层压力变化的变化率是式(4-45)对压力的导数：

$$\frac{dV_g}{dp}=V_p\left[\frac{R_s}{B_o}\frac{dS_o}{dp}+\frac{S_o}{B_o}\frac{dR_s}{dp}-\frac{R_s S_o}{B_o^2}\frac{dB_o}{dp}+(1-S_o-S_{wr})\frac{dB_g'}{dp}-B_g'\frac{dS_o}{dp}\right]$$

式中，R_s、B_o、B_g' 均是平均地层压力 p 的函数，它们可由高压物性实验确定。

生产气油比为：

$$R'=\frac{\dfrac{dV_g}{dp}}{\dfrac{dV_o}{dp}}=\frac{\dfrac{R_s}{B_o}\dfrac{dS_o}{dp}+\dfrac{S_o}{B_o}\dfrac{dR_s}{dp}-\dfrac{R_s S_o}{B_o^2}\dfrac{dB_o}{dp}+(1-S_o-S_{wr})\dfrac{dB_g'}{dp}-B_g'\dfrac{dS_o}{dp}}{\dfrac{1}{B_o}\dfrac{dS_o}{dp}-\dfrac{S_o}{B_o^2}\dfrac{dB_o}{dp}}$$

由于生产气油比是换算到标准条件下的气体流量（包括溶解气和自由气）与换算到标准大气条件下的油流量的比值，所以生产气油比也可写成：

$$R=\frac{Q_g B_g'+\dfrac{Q_o}{B_o}R_s}{\dfrac{Q_o}{B_o}}=B_o B_g'\frac{K_g}{K_o}\frac{\mu_o}{\mu_g}+R_s$$

$$Q_g=\frac{K_g}{\mu_g}2\pi rh\frac{dp}{dr};\quad Q_o=\frac{K_o}{\mu_o}2\pi rh\frac{dp}{dr}$$

式中　Q_g——油层条件下气体流量，cm^3/s；
　　　Q_o——油层条件下油的流量，cm^3/s；
　　　μ_o、μ_g——油、气的黏度，$mPa\cdot s$，是平均地层压力 $\bar{p}$ 的函数。

使前两式相等，可得平均地层压力与地层含油饱和度的关系式：

$$\frac{dS_o}{dp}=\frac{\dfrac{S_o}{B_o B_g}\dfrac{dR_s}{dp}+\dfrac{S_o}{B_o}\dfrac{K_g}{K_o}\dfrac{\mu_o}{\mu_g}\dfrac{dB_o}{dp}+(1-S_o-S_{wr})\dfrac{1}{B_g}\dfrac{dB_g}{dp}}{1+\dfrac{K_g}{K_o}\dfrac{\mu_o}{\mu_g}} \tag{4-46}$$

为计算方便起见，可将式(4-46)分子中与压力有关的各项用下列符号表示：

$$X(p)=\frac{1}{B_{o}B_{g}}\frac{\mathrm{d}R_{s}}{\mathrm{d}p};\quad Y(p)=\frac{1}{B_{o}}\frac{\mu_{o}}{\mu_{g}}\frac{\mathrm{d}B_{o}}{\mathrm{d}p};\quad Z(p)=\frac{1}{B_{g}}\frac{\mathrm{d}B_{g}}{\mathrm{d}p}$$

并将式（4-46）改写成增量形式：

$$\frac{\Delta S_{o}}{\Delta p}=\frac{S_{o}X(p)+S_{o}\dfrac{K_{g}}{K_{o}}Y(p)+(1-S_{o}-S_{wr})Z(p)}{1+\dfrac{K_{g}}{K_{o}}\dfrac{\mu_{o}}{\mu_{g}}} \tag{4-47}$$

利用式（4-47）可计算出平均地层压力 $\bar{p}$ 随地层含油饱和度 S_o 的变化规律，如图 4-20 所示。

具体计算时，将公式中各项列在表格中运用较为方便。计算时将原始地层压力到大气压力 p_a 这个压力区间划分成若干个压力间隔，并且从原始地层压力开始运算，计算出地层压力下降一个压力间隔值时地层含油饱和度下降的数值 ΔS_o。接着对下一个压力间隔进行运算，这个压力间隔中压力的起点值将是 $p_i-\Delta p$，此时的地层含油饱和度将是 $S_{oi}-\Delta S_o$。在计算任一压力间隔对应的 ΔS_o 时，一般 B_o、B_g、μ_g、μ_o 采用此压力间隔的起点处的值，而 K_o、K_g 则采用此 ΔS_o 间隔的起点处的值。

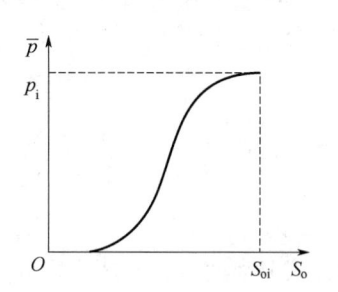

图 4-24 $\bar{p}$ 随 S_o 的变化规律

p_i—原始地层压力，MPa；S_{oi}—地层原始含油饱和度

在计算时，$\dfrac{\mathrm{d}R_s}{\mathrm{d}p}$、$\dfrac{\mathrm{d}B_o}{\mathrm{d}p}$、$\dfrac{\mathrm{d}B_g}{\mathrm{d}p}$ 也要改写成增量形式 $\dfrac{\Delta R_s}{\Delta p}$、$\dfrac{\Delta B_o}{\Delta p}$、$\dfrac{\Delta B_g}{\Delta p}$，其中 ΔR_s、ΔB_o、ΔB_g 分别取压力间隔起点与终点相应的差（增量）。

利用 $\bar{p}$—S_o 关系曲线还可进一步求出平均地层压力与采出程度 η 的关系曲线。

$$\eta=\frac{累积采油量(t)}{地质储量(t)}=\frac{\dfrac{S_{oi}}{B_{oi}}V_p\rho g-\dfrac{S_o}{B_o}V_p\rho g}{\dfrac{S_{oi}}{B_{oi}}V_p\rho g}=1-\frac{S_o B_{oi}}{S_{oi} B_o} \tag{4-48}$$

式中　B_{oi}——原始地层压力下的原油体积系数，m^3/m^3；

　　　ρ——地面原油密度，kg/m^3。

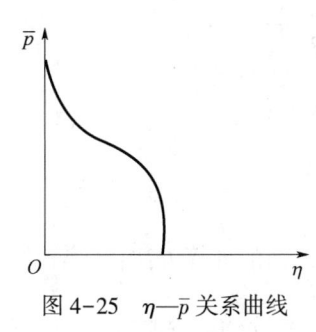

这样，对任一平均地层压力值，可用式（4-47）求出相应的地层含油饱和度值，并进一步用式（4-48）求出相对应的地层采出程度值，即得到 η—$\bar{p}$ 关系曲线，如图 4-25 所示。

2. 油气两相稳定渗流

在溶解气驱方式下混气石油向井渗流时，其流动状态是不稳定的，油井产量（或井底压力）随时间而变。但是考虑到，虽然混气石油渗流的过程是不稳定的，可是在总过程中的每一瞬间可以近似看成稳定状态，也就是说，在某个短时间内，地层压力和含油饱和度变化不大，如果这种时间间隔取得足够小时，可以认为压力、饱和度与时间无关，即认为是稳定渗流，此时按稳定状态求得的油井产量公式将基本符合实际情况。

图 4-25 η—$\bar{p}$ 关系曲线

瞬间油井产量（地面条件下）为：

$$Q_o = \frac{K_o}{\mu_o B_o} A \frac{dp}{dr} \quad (A = 2\pi rh)$$

引入 $K_{ro} = \frac{K_o}{K}$，得：

$$Q_o = \frac{2\pi Kh}{\mu_o B_o} K_{ro} r \frac{dp}{dr}$$

引入一个新的压力函数 H，令 $dH = \frac{K_{ro}}{\mu_o B_o} dp$，所以：

$$H = \int_0^p \frac{K_{ro}}{\mu_o B_o} dp$$

由此，得：

$$Q = 2\pi rKh \frac{dH}{dr}$$

对此式分离变量，并两边积分，得：

$$Q_o = \frac{2\pi Kh(H_e - H_w)}{\ln \frac{r_e}{r_w}} \tag{4-49}$$

式中 H_e, H_w ——边缘处和井底处的压力函数值。

在已知地层边缘压力 p_e 和井底压力 p_w 情况下还不能直接利用式（4-49）求出瞬间油井产油量，必须先确定地层边缘处和井底处的压力函数值。如何计算 H_e 和 H_w 值呢？从前面所述的压力与含油饱和度关系曲线，相对渗透率曲线即 K_{ro}—S_o 关系曲线可以求出该油田的 K_{ro} 和 p 的关系曲线，并且从高压物性资料可知 B_o、μ_o 与 p 的关系曲线，利用这些资料可进而求出 $\frac{K_{ro}}{\mu_o B_o}$—p 关系。

若以 $\frac{K_{ro}}{\mu_o B_o}$ 为纵坐标，以 p 为横坐标可绘出 $\frac{K_{ro}}{\mu_o B_o}$—p 关系曲线，如图 4-26 所示。

对应任一压力值 p 的压力函数值 H 将等于：

$$H = \int_0^p \frac{K_{ro}}{\mu_o B_o} dp$$

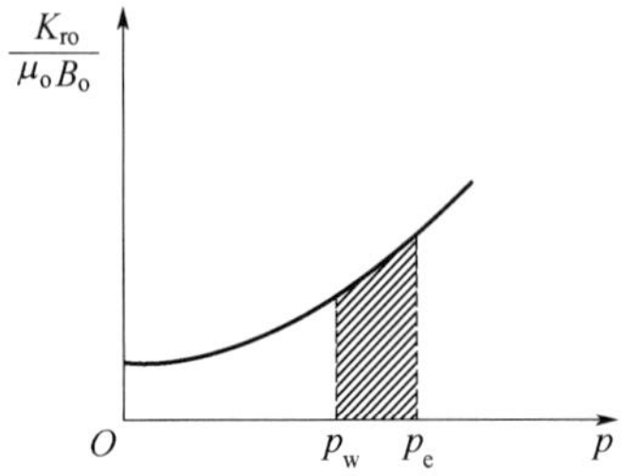

图 4-26 $\frac{K_{ro}}{\mu_o B_o}$—p 关系曲线

此积分意味着图 4-26 中，由横轴与 0 到 p 间的 $\frac{K_{ro}}{\mu_o B_o}$—p 所围成的面积。

同理可写出 $H_e - H_w = \int_{p_w}^{p_e} \frac{K_{ro}}{\mu_o B_o} dp$，就等于图中阴影面积。

除上面所述的用计算面积方法可求出压力函数差值外，还有下面的计算方法：

从图 4-26 可得出，在压力不太低时关系曲线呈一条直线 $\frac{K_{ro}}{\mu_o B_o} = Ap + B$，因此得：

$$H_e - H_w = \int_{p_w}^{p_e} \frac{K_{ro}}{\mu_o B_o} dp = \int_{p_w}^{p_e} (Ap + B) dp = \frac{A}{2}(p_e^2 - p_w^2) + B(p_e - p_w)$$

所以，在已知 A 与 B 时，即可求出已知边缘上压力 p_e、井底压力 p_w 时的压力函数值。A 和 B 分别是 $\frac{K_{ro}}{\mu_o B_o}$—p 曲线图上直线段的斜率和截距，从图 4-26 可求出。

3. 稳定状态逐次替换法求解油气两相不稳定渗流问题

油气两相渗流的过程是不稳定的，但在总过程中每一瞬间可近似看成稳定状态，这样，总过程的不稳定状态就可以看成是无数个稳定状态的叠加，这种方法称为稳定状态逐次替换法。当时间间隔取得很小时，用此方法求得的结果将基本符合实际情况。

将利用式（4-47）求得的平均地层压力与地层含油饱和度关系绘制成曲线，如图 4-27 所示。并将所得的压力数据划分成若干间隔，各间隔内的压力值和含油饱和度值都采用该间隔内的平均值：

$$p = \frac{p_{(n)} + p_{(n+1)}}{2}; \quad S_o = \frac{S_{o(n)} + S_{o(n+1)}}{2}$$

图 4-27 $\bar{p}$ 随 S_o 的变化规律

在每一压力间隔对应的时间内，可认为油、气向井的渗流是稳定渗流。此时油井产油量（地面条件）为：

$$Q_o = \frac{2\pi K h (H_e - H_w)}{\ln \frac{r_e}{r_w}}$$

式中　H_e——由各压力间隔内压力值所确定的压力函数值。

各压力间隔内的生产气油比为：

$$R = B_o B_g \frac{K_g}{K_o} \frac{\mu_o}{\mu_g} + R_s$$

式中，B_o、B_g、μ_o、μ_g、R_s 是根据各压力间隔内压力值 p 求得的，而 K_o、K_g 是根据相应的含油饱和度 S_o 求得。

这样即可求得平均地层压力 $\bar{p}$、产油量（或井底压力）、气油比与地层含油饱和度关系曲线，如图 4-28 所示。

进一步还可求出平均地层压力 $\bar{p}$、气油比 R、含油饱和度 S_o 及产量 Q_o（或井底压力 p_w）随时间变化的关系曲线。油井产油量为：

$$Q_o = -\frac{d\frac{S_o}{B_o} V_p}{dt}$$

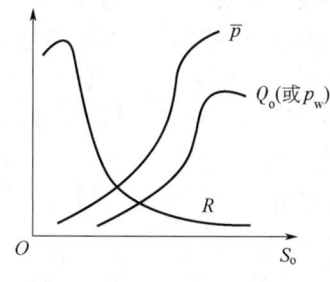

图 4-28　R，$\bar{p}$，Q_o 与 S_o 的关系曲线

其中

$$V_p = \phi \pi h (r_e^2 - r_w^2)$$

式中　Q_o——油井地面条件下油产量，cm^3/s；

　　　V_p——供油面积内地层孔隙体积，cm^3。

当研究某一含油饱和度间隔时，可认为在此间隔对应的时间内油气渗流是稳定渗流，即油井产油量和地层油体积系数保持不变。这样，由上式可写出：

$$Q_o = \frac{V_p}{B_o}\frac{dS_o}{dt}$$

对上式分离变量，并积分：

$$\int_{t_1}^{t_2}dt = -\frac{V_p}{B_o Q_o}\int_{S_{o1}}^{S_{o2}}dS_o$$

$$\Delta t = t_2 - t_1 = \frac{V_p}{Q_o B_o}(S_{o1}-S_{o2}) \tag{4-50}$$

式中 t_1, t_2——与 S_o 间隔对应的时间间隔的起点和终点值，s。

S_{o1}, S_{o2}——所研究的 S_o 间隔的起点和终点值，小数。

油井生产时间为：

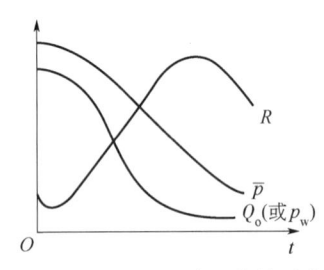

$$t = \sum \Delta t \tag{4-51}$$

因此，当已知 $\overline{p}$、R、Q_o（或 p_w）与 S_o 关系时，可利用式(4-50)和式(4-51)进一步求出 $\overline{p}$、R、Q_o（或 p_w）与 t 的关系曲线，如图 4-29 所示。

图 4-29 R, $\overline{p}$, Q_o 与 t 的关系曲线

二、混气石油的稳定试井方法

在以溶解气驱方式开采的油田中也可以通过改变油井工作制度进行稳定试井，不过此时由于油、气两相同时渗流，指示曲线将发生弯曲，凸向产量轴。因而不能直接应用第二章所述的方法来处理稳定试井资料，需要经过某些转化，使指示曲线直线化。

1. 混气石油稳定试井基本原理

混气石油稳定试井方法是以混气石油稳定渗流理论为依据的。下面将介绍的稳定渗流理论不同于本章第一节中所述的内容，这是由于不同的研究者对问题处理方法不同的缘故。

油气两相同时渗流时，对每一种流体来说，它的运动仍符合达西渗流规律，因此渗过岩层渗流断面的油量和气量分别为：

$$Q_o = \frac{K}{\mu_o}K_{ro}\frac{dp}{dr}A; Q_g = \frac{K}{\mu_g}K_{rg}\frac{dp}{dr}A$$

当向井作平面径向渗流时，渗流断面积为 $A = 2\pi rh$，由此可写出：

$$Q_o = \frac{K}{\mu_o}K_{ro}2\pi rh\frac{dp}{dr}$$

引入一个新的压力函数 H，令 $dH = K_{ro}dp$，$\int_0^H dH = \int_0^p K_{ro}dp$；$H = \int_0^p K_{ro}dp$，因而，可得：

$$Q_o = \frac{K}{\mu_o}2\pi rh\frac{dH}{dr} \tag{4-52}$$

将此式与第二章中单相液体渗流微分式 $Q_o = \frac{K}{\mu_o}2\pi rh\frac{dp}{dr}$ 对比，可看出，它们的形式完全相同，仅仅用压力函数 H 代替了压力 p。这就使得上述变换后可把单相液体所得的解应用到混气液体渗流的情况，即可得：

$$Q_\mathrm{o} = \frac{2\pi Kh(H_\mathrm{e}-H_\mathrm{w})}{\mu_\mathrm{o}\ln\dfrac{r_\mathrm{e}}{r_\mathrm{w}}}$$

式中　Q_o——油层条件下的油井产油量，cm^3/s。

这就是瞬间稳定状态下油井的产油公式。

在 $H = \int_0^p K_\mathrm{ro}\mathrm{d}p$ 中由于只知道油的相对渗透率 K_ro 是含油饱和度的函数，因此还不能直接用积分方法求出不同压力下的 H 值。但是从生产实际资料中可知随着油田开发的进展，地层含油饱和度下降，地层压力也下降，它们之间是存在某种联系的，而且随着地层含油饱和度的变化，从井中采出的油量和气量也随之变化，即气油比发生变化。因此首先从研究气油比变化规律入手来研究问题。

为了便于分析问题，作如下的简化：

（1）原油体积系数 B_o 为常数，等于1。

（2）天然气为理想气体，即：

$$pV = p_\mathrm{a}V_\mathrm{a}$$

式中　p_a——标准大气压，为1个物理大气压，0.1013MPa；

　　　V_a——标准大气压条件下的天然气体积，m^3。

（3）原油中气体溶解量（折算到标准大气压条件下的体积）与压力成正比：

$$R_\mathrm{s} = \alpha p$$

式中　R_s——单位脱气原油在一定压力下能溶解的气体体积，m^3/m^3；

　　　α——溶解系数，认为它是常数量，$m^3/(m^3 \cdot atm)$；

　　　p——绝对压力，10^{-1}MPa。

（4）原油和天然气黏度是常数，不随压力而变化。

气油比是换算到大气条件下的产气量与换算到大气条件下的产油量之比，而且产气量中应包括以自由气形式流到井中的气体和溶解在地层原油中随原油一起被采出的气体这两部分，因此可写出：

$$R = \frac{\dfrac{K}{\mu_\mathrm{g}}K_\mathrm{rg}A\dfrac{\mathrm{d}p}{\mathrm{d}r}\dfrac{p}{p_\mathrm{a}} + \dfrac{K}{\mu_\mathrm{o}}K_\mathrm{ro}A\dfrac{\mathrm{d}p}{\mathrm{d}r}\alpha p}{\dfrac{K}{\mu_\mathrm{o}}K_\mathrm{ro}A\dfrac{\mathrm{d}p}{\mathrm{d}r}\dfrac{1}{B_\mathrm{o}}}$$

整理后，可得：

$$R = \frac{K_\mathrm{rg}}{K_\mathrm{ro}}\frac{\mu_\mathrm{o}}{\mu_\mathrm{g}}\frac{p}{p_\mathrm{a}} + \alpha p = \frac{p}{p_\mathrm{a}}\left(\frac{K_\mathrm{rg}}{K_\mathrm{ro}}\frac{\mu_\mathrm{o}}{\mu_\mathrm{g}} + \alpha p_\mathrm{a}\right)$$

对上式等式两边分别乘上 $\dfrac{\mu_\mathrm{g}}{\mu_\mathrm{o}}$，可得：

$$R\frac{\mu_\mathrm{g}}{\mu_\mathrm{o}} = \frac{p}{p_\mathrm{a}}\left(\frac{K_\mathrm{rg}}{K_\mathrm{ro}} + \alpha\frac{\mu_\mathrm{g}}{\mu_\mathrm{o}}p_\mathrm{a}\right)$$

在稳定流动时，气油比不变，为常数，油、气黏度和溶解系数根据假设条件均为常数，因此引入新的表示常量的符号 $R\dfrac{\mu_\mathrm{g}}{\mu_\mathrm{o}} = \xi$，$\alpha\dfrac{\mu_\mathrm{g}}{\mu_\mathrm{o}}p_\mathrm{a} = A$。从而得：

$$\xi = \frac{p}{p_a}\left(\frac{K_{rg}}{K_{ro}}+A\right)$$

设 $p^* = \dfrac{p}{p_a \xi}$，则：

$$p^* = \frac{1}{\dfrac{K_{rg}}{K_{ro}}+A} \tag{4-53}$$

式中，ξ 和 $\dfrac{p}{p_a}$ 都是无量纲的，所以 p^* 称为无量纲压力。

当给出不同的含油饱和度 S_o 时，根据相对渗透率曲线可得到相应的油相对渗透率 K_{ro}，也可得到相应的 $\dfrac{K_{rg}}{K_{ro}}$ 比值，再利用式(4-53) 可求得相对应 p^* 值，即建立了无量纲压力 p^* 与油相对渗透率 K_{ro} 的函数关系，这个函数的图形如图 4-30 所示。

如何根据这条曲线定函数 H 值呢？

$$p^* = \frac{p}{p_a \xi}$$

微分上式，得：

$$\mathrm{d}p = p_a \xi \mathrm{d}p^* \ ; \ \mathrm{d}H = K_{ro}\mathrm{d}p = p_a \xi K_{ro} \mathrm{d}p^*$$

引入无量纲压力函数 $H^* = \dfrac{H}{p_a \xi}$，$\mathrm{d}H^* = \dfrac{\mathrm{d}H}{p_a \xi}$，从而得到：

$$\mathrm{d}H^* = K_{ro}\mathrm{d}p^* \ ; \ \int_0^{H^*}\mathrm{d}H^* = \int_0^{p^*}K_{ro}\mathrm{d}p^* \ ; \ H^* = \int_0^{p^*}K_{ro}\mathrm{d}p^*$$

这个积分式意味着图 4-30 中由横轴和由 0 到 p' 值之间的 K_{ro}—p^* 曲线所围成的面积，即图中阴影部分，就等于 H'。

给出不同的 p' 值，然后算出 K_{ro}—p^* 曲线和变量 p' 值所围成的面积，即得到对应于一系列 p' 值的 H' 值，就可绘出 H'—p' 曲线，其形状如图 4-31 所示。

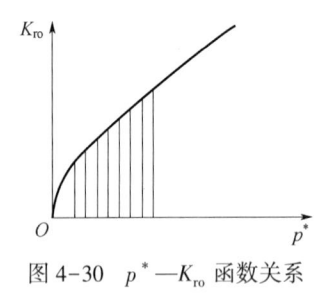

图 4-30　p^*—K_{ro} 函数关系

图 4-31　H^*—p^* 关系曲线

有了 H'—p' 曲线后就可以在已知边缘压力 p_e 和井底压力 p_w 的情况下，求出相应的 H_e 和 H_w 值，进而可计算瞬时油井产油量。步骤如下：

（1）求出无量纲压力 p_e^* 和 p_w^* 值：

$$p_e^* = \frac{p_e}{p_a \xi}; \quad p_w^* = \frac{p_w}{p_a \xi}$$

（2）通过查 H'—p' 曲线，找出对应于 p_e^*、p_w^* 值的无量纲压力函数 H_e^*、H_w^* 值。

(3) 求出边缘上和井底的压力函数值 H_e、H_w：
$$H_e = p_a \xi H_e^* ; H_w = p_a \xi H_w^*$$

(4) 应用式(4-52)求出产油量（cm^3/s）。

H^*—p^* 关系曲线可以根据本油田的相对渗透率曲线和油、气性质绘制。如果没有本油田的相对渗透率曲线，可以选用通用曲线，根据 A 值挑选曲线。通用曲线一般列成经验公式，见表4-1。

表 4-1 H^*—p^* 通用关系

$A = \dfrac{\mu_g}{\mu_o} \alpha p_a$	p^*	H^*
$A = 0.005$	$0 \leqslant p^* \leqslant 15$ $15 \leqslant p^* \leqslant 50$ $50 \leqslant p^* \leqslant 200$	$H^* = 0.375 p^*$ $H^* = 0.649 p^* - 4.175$ $H^* = 0.852 p^* - 16.231$
$A = 0.01$	$0 \leqslant p^* \leqslant 15$ $15 \leqslant p^* \leqslant 30$ $30 \leqslant p^* \leqslant 100$	$H^* = 0.39 p^*$ $H^* = 0.623 p^* - 3.306$ $H^* = 0.814 p^* - 10.03$
$A = 0.015$	$0 \leqslant p^* \leqslant 20$ $20 \leqslant p^* \leqslant 66.7$	$H^* = 0.428 p^*$ $H^* = 0.784 p^* - 7.219$
$A = 0.02$	$0 \leqslant p^* \leqslant 13.8$ $13.8 \leqslant p^* \leqslant 50$	$H^* = 0.383 p^*$ $H^* = 0.751 p^* - 5.372$
$A = 0.03$	$0 \leqslant p^* \leqslant 7$ $7 \leqslant p^* \leqslant 33.3$	$H^* = 0.278 p^*$ $H^* = 0.679 p^* - 3.273$
$A = 0.04$	$0 \leqslant p^* \leqslant 7$ $7 \leqslant p^* \leqslant 25$	$H^* = 0.285 p^*$ $H^* = 0.683 p^* - 3.013$
$A = 0.05$	$0 \leqslant p^* \leqslant 7$ $7 \leqslant p^* \leqslant 20$	$H^* = 0.301 p^*$ $H^* = 0.678 p^* - 2.746$

2. 混气石油稳定试井步骤

稳定试井时要使油井在每一工作制度下生产达到稳定后才测取产量、压力等试井资料。但溶解气驱方式开采时渗流过程是不稳定过程，压力、产量总是随时间而变，因而严格来说，油井生产是达不到稳定状态的，但考虑到试井过程只是在较短时间（几天到几十天）内进行，在这段时间内地层压力和含油饱和度变化不大，可以出现产量、压力基本稳定的状态，这已被矿场实践所证明。

从混气石油稳定渗流时油井产量公式(4-52)可以看出，产量与压力函数差值成直线关系，而不是与压力差成直线关系，因而如果将试井资料绘制在压差—产量坐标中，指示曲线将发生弯曲，如图4-32所示。

如果能绘制出压力函数差 ΔH 与产量 Q 的关系曲线，就可用第二章中所述的方法来处理试井资料，求出油层渗透率。

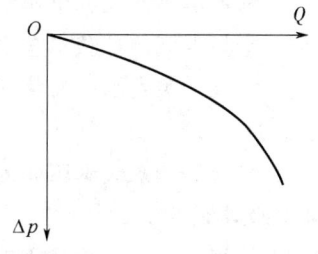

图 4-32 压差与产量关系曲线

为了绘制 Q 与 ΔH 的关系曲线，要将试井所测得的资料用下列方法来整理：

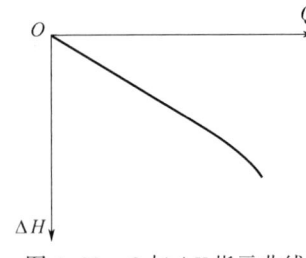

(1) 求出无量纲系数 ξ：$\xi = \dfrac{\mu_g}{\mu_o} R$。在矿场资料中气油比往往用 m^3/t 来表示，而这里计算中应该用 m^3/m^3 来表示，所以需要乘上脱气原油的密度，即：$R(m^3/m^3) = R(m^3/t) \cdot \rho(t/m^3)$。

(2) 求无量纲压力：$p_e^* = \dfrac{p_e}{p_a \xi}$；$p_w^* = \dfrac{p_w}{p_a \xi}$。

(3) 查 $H^* - p^*$ 曲线，找出 H_e^* 和 H_w^* 值。可自行绘制出 $H^* - p^*$ 曲线，或根据 A 值选用通用曲线。

(4) 求出压力函数 H_e 和 H_w 值：$H_e = p_a \xi H_e^*$，$H_w = p_a \xi H_w^*$。这样，可得到每一工作制度下的 ΔH 值，就可画出 Q 与 ΔH 关系曲线，如图 4-33 所示。在 Q 与 ΔH 指示曲线的直线段求出它的斜率 J：$J = \dfrac{Q}{\Delta H}$。在试井资料中产量值是地面测得的产量值 $Q_1(t/d)$，需换算成地下产量（cm^3/s），然后作指示曲线：

图 4-33 Q 与 ΔH 指示曲线

$$Q = Q_1 \dfrac{10^6}{86400} \dfrac{B_o}{\rho g} = 11.57 Q_1 \dfrac{B_o}{\rho g}$$

式中 B_o——原油体积系数，m^3/m^3；

ρ——脱气石油密度，kg/m^3。

(5) 如第二章中讨论过的方法一样，根据直线段斜率 J 可求出油层渗透率：

$$J = \dfrac{Q}{\Delta H} = \dfrac{2\pi K h}{\mu_o \ln \dfrac{r_e}{r_w}}$$

$$K = \dfrac{J \mu_o \ln \dfrac{r_e}{r_w}}{2\pi h}$$

本章要点

1. 掌握水驱油过程中油水两相运动方程和连续性方程的物理意义及推导。

2. 掌握水驱油过程中含水率计算公式的推导过程和求解方法。

3. 掌握活塞式水驱油物理特征（包括单向渗流和平面径向渗流）、渗流阻力、产液量公式及方法。

4. 掌握非活塞式水驱油的物理模型和产生的原因，熟知水驱饱和度跃变、无水采油量、无水采收率的定义。

5. 掌握不同油水黏度比下的前缘含水饱和度变化规律及考虑重力作用下前缘饱和度分布曲线。

6. 熟练掌握巴克利—莱弗里特方程的推导和应用，包括等饱和度面移动方程、水驱油前缘位置及含水饱和度的确定方法、两相区中平均含水饱和度的确定及井排见水后两相渗流区中含水饱和度的变化规律。

7. 掌握油气两相渗流油层含油饱和度和平均地层压力的变化规律、油气两相稳定渗流规律，了解稳定状态逐次替换法求解油气两相不稳定渗流的基本方法。

8. 掌握 H 函数、油气两相稳定渗流产量的求解方法。

9. 了解油气两相不稳定渗流过程中地层压力、产油量、气油比及含油饱和度与时间变化的关系曲线。

练习题

1. 什么是活塞式水驱油？什么是非活塞式水驱油？活塞式水驱油和非活塞式水驱油有什么区别？
2. 影响水驱油效率的因素有哪些？主要因素是什么（油水两相渗流区形成原因是什么）？
3. 写出油水两相渗流的连续性方程和运动方程。
4. 写出含水率计算公式(考虑重力和毛细管力；不考虑重力和毛细管力的两种状态)。
5. 如何根据前缘移动方程来画出某时刻饱和度分布曲线？
6. 什么是前缘含水饱和度值？它的大小与非活塞性有什么关系？
7. 计算两相区中含水饱和度的步骤是什么？
8. 已知 f_w—S_w 曲线，如何求前缘含水饱和度 S_{wf} 和两相区平均含水饱和度？
9. 什么是溶解气驱？其能量来自哪几个方面？
10. 混气液体中气体有哪几种存在方式？
11. 解释溶解气驱气油比随时间变化的原因。
12. 从气油比定义来推导气油比公式。
13. 写出 H 函数的数学表达式，并说明其物理意义。
14. 油井见水和油井被水淹是什么含义？
15. 油气两相渗流的基本特征是什么？
16. 何谓气油比、溶解气油比、生产气油比？
17. 在油气稳定渗流时，平面径向渗流井产量即压力分布计算方法的基本步骤是哪些？
18. 用稳定状态依序替换法求解油气两相不稳定渗流的步骤是什么？
19. 某砂岩油藏渗透率数据见表 4—2，油相和水相渗透率均为含水饱和度的函数：

表 4—2 某砂岩渗透率数据（19题）

S_w	0	10	20	30	40	50	60	70	75	80	90	100
K_{ro}	1.0	1.0	1.0	0.94	0.80	0.44	0.16	0.045	0	0	0	0
K_{rw}	0	0	0	0	0.04	0.11	0.20	0.30	0.36	0.44	0.68	1.0

（1）在直角坐标纸上，画出油水相渗曲线。

（2）确定残余油饱和度及束缚水饱和度的数值。

（3）若 $\mu_o = 3.4$ mPa·s，$\mu_w = 0.68$ mPa·s，当两相区中含水饱和度为 50% 时，含水率为多少？

（4）用图解法作出 f_w—S_w 关系曲线。

（5）由图确定两相区前缘含水饱和度及两相区中平均饱和度。

（6）用图解法作 $f'_w = \dfrac{\partial f_w}{\partial S_w}$ 与 S_w 的关系曲线。

（7）确定在前缘含水饱和度情况下的 f'_w 值。

（8）如图 4-34 所示的带状油层，已知 $h=10\text{m}$，宽 $b=420\text{m}$，$\phi=0.25$，沿走向均匀布置 3 口井，若每口井产量均为 $30\text{m}^3/\text{d}$，求经 60 天、120 天及 240 天后，两相区内任一饱和度推进的距离，并绘成曲线。

（9）设 $L_e - x_o = 1000\text{m}$，确定无水采油期及无水采油量。

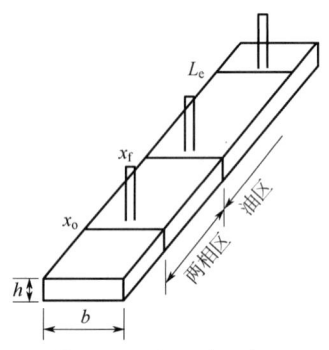

图 4-34 带状油层中流动示意图（19 题）

20. 已知一带状油藏，如图 4-35 所示，非活塞式水驱油，已知油层宽度 $b=440\text{m}$，油层厚度 $h=10\text{m}$，孔隙度 $\phi=0.25$，束缚水饱和度 $S_{wc}=0.2$，排液道产量均为 $100\text{m}^3/\text{d}$，两相区中含水饱和度 S_w 与含水率 f_w 及含水率的导数 f'_w 的关系如图 4-36 所示，试求：

（1）经过 60 天、120 天、240 天后两相区任一恒定饱和度推进距离并绘制曲线。

（2）两相区前缘 $x=x_f$ 处的含水饱和度 S_{wf}。

（3）两相区平均含水饱和度 S_{wp}。

（4）无水采油量、无水采油期和无水采收率多少。

（5）当排液道含水饱和度为 0.7 时，累计注入量及此时两相区平均含水饱和度 S_{wp}。

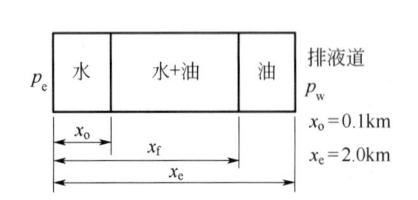

图 4-35 带状油藏水驱油过程（20 题）

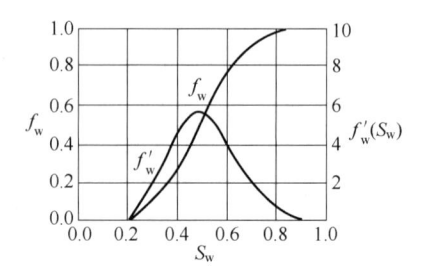

图 4-36 含水饱和度 S_w 与含水率 f_w 及含水率的导数 f'_w 的关系（20 题）

第五章
单相微可压缩液体弹性不稳定渗流理论

实际液体具有微弱的可压缩性,并且渗流过程是在具有微弱可压缩性的多孔介质中发生的,因此必须研究在弹性作用下液体的渗流规律。在边缘封闭没有外来的能量供应,或距供给边缘较远、边水补充不及的油藏中,油井的生产主要依靠岩石和液体本身的弹性作用,此时的渗流过程属于微可压缩液体的不稳定渗流。同时微可压缩液体的不稳定渗流理论又是不稳定试井方法的理论基础,运用它可以确定油层参数、推算地层压力等。

第一节 弹性不稳定渗流的物理过程

如果液体流向井底时主要依靠岩石和其中所含液体本身的弹性能作为渗流的动力,这种驱动方式称为弹性驱动。

当地层压力逐渐下降时,原来处于高压状态的岩石和液体要发生膨胀。若液体原来的体积为 V_L,膨胀后增加了 ΔV_L 的体积,这增加 ΔV_L 的液体将从地层中被推向井底。另外,岩石孔隙体积为 V_p,当压力下降后,岩石颗粒膨胀使孔隙体积缩小 ΔV_p,于是从岩石孔隙中又要排出 ΔV_p 体积的液体。从地层中排出 $\Delta V_L + \Delta V_p$ 体积液体就是岩石和液体释放弹性能的结果。从能量角度来分析,液体和岩石膨胀释放弹性能,克服液体黏性和岩石渗透性等渗流阻力,损失一部分能量,而其余部分转化为液体的动能,流入井底(富媒体 5-1)。

富媒体 5-1 平面径向渗流压力传播规律(视频)

当地层压力高于饱和压力时,油井投入生产的初期,驱动方式往往是弹性驱动。

油井投入生产后,井底附近形成压降漏斗,在此压降漏斗范围内岩石和液体不断释放弹性能,使原油不断流向井底,在此范围之外,由于没有压差,液体并不流动。在压降漏斗范围内由于弹性能不断释放和消耗,如要保持产量不变,压降漏斗的范围将不断扩大和加深,因而井底压力将不断下降,如图 5-1 所示。

从图 5-1 中可看出,不同瞬间的压降曲线在 H、G、…各点处的切线都是水平的,它表示在该点处液体渗流速度为 0,即由于没有压差作用而不流动。

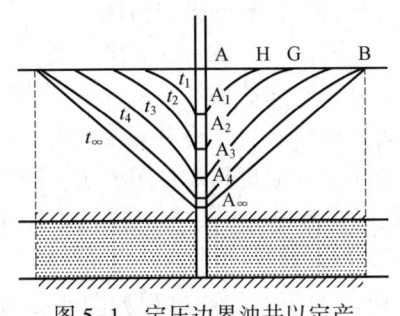

图 5-1 定压边界油井以定产生产时压力降落曲线

当压降漏斗刚传到边界时，压降曲线为 A₄B，它在 B 点的切线仍然是水平的，表示在此瞬间油井中所产出的油仍是靠 B 点以内地层释放弹性能而获得的。当 $t>t_4$ 后，如果边界是供给边缘，就有边水可补充进来，这些补充进来的液量都通过 B 点，所以压降曲线在 B 点的切线与水平线间有一夹角。随着补充进来的液量增多，夹角也越大。当外面流入的液量逐渐趋近于井产量时，地层内压降曲线的变化也越来越小，从理论上来分析，需要经过无限长时间后，压降曲线才稳定下来，这条曲线相当于稳定渗流时的对数曲线。这就表明，当外边界是供给边界、有充分的能量供给时，在经过很长时间后，不稳定渗流就趋于稳定渗流，此时从外边界流入地层内的液量等于从地层内流入井中的液量。如果井以定产量 Q 生产，它可以由 Q_1 和 Q_2 两部分组成，Q_1 为边界以内地层依靠弹性能释放出来的流量，Q_2 为边界外补充来的流量：

$$Q = Q_1 + Q_2 \tag{5-1}$$

压降曲线传到边界之前，Q_2 等于 0，当压降曲线传到边界之后，Q_2 逐渐增加，直到等于 Q，此时驱动方式由弹性驱动转化为刚性水压驱动。

由于从井底开始的压降漏斗曲线不断扩大，地层中释放弹性能的范围不断扩大，使得原来已开始释放能量的范围内各点的压力降落幅度逐渐减小，以井壁处为例，$AA_1 > A_1A_2 > A_2A_3 > \cdots$ 直到井底压力稳定在 A_∞ 点为止。

习惯上把地层内压力降传播过程分为两个阶段：压力降传到边界之前称为压力降传播的第一阶段，传到边界之后称为压力降传播的第二阶段。

若井保持井底压力不变，则井产量就要不断下降，此时压力降传播过程如图 5-2 所示。

在压力降传播的第一阶段，压力传到地层内任一点 M 时，M 点以内的地层释放弹性能，在 M 点以外的地层中液体不流动，压降曲线在 M 点的切线是水平的。由于井底压力保持不变，故压降曲线只是不断扩大，但并不加深，因此随着压降漏斗范围的扩大，地层渗流阻力增加，将导致井产量的下降。在压降曲线传到边界后开始了压力降传播的第二阶段，如果边界是供给边缘，

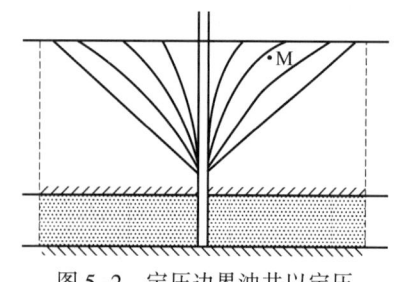

图 5-2 定压边界油井以定压生产时压力降落曲线

边界处的液量开始向地层内不断补充，在经过相当长时间后，从边界外部流入的液量将等于井中排出的液量，此时渗流趋于稳定，压力分布曲线就和稳定渗流时的对数曲线相一致。

前面讨论的是边界为供给边缘的情况，如果边缘是封闭边缘（断层、尖灭），此时压力降传播也可分为两个阶段。当井以定产量生产时，压力降传播的第一阶段与边界是供给边缘、井以定产量生产时压力降传播的第一阶段完全一样。在压力降传播的第二阶段，由于边界是封闭的，无外来能量的供给，故压力降传到边界后，边界处的压力就不断下降，在开始时边界上压力下降的幅度比井壁及地层内各点要小些，随着开采时间的增加，从井壁到边界整个地层范围内各点压力降落幅度逐渐趋于一致，这是因为井产量不变，释放能量的区域已经固定不变，因而渗流阻力也不变，因此此时地层内弹性能量的释放也相对稳定下来。这种状态称为"拟稳定状态"。这种状态一直持续到地层压力低于饱和压力，弹性开采阶段结束为止。

封闭边缘，当油井产量保持不变时，压力降传播第二阶段的压力传播过程如图 5-3 所示；当井底压力保持常数时，压力降传播第二阶段的压力传播过程如图 5-4 所示。

图 5-3 封闭边界油井以定产生产时压力降落曲线

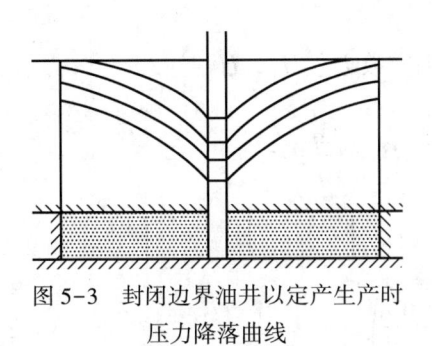

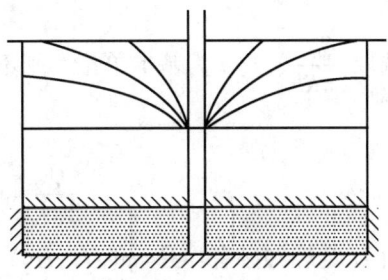

图 5-4 封闭边界油井以定压生产时压力降落曲线

封闭地层中压力降传播的第一阶段与边界是供给边缘时压力降传播的第一阶段相同。压力降传到边界后,由于边界封闭,无外来能量补充,边界处的压力逐渐下降。由于保持井底压力不变,井产量就要不断下降。地层内各点压力不断下降,直到都等于井底压力为止。

由以上分析可知,微可压缩液体渗流过程中地层内各点压力随时间而不断变化,压力不仅是坐标的函数,而且是时间的函数,因此渗流是不稳定渗流。

第二节 无限大地层定产条件弹性不稳定渗流基本解

当液体向井作平面径向渗流时,基本微分方程取极坐标形式来表示更为方便:

$$\eta\left(\frac{\partial^2 p}{\partial r^2}+\frac{1}{r}\frac{\partial p}{\partial r}\right)=\frac{\partial p}{\partial t}$$

其中,自变量是 r 和 t。

这里讨论的是在无限大地层中存在一口生产井(即点汇),点汇产量为常数情况下方程的解。假定地层是均质、等厚的,地层原始压力为 p_i,从 $t=0$ 时刻起点汇投产。以井点为原点建立坐标系,此时地层中各瞬间的压力分布将是下述问题的解:

$$\begin{cases} \dfrac{1}{r}\dfrac{\partial}{\partial r}\left(r\dfrac{\partial p}{\partial r}\right)=\dfrac{1}{\eta}\dfrac{\partial p}{\partial t} \\ p\big|_{t=0}=p_i \\ p\big|_{r=\infty}=p_i \\ r\dfrac{\partial p}{\partial r}\bigg|_{r\to 0}=\dfrac{Q\mu}{2\pi Kh} \quad (r=\sqrt{x^2+y^2}) \end{cases} \quad (5-2)$$

为了解这个问题,可应用量纲分析方法,首先确定解的形状,然后再来求出这个解。显然,这里的物理量有 p_i,η,$\dfrac{Q\mu}{2\pi Kh}$,r,t 和 p,设它们之间有某一未知函数关系:

$$p=p\left(p_i,\eta,\frac{Q\mu}{2\pi Kh},r,t\right) \quad (5-3)$$

这些物理量的量纲是:p_i 为 atm,$\dfrac{Q\mu}{2\pi Kh}$ 为 atm,η 为 $[L^2T^{-1}]$,r 为 $[L]$,t 为 $[T]$,p

为 atm。

选取 $\dfrac{Q\mu}{2\pi Kh}$、r、t 为基本单位，则不难找出无量纲准数 Π、Π_1、Π_2：

$$\Pi = \dfrac{p}{\dfrac{Q\mu}{2\pi Kh}}; \quad \Pi_1 = \dfrac{p_i}{\dfrac{Q\mu}{2\pi Kh}}; \quad \Pi_2 = \dfrac{\eta}{r^2 t^{-1}}$$

由 Π 定理知必有：$\Pi = \varphi(\Pi_1, \Pi_2)$，即：

$$p = \dfrac{Q\mu}{2\pi Kh} \phi \left(\dfrac{p_i}{\dfrac{Q\mu}{2\pi Kh}}, \dfrac{\eta}{r^2 t^{-1}} \right) \tag{5-4}$$

由于 $\dfrac{p_i}{\dfrac{Q\mu}{2\pi Kh}}$ 是一常量，因此，上述压力分布必然是组合变量 $\xi = \dfrac{r^2}{\eta t}$ 的函数：

$$p = p(\xi)$$

只要求出了这个函数，就求得了上述问题的解。

在引进变量 $\xi = \dfrac{r^2}{\eta t}$ 后，有：

$$\dfrac{\partial p}{\partial r} = \dfrac{\mathrm{d}p}{\mathrm{d}\xi} \dfrac{2r}{\eta t} = \dfrac{2r}{\eta t} \dfrac{\mathrm{d}p}{\mathrm{d}\xi}; \quad r\dfrac{\partial p}{\partial r} = 2\xi \dfrac{\mathrm{d}p}{\mathrm{d}\xi}$$

$$\dfrac{\partial}{\partial r}\left(r\dfrac{\partial p}{\partial r} \right) = \dfrac{\mathrm{d}}{\mathrm{d}\xi}\left(2\xi \dfrac{\mathrm{d}p}{\mathrm{d}\xi} \right) \dfrac{\partial \xi}{\partial r} = \left(2\xi \dfrac{\mathrm{d}^2 p}{\mathrm{d}\xi^2} + 2 \dfrac{\mathrm{d}p}{\mathrm{d}\xi} \right) \dfrac{2r}{\eta t}$$

$$\dfrac{1}{r}\dfrac{\partial}{\partial r}\left(r\dfrac{\partial p}{\partial r} \right) = 4\left(\dfrac{\xi}{\eta t} \dfrac{\mathrm{d}^2 p}{\mathrm{d}\xi^2} + \dfrac{1}{\eta t} \dfrac{\mathrm{d}p}{\mathrm{d}\xi} \right)$$

$$\dfrac{\partial p}{\partial t} = \dfrac{\mathrm{d}p}{\mathrm{d}\xi} \dfrac{\partial \xi}{\partial t} = \left(-\dfrac{r^2}{\eta t^2} \right) \dfrac{\mathrm{d}p}{\mathrm{d}\xi}$$

代入式(5-2)的第一个方程，得到：

$$4\left(\dfrac{\xi}{\eta t} \dfrac{\mathrm{d}^2 p}{\mathrm{d}\xi^2} + \dfrac{1}{\eta t} \dfrac{\mathrm{d}p}{\mathrm{d}\xi} \right) = -\dfrac{r^2}{\eta^2 t^2} \dfrac{\mathrm{d}p}{\mathrm{d}\xi}$$

$$4\left(\xi^2 \dfrac{\mathrm{d}^2 p}{\mathrm{d}\xi^2} + \xi \dfrac{\mathrm{d}p}{\mathrm{d}\xi} \right) = -\xi^2 \dfrac{\mathrm{d}p}{\mathrm{d}\xi}$$

$$\xi \dfrac{\mathrm{d}^2 p}{\mathrm{d}\xi^2} + \left(1 + \dfrac{\xi}{4} \right) \dfrac{\mathrm{d}p}{\mathrm{d}\xi} = 0 \tag{5-5}$$

由于 $t \to 0$ 或 $r \to +\infty$ 时，均有 $\xi \to \infty$，所以问题中的初始条件和无穷远处条件就化为：

$$p\big|_{\xi \to \infty} = p_i$$

而由于 $r\dfrac{\partial p}{\partial r} = 2\xi \dfrac{\mathrm{d}p}{\mathrm{d}\xi}$，所以上述井点处条件就化为：

$$\xi \dfrac{\mathrm{d}p}{\mathrm{d}\xi}\bigg|_{\xi \to 0} = \dfrac{Q\mu}{4\pi Kh}$$

这样，问题就化为如下形式的一个问题：

$$\begin{cases} \xi \dfrac{d^2 p}{d\xi^2}+\left(1+\dfrac{\xi}{4}\right)\dfrac{dp}{d\xi}=0 \\ p\big|_{\xi\to\infty}=p_i \\ \xi \dfrac{dp}{d\xi}\bigg|_{\xi\to 0}=\dfrac{Q\mu}{4\pi Kh} \end{cases}$$

这是一个常微分方程的边值问题。以 $W=\dfrac{dp}{d\xi}$ 代入，把方程化为一阶方程：

$$\xi \dfrac{dW}{d\xi}+\left(1+\dfrac{\xi}{4}\right)W=0 \tag{5-6}$$

解这个分离变量的方程：

$$\dfrac{dW}{W}=-\left(\dfrac{1}{\xi}+\dfrac{1}{4}\right)d\xi \Rightarrow \int \dfrac{dW}{W}=-\int\left(\dfrac{1}{\xi}+\dfrac{1}{4}\right)d\xi \Rightarrow \ln W=-\ln\xi-\dfrac{\xi}{4}+C_1 \Rightarrow W=C\dfrac{1}{\xi}e^{-\frac{\xi}{4}} \Rightarrow \xi W=Ce^{-\frac{\xi}{4}}$$

由第二个边界条件，得到：

$$C=\dfrac{Q\mu}{4\pi Kh}$$

代入 W 的表达式，得到：

$$W=\dfrac{Q\mu}{4\pi Kh}\dfrac{1}{\xi}e^{-\frac{\xi}{4}};\quad \dfrac{dW}{d\xi}=\dfrac{Q\mu}{4\pi Kh}\dfrac{1}{\xi}e^{-\frac{\xi}{4}}$$

因积分 $\int_{\xi}^{+\infty}\dfrac{e^{-u}}{u}du$ 对 ξ 的导数是 $-\dfrac{e^{-\xi}}{\xi}$，由此可得：

$$p=-\dfrac{Q\mu}{4\pi Kh}\int_{\xi}^{+\infty}\dfrac{e^{-\frac{t}{4}}}{t}dt+C_2=C_2-\dfrac{Q\mu}{4\pi Kh}\int_{\frac{\xi}{4}}^{+\infty}\dfrac{e^{-u}}{4u}4du$$
$$=C_2-\dfrac{Q\mu}{4\pi Kh}\int_{\frac{\xi}{4}}^{+\infty}\dfrac{e^{-u}}{u}du$$

由第一个边界条件，得到：

$$p_i=C_2-0=C_2$$

代入，就得到所求的解：

$$p=p_i-\dfrac{Q\mu}{4\pi Kh}\int_{\frac{r^2}{4\eta t}}^{+\infty}\dfrac{e^{-u}}{u}du \tag{5-7}$$

如果应用幂积分函数：

$$-\mathrm{Ei}(-x)=\int_{x}^{+\infty}\dfrac{e^{-u}}{u}du \quad (x>0) \tag{5-8}$$

则解可表达成：

$$p(r,t)=p_i-\dfrac{Q\mu}{4\pi Kh}\left[-\mathrm{Ei}\left(-\dfrac{r^2}{4\eta t}\right)\right] \tag{5-9}$$

式中 $p(r,t)$ ——地层中任一点在某一瞬间的压力值；

p_i ——原始地层压力，10^{-1} MPa。

式(5-9)中各参数所用单位均是水力学单位。

幂积分函数如图 5-5 所示，具体数值可查幂积分函数表，见表 5-1。

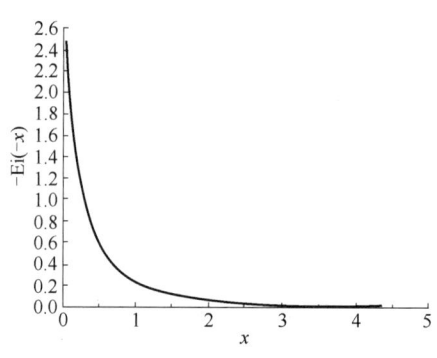

图 5-5 -Ei(-x) 与 x 关系曲线

表 5-1 幂积分函数表

x	-Ei(-x)	x	-Ei(-x)	x	-Ei(-x)	x	-Ei(-x)	x	-Ei(-x)
0.00	∞	0.16	1.4092	0.32	0.8583	0.48	0.5848	0.64	0.4197
0.01	4.0379	0.17	1.3578	0.33	0.8361	0.49	0.5721	0.65	0.4115
0.02	3.3547	0.18	1.3098	0.34	0.8147	0.50	0.5589	0.66	0.4036
0.03	2.9591	0.19	1.2649	0.35	0.7941	0.51	0.5478	0.67	0.3959
0.04	2.6813	0.20	1.2227	0.36	0.7745	0.52	0.5362	0.68	0.3883
0.05	2.4679	0.21	1.1829	0.37	0.7554	0.53	0.5250	0.69	0.3810
0.06	2.2953	0.22	1.1454	0.38	0.7371	0.54	0.5140	0.70	0.3738
0.07	2.1508	0.23	1.1099	0.39	0.7194	0.55	0.5034	0.71	0.3668
0.08	2.0268	0.24	1.0762	0.40	0.7024	0.56	0.4930	0.72	0.3599
0.09	1.9187	0.25	1.0443	0.41	0.6859	0.57	0.4830	0.73	0.3532
0.10	1.8229	0.26	1.0139	0.42	0.6700	0.58	0.4732	0.74	0.3467
0.11	1.7371	0.27	0.9849	0.43	0.6546	0.59	0.4636		
0.12	1.6595	0.28	0.9573	0.44	0.6397	0.60	0.4544		
0.13	1.5889	0.29	0.9309	0.45	0.6253	0.61	0.4454		
0.14	1.5241	0.30	0.9057	0.46	0.6114	0.62	0.4306		
0.15	1.4665	0.31	0.8815	0.47	0.5979	0.63	0.4280		

在井底处（$r=r_w$）、t 时刻的压力为：

$$p_w(t) = p_i - \frac{Q\mu}{4\pi Kh}\left[-\text{Ei}\left(-\frac{r_w^2}{4\eta t}\right)\right]$$

如果井投产时间不是 $t=0$ 时刻，而是 $t=t_0$ 时刻，则投产以后的压力分布应为：

$$p(r,t) = p_i - \frac{Q\mu}{4\pi Kh}\left\{-\text{Ei}\left[-\frac{r^2}{4\eta(t-t_0)}\right]\right\} \tag{5-10}$$

如果井点不在坐标原点,而在点 (x_1, y_1) 处,则井投产后压力分布为:

$$p(x,y,t) = p_i - \frac{Q\mu}{4\pi Kh}\left\{-\text{Ei}\left[-\frac{(x-x_1)^2+(y-y_1)^2}{4\eta(t-t_0)}\right]\right\} \tag{5-11}$$

幂积分函数可以展开成下面的无穷级数:

$$-\text{Ei}\left(-\frac{r^2}{4\eta t}\right) = \ln\frac{4\eta t}{r^2} - 0.5772 + \frac{r^2}{4\eta t} - \frac{1}{4}\left(\frac{r^2}{4\eta t}\right)^2 + \cdots$$

当 $\frac{r^2}{4\eta t} < 0.01$ 时:

$$-\text{Ei}\left(-\frac{r^2}{4\eta t}\right) \approx \ln\frac{4\eta t}{r^2} - 0.5772 = \ln\frac{2.25\eta t}{r^2}$$

其误差小于 0.25%。

从幂积分函数表上可以看出,当 $x<0.01$ 时,无法直接从函数表上找出幂积分函数 $-\text{Ei}(-x)$ 的数值来,因此在实际运算时,当 $\frac{r^2}{4\eta t} < 0.01$ 时,一般采用近似公式:

$$p(r,t) = p_i - \frac{Q\mu}{4\pi Kh}\ln\frac{2.25\eta t}{r^2} \tag{5-12}$$

在计算井底压力时,由于井半径很小,而 η 值很大,所以井投产后经过很短时间就会达到 $\frac{r_w^2}{4\eta t} < 0.01$,因此在求井底压力变化规律时,一般使用近似公式:

$$p_w(t) = p_i - \frac{Q\mu}{4\pi Kh}\ln\frac{2.25\eta t}{r_w^2} \tag{5-13}$$

如果井是不完善井,井半径 r_w 需用折算半径 r_{wr} 代替,或者已知不完善井表皮系数为 S 时,井底压力计算公式为:

$$p_w(t) = p_i - \frac{Q\mu}{4\pi Kh}\ln\left(\frac{2.25\eta t}{r_w^2} + 2S\right)$$

如果是注入井,注入井工作引起地层各点压力上升,也可以用式(5-9)来计算,若是求注入井井底压力,也可以用近似公式(5-13)来计算。仅在计算时注入量应取负值,即以 $-Q$ 代入式(5-9) 或式(5-13) 中。

第三节 弹性驱动方式下多井干扰理论

一、叠加原理

在均质、等厚无限大地层中,从某一时刻开始同时有 2 口井投入生产,它们相距 $2a$,产量各为 Q_1 和 Q_2,现要求出两井投产后某一时刻,地层各点的压力分布。

适当选定坐标系,使两井点分别为 $(a,0)$ 和 $(-a,0)$。这样压力分布 $p(x,y,t)$ 将是下述问题的解:

$$\begin{cases} \dfrac{\partial^2 p}{\partial x^2}+\dfrac{\partial^2 p}{\partial y^2}=\dfrac{1}{\eta}\dfrac{\partial p}{\partial t} \\ p\mid_{t=0}=p_i \\ p\mid_{r\to+\infty}=p_i \\ r_1\dfrac{\partial p}{\partial r_1}\bigg|_{r_1\to 0}=\dfrac{Q_1\mu}{2\pi Kh} \qquad [\,r_1=\sqrt{(x-a)^2+y^2}\,] \\ r_2\dfrac{\partial p}{\partial r_2}\bigg|_{r_2\to 0}=\dfrac{Q_2\mu}{2\pi Kh} \qquad [\,r_2=\sqrt{(x+a)^2+y^2}\,] \end{cases}$$

假如无限大地层中仅有井 $(a,0)$ 投产，则此时压力分布为：

$$p_1(r,t)=p_i-\dfrac{Q_1\mu}{4\pi Kh}\left[-\mathrm{Ei}\left(-\dfrac{r_1^2}{4\eta t}\right)\right] \tag{5-14}$$

$p_1(r,t)$ 满足微分方程初始条件、第一和第二边界条件，但它不满足第三边界条件，而有：

$$r_2\dfrac{\partial p_1}{\partial r_2}\bigg|_{r_2\to 0}=0$$

这个结论的证明如下：

$$p_1(r,t)=p_i-\dfrac{Q_1\mu}{4\pi Kh}\int_{\frac{r_1^2}{4\eta t}}^{+\infty}\dfrac{\mathrm{e}^{-u}}{u}\mathrm{d}u \tag{5-15}$$

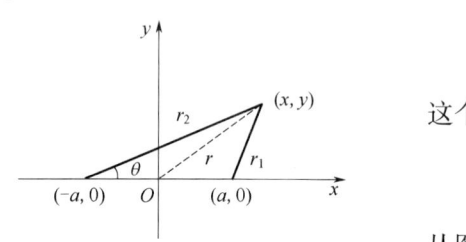

图 5-6 两点汇共同生产

从图 5-6 可以看出：

$$r_1^2=r_2^2+4a^2-4ar_2\cos\theta$$

$$\dfrac{\partial p_1}{\partial r_2}=\dfrac{\partial p_1}{\partial r_1}\dfrac{\partial r_1}{\partial r_2}=\dfrac{Q_1\mu}{4\pi Kh}\dfrac{4\eta t}{r_1^2}\mathrm{e}^{-\frac{r_1^2}{4\eta t}}\cdot\dfrac{-2a\cos\theta}{r_1}\cdot\dfrac{2r_1}{4\eta t}=\dfrac{Q_1\mu}{2\pi Khr_1^2}(r_2-2a\cos\theta)\mathrm{e}^{-\frac{r_1^2}{4\eta t}}$$

当 $r_2\to 0$ 时，$r_1\to 2a$，$\dfrac{\partial p_1}{\partial r_2}\to\dfrac{Q_1\mu}{8\pi Kha^2}(-2a\cos\theta)\mathrm{e}^{-\frac{a^2}{\eta t}}$ 是有界的，因而：

$$\lim_{r_2\to 0}\left(r_2\dfrac{\partial p_1}{\partial r_2}\right)=0$$

假如无限大地层中仅有井 $(-a,0)$ 投产，则此时压力分布为：

$$p_2(r,t)=p_i-\dfrac{Q_2\mu}{4\pi Kh}\left[-\mathrm{Ei}\left(-\dfrac{r_2^2}{4\eta t}\right)\right] \tag{5-16}$$

这里 $p_2(r,t)$ 是满足方程、初始条件、第一和第三边界条件，但它不满足第二边界条件，而有：

$$r_1\dfrac{\partial p_2}{\partial r_1}\bigg|_{r_1\to 0}=0$$

其证明方法类似于前面已经做过的方法。

如果将 $p_1(r,t)$ 和 $p_2(r,t)$ 叠加起来，看看它是否是所研究问题的解。研究表明叠加所形成的解能满足方程、第二和第三边界条件，但不满足初始条件 $p\mid_{t=0}=p_i$ 和第一边界条件 $p\mid_{r\to+\infty}=p_i$，因此不是所要求的解。

需要寻找一个新的 $p_2(r,t)$，使它能和 $p_1(r,t)$ 叠加而形成所求问题的解 $p(x,y,t)$，即令 $p_2(x,y,t)=p(x,y,t)-p_1(x,y,t)$。这样的 $p_2(x,y,t)$ 是能找到的，它将是下一问题的解：

$$\begin{cases} \dfrac{\partial^2 p_2}{\partial x^2}+\dfrac{\partial^2 p_2}{\partial y^2}=\dfrac{1}{\eta}\dfrac{\partial p_2}{\partial t} \\ p_2\big|_{t=0}=0 \\ p_2\big|_{r\to+\infty}=0 \\ r_2\dfrac{\partial p_2}{\partial r_2}\bigg|_{r_2\to 0}=\dfrac{Q_2\mu}{2\pi Kh} \\ r_1\dfrac{\partial p_2}{\partial r_1}\bigg|_{r_1\to 0}=0 \end{cases}$$

由前4个条件，知道 $p_2(x,y,t)$ 为：

$$p_2(x,y,t)=-\dfrac{Q_2\mu}{4\pi Kh}\left[-\mathrm{Ei}\left(-\dfrac{r_2^2}{4\eta t}\right)\right]$$

类似于 $p_1(r,t)$ 的情形，也可证明 $p_2(x,y,t)$ 也满足第五个条件 $r_1\dfrac{\partial p_2}{\partial r_1}\bigg|_{r_1\to 0}=0$。

下面研究将新求得的 $p_2(x,y,t)$ 与 $p_1(x,y,t)$ 叠加起来所形成的解是否就是所讨论的多井同时工作时的解。由于：

$$p(x,y,t)=p_i-\dfrac{Q_1\mu}{4\pi Kh}\left[-\mathrm{Ei}\left(-\dfrac{r_1^2}{4\eta t}\right)\right]-\dfrac{Q_2\mu}{4\pi Kh}\left[-\mathrm{Ei}\left(-\dfrac{r_2^2}{4\eta t}\right)\right] \qquad (5\text{-}17)$$

不难看出 $p(x,y,t)$ 将满足方程，初始条件 $p|_{t=0}=p_i$ 和第一边界条件 $p|_{r\to+\infty}=p_i$，$p(x,y,t)$ 能否满足第二和第三边界条件？

$$\begin{cases} r_1\dfrac{\partial p}{\partial r_1}\bigg|_{r_1\to 0}=\dfrac{Q_1\mu}{2\pi Kh} \\ r_2\dfrac{\partial p}{\partial r_2}\bigg|_{r_2\to 0}=\dfrac{Q_2\mu}{2\pi Kh} \end{cases}$$

由于：

$$\lim_{r_1\to 0}\left(r_1\dfrac{\partial p}{\partial r_1}\right)=\lim_{r_1\to 0}\left(r_1\dfrac{\partial p_1}{\partial r_1}\right)+\lim_{r_1\to 0}\left(r_1\dfrac{\partial p_2}{\partial r_1}\right)$$

$$=\dfrac{Q_1\mu}{2\pi Kh}+\lim_{r_1\to 0}\left(r_1\dfrac{\partial p_2}{\partial r_2}\dfrac{\partial r_2}{\partial r_1}\right)$$

$$=\dfrac{Q_1\mu}{2\pi Kh}+\dfrac{Q_2\mu}{2\pi Kh}\lim_{r_1\to 0}\left(\dfrac{r_1}{r_2}\dfrac{\partial r_2}{\partial r_1}\right)$$

$$r_2^2=r_1^2+4a^2-4ar_1\cos(r_1,x)$$

所以：

$$\begin{cases} \dfrac{\partial r_2}{\partial r_1}=\dfrac{1}{r_2}[r_1-2a\cos(r_1,x)] \\ \dfrac{r_1}{r_2}\dfrac{\partial r_2}{\partial r_1}=\dfrac{r_1}{r_2^2}[r_1-2a\cos(r_1,x)] \end{cases} \qquad (5\text{-}18)$$

其中，$\cos(r_1,x)$ 在 $r_1 \to 0$ 时是有界的，所以有 $\lim\limits_{r_1 \to 0}\left(r_1\dfrac{\partial p}{\partial r_1}\right)=\dfrac{Q_1\mu}{2\pi Kh}+0=\dfrac{Q_1\mu}{2\pi Kh}$，即 $p(x,y,t)$ 满足第二边界条件，同理也可验证 $p(x,y,t)$ 也满足第三边界条件。这样所获得的解 $p(x,y,t)$ 满足方程、初始条件和所有的边界条件，它是所要寻求的解。式（5-17）可改写成压降的形式，即：

$$p_i - p(x,y,t) = \dfrac{Q_1\mu}{4\pi Kh}\left[-\mathrm{Ei}\left(-\dfrac{r_1^2}{4\eta t}\right)\right] + \dfrac{Q_2\mu}{4\pi Kh}\left[-\mathrm{Ei}\left(-\dfrac{r_2^2}{4\eta t}\right)\right] \tag{5-19}$$

式（5-19）中等号右边第一项为井 $(a,0)$ 单独工作时在地层研究点处所造成的压降值，而第二项为井 $(-a,0)$ 单独工作时在该点造成的压降值。由此可知，在多井工作时地层中任一点处的压降值等于各井单独工作时在此点造成的压降值的代数和，这就是压降叠加原理。

如果是多井同时工作，并且投产时间不同，则根据压降叠加原理，可以写出地层中任一点处任一时刻压降的计算公式为：

$$\Delta p = p_i - p(x,y,t) = \sum_{j=1}^{n}\Delta p = \sum_{j=1}^{n}\dfrac{Q_j\mu}{4\pi Kh}\left[-\mathrm{Ei}\left(-\dfrac{r_j^2}{4\eta t_j}\right)\right] \tag{5-20}$$

式中 Q_j——各井的产量，cm^3/s；

r_j——各井到所研究点的距离，cm；

t_j——各井从投产时刻起到 t 时刻的时间，s。

如果不仅有生产井，还有注入井，则计算方法相同，仅需将注入井的注入量以 $-Q$ 代入公式。

1. 无限大地层中存在等产量的两口生产井

选择坐标系，使两井井点坐标分别为 $(a,0)$ 和 $(-a,0)$。此时地层中任一点处任一时刻压降表达式可写成：

$$p_i - p(x,y,t) = \dfrac{Q\mu}{4\pi Kh}\left\{-\mathrm{Ei}\left[-\dfrac{(x+a)^2+y^2}{4\eta t}\right] - \mathrm{Ei}\left[-\dfrac{(x-a)^2+y^2}{4\eta t}\right]\right\} \tag{5-21}$$

由于：

$$-\mathrm{Ei}\left[-\dfrac{(x-a)^2+y^2}{4\eta t}\right] = \int_{\frac{(x-a)^2+y^2}{4\eta t}}^{+\infty}\dfrac{\mathrm{e}^{-u}}{u}\mathrm{d}u$$

$$\dfrac{\partial}{\partial x}\left\{-\mathrm{Ei}\left[-\dfrac{(x-a)^2+y^2}{4\eta t}\right]\right\} = -\dfrac{4\eta t}{(x-a)^2+y^2}\mathrm{e}^{-\frac{(x-a)^2+y^2}{4\eta t}}\cdot\dfrac{2(x-a)}{4\eta t}$$

$$= -\dfrac{2(x-a)}{(x-a)^2+y^2}\mathrm{e}^{-\frac{(x-a)^2+y^2}{4\eta t}}$$

$$\left.\dfrac{\partial}{\partial x}\left\{-\mathrm{Ei}\left[-\dfrac{(x-a)^2+y^2}{4\eta t}\right]\right\}\right|_{x=0} = \dfrac{2a}{a^2+y^2}\mathrm{e}^{-\frac{a^2+y^2}{4\eta t}}$$

同理：

$$\left.\dfrac{\partial}{\partial x}\left\{-\mathrm{Ei}\left[-\dfrac{(x+a)^2+y^2}{4\eta t}\right]\right\}\right|_{x=0} = -\dfrac{2a}{a^2+y^2}\mathrm{e}^{-\frac{a^2+y^2}{4\eta t}} \tag{5-22}$$

所以：

$$\left.\frac{\partial p}{\partial x}\right|_{x=0}=-\frac{Q\mu}{4\pi Kh}\left(\frac{2a}{a^2+y^2}\mathrm{e}^{-\frac{a^2+y^2}{4\eta t}}+\frac{-2a}{a^2+y^2}\mathrm{e}^{-\frac{a^2+y^2}{4\eta t}}\right)=0 \tag{5-23}$$

因此，在任何时刻，坐标轴 $x=0$ 都是一条流线，即 y 轴是一条流线。

2. 无限大地层中存在等产量的一口注入井和一口生产井

选择坐标系，使生产井井点坐标为 $(a,0)$，注入井井点坐标为 $(-a,0)$。此时地层中任一点处任一时刻压力表达式为：

$$p_\mathrm{i}-p(x,y,t)=\frac{Q\mu}{4\pi Kh}\left\{-\mathrm{Ei}\left[-\frac{(x-a)^2+y^2}{4\eta t}\right]\right\}-\frac{Q\mu}{4\pi Kh}\left\{-\mathrm{Ei}\left[-\frac{(x+a)^2+y^2}{4\eta t}\right]\right\}$$

$$p|_{x=0}=p_\mathrm{i}-\frac{Q\mu}{4\pi Kh}\left[-\mathrm{Ei}\left(-\frac{a^2+y^2}{4\eta t}\right)\right]+\frac{Q\mu}{4\pi Kh}\left[-\mathrm{Ei}\left(-\frac{a^2+y^2}{4\eta t}\right)\right]=p_\mathrm{i}$$

因而在任何时刻，坐标轴 $x=0$ 都是一条等压线，即 y 轴是一条等压线。

二、边界对渗流的影响（镜像反映）（富媒体 5-2）

1. 直线断层一侧有一口生产井

设井到直线断层的距离为 a，自某时刻开始该井投产，产量保持为 Q，地层原始压力为 p_i，求断层一侧的压力分布规律。

选取坐标系，使井点位于点 $(a,0)$ 处，于是压力 $p(x,y,t)$ 将是下一问题的解：

$$\begin{cases}\dfrac{\partial^2 p}{\partial x^2}+\dfrac{\partial^2 p}{\partial y^2}=\dfrac{1}{\eta}\dfrac{\partial p}{\partial t} & (x>0)\\ p|_{t=0}=p_\mathrm{i} \\ p|_{r\to\infty}=p_\mathrm{i} \\ \left.\dfrac{\partial p}{\partial x}\right|_{x=0}=0 \\ \left.r_1\dfrac{\partial p}{\partial r_1}\right|_{r_1\to 0}=\dfrac{Q\mu}{2\pi Kh} & [r_1=\sqrt{(x-a)^2+y^2}]\end{cases}$$

富媒体 5-2 边界对不稳定渗流的影响（视频）

这里的边界条件和初始条件与无限大地层中同时存在 2 口等产量的生产井情况下的边界条件和初始条件是一样的，因此只要设想在点 $(-a,0)$ 处设置一口虚拟生产井，其产量为 Q，就可得到所求问题的解：

$$p(x,y,t)=p_\mathrm{i}-\frac{Q\mu}{4\pi Kh}\left\{-\mathrm{Ei}\left[-\frac{(x-a)^2+y^2}{4\eta t}\right]\right\}-\frac{Q\mu}{4\pi Kh}\left\{-\mathrm{Ei}\left[-\frac{(x+a)^2+y^2}{4\eta t}\right]\right\}\quad(x>0) \tag{5-24}$$

2. 直线供给边缘一侧有一口生产井

设井到直线供给边缘的距离为 a，自某时刻该井开始投产，产量保持为 Q，地层原始压力为 p_i，求直线供给边缘一侧的压力分布规律。

选取坐标系，使井点位于点 $(a,0)$ 处，于是压力 $p(x,y,t)$ 是下述问题的解：

$$\begin{cases} \dfrac{\partial^2 p}{\partial x^2}+\dfrac{\partial^2 p}{\partial y^2}=\dfrac{1}{\eta}\dfrac{\partial p}{\partial t} & (x>0) \\ p\big|_{t=0}=p_i \\ p\big|_{r\to\infty}=p_i \\ p\big|_{x=0}=p_i \\ r_1\dfrac{\partial p}{\partial r_1}\bigg|_{r_1\to 0}=\dfrac{Q\mu}{2\pi Kh} & \left[r_1=\sqrt{(x-a)^2+y^2}\right] \end{cases}$$

这里的边界条件和初始条件与无限大地层中同时存在等产量的一口生产井和一口注入井情况下的边界条件和初始条件是一样的，因此只要设想在点（-a,0）处设置一口虚拟注入井，其注入量为-Q，就可得到所求问题的解：

$$p(x,y,t)=p_i-\dfrac{Q\mu}{4\pi Kh}\left\{-\mathrm{Ei}\left[-\dfrac{(x-a)^2+y^2}{4\eta t}\right]\right\}+\dfrac{Q\mu}{4\pi Kh}\left\{-\mathrm{Ei}\left[-\dfrac{(x+a)^2+y^2}{4\eta t}\right]\right\} \quad (x>0)$$

3. 镜像反映

从前文可以看出，第三章的镜像反映（汇点反映和汇源反映）同样适用于弹性不稳定渗流。

直线断层附近一口生产井等价于无限大地层等产量的两口生产井（汇点反映，图5-7）。

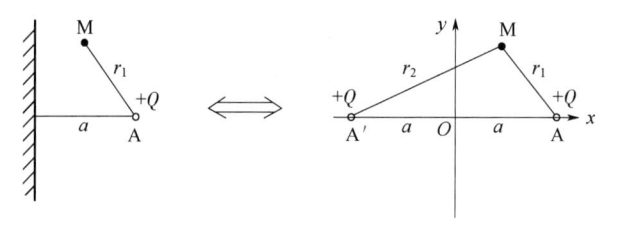

图 5-7 汇点反映

利用叠加原理，可求 M 点压力降：

$$\Delta p_M(r,t)=\Delta p_{AM}+\Delta p_{A'M}=p_i-p_M(r,t)=\dfrac{Q\mu}{4\pi Kh}\left[-\mathrm{Ei}\left(-\dfrac{r_1^2}{4\eta t}\right)\right]+\dfrac{Q\mu}{4\pi Kh}\left[-\mathrm{Ei}\left(-\dfrac{r_2^2}{4\eta t}\right)\right]$$

直线供给边界附近一口生产井等价于无限大地层一口生产井和一口注水井（汇源反映，富媒体5-3）。

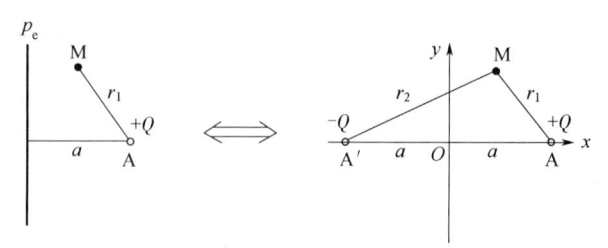

富媒体 5-3　叠加原理练习题（视频）

图 5-8 汇源反映

利用叠加原理，可求 M 点压力降：

$$\Delta p_M(r,t)=\Delta p_{AM}+\Delta p_{A'M}=\dfrac{Q\mu}{4\pi Kh}\left[-\mathrm{Ei}\left(-\dfrac{r_1^2}{4\eta t}\right)\right]+\dfrac{-Q\mu}{4\pi Kh}\left[-\mathrm{Ei}\left(-\dfrac{r_2^2}{4\eta t}\right)\right]$$

三、井以变产量生产问题

如图5-9所示，如果无限大地层中有一口生产井，自某时刻开始生产，从 $t=0$ 到 $t=t_1$，产量为 Q_1，从 $t=t_1$ 以后，产量为 Q_2，求地层压力分布。

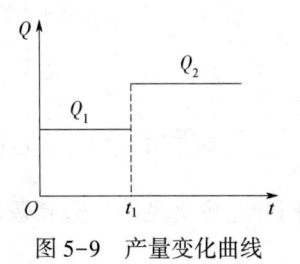

以井点为原点建立坐标系，以 $p_1(x,y,t)$ 表示时间区间 $0 \leq t \leq t_1$ 内的地层压力分布，以 $p_2(x,y,t)$ 表示 $t \geq t_1$ 时的压力分布。

于是 $p_1(x,y,t)$ 是下述问题的解：

图5-9 产量变化曲线

$$\begin{cases} \dfrac{1}{r}\dfrac{\partial}{\partial r}\left(r\dfrac{\partial p_1}{\partial r}\right) = \dfrac{1}{\eta}\dfrac{\partial p}{\partial t} & (0 \leq t \leq t_1) \\ p_1|_{t=0} = p_i \\ p_1|_{r \to +\infty} = p_i \\ r\dfrac{\partial p_1}{\partial r}\bigg|_{r \to 0} = \dfrac{Q_1 \mu}{2\pi Kh} \end{cases}$$

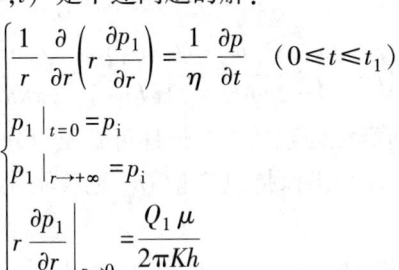

由式(5-9)可知这个问题的解是：

$$p_1(x,y,t) = p_i - \dfrac{Q_1 \mu}{4\pi Kh}\left[-\text{Ei}\left(-\dfrac{r^2}{4\eta t}\right)\right] \quad (r=\sqrt{x^2+y^2},\ 0 \leq t \leq t_1)$$

而 $p_2(x,y,t)$ 将是下述问题的解：

$$\begin{cases} \dfrac{1}{r}\dfrac{\partial}{\partial r}\left(r\dfrac{\partial p_2}{\partial r}\right) = \dfrac{1}{\eta}\dfrac{\partial p_2}{\partial t} & (t \geq t_1) \\ p_2|_{t=t_1} = p_1|_{t=t_1} \\ p_2|_{r \to +\infty} = p_i \\ r\dfrac{\partial p_2}{\partial r}\bigg|_{r \to 0} = \dfrac{Q_2 \mu}{2\pi Kh} \end{cases}$$

这里出现在初始条件中的已经不是 p_0 而是 $p_1|_{t=t_1}$，因而不能再应用式(5-9)来求解。为了求得这个解，可设想井在 $t \geq t_1$ 以后仍然以产量 Q_1 生产，这时地层压力分布仍可用上述 $p_1(x,y,t)$ 的表达式来表示，但 $t \geq t_1$，因此，这与地层实际压力分布 $p_2(x,y,t)$ 对比，将存在一个差值 $p_3(x,y,t)$：

$$p_3(x,y,t) = p_2(x,y,t) - p_1(x,y,t) \tag{5-25}$$

这个差值 $p_3(x,y,t)$ 也是能找到的，将是下述问题的解：

$$\begin{cases} \dfrac{1}{r}\dfrac{\partial}{\partial r}\left(r\dfrac{\partial p_3}{\partial r}\right) = \dfrac{1}{\eta}\dfrac{\partial p_3}{\partial t} & (t \geq t_1) \\ p_3|_{t=t_1} = 0 \\ p_3|_{r \to \infty} = 0 \\ r\dfrac{\partial p_3}{\partial r}\bigg|_{r \to 0} = \dfrac{(Q_2-Q_1)\mu}{2\pi Kh} \end{cases}$$

这个解不难求出，参照式(5-10)可知这个问题的解是：

$$p_3(x,y,t) = -\frac{(Q_2-Q_1)\mu}{4\pi Kh}\left\{-\text{Ei}\left[-\frac{r^2}{4\eta(t-t_1)}\right]\right\} \tag{5-26}$$

将 $p_3(x,y,t)$ 与 $p_1(x,y,t)$ 叠加起来，可获得解 $p_2(x,y,t)$：

$$p_2(x,y,t) = p_1(x,y,t) + p_3(x,y,t)$$

$$= p_i - \frac{Q_1\mu}{4\pi Kh}\left[-\text{Ei}\left(-\frac{r^2}{4\eta t}\right)\right] - \frac{(Q_2-Q_1)\mu}{4\pi Kh}\left\{-\text{Ei}\left[-\frac{r^2}{4\eta(t-t_1)}\right]\right\}$$

不难看出 $p_2(x,y,t)$ 满足方程、初始条件 $p_2|_{t=t_1} = p_1|_{t=t_1}$ 和第一边界条件 $p_2|_{r\to+\infty} = p_i$，同样它也满足第二边界条件 $r\frac{\partial p_2}{\partial r}\bigg|_{r\to 0} = \frac{Q_2\mu}{2\pi Kh}$，所以：

$$\lim_{r\to 0}\left(r\frac{\partial p_2}{\partial r}\right) = \lim_{r\to 0}\left(r\frac{\partial p_1}{\partial r}\right) + \lim_{r\to 0}\left(r\frac{\partial p_3}{\partial r}\right) = \frac{Q_1\mu}{2\pi Kh} + \frac{(Q_2-Q_1)\mu}{2\pi Kh} = \frac{Q_2\mu}{2\pi Kh}$$

因此叠加后获得的解 $p_2(x,y,t)$ 确是所研究问题的解。这样可知压力分布 $p_2(x,y,t)$ 是两个压力分布叠加的结果，一个是在 $t \geq t_1$ 时井仍保持以产量 Q_1 生产所引起的，另一个是 $t \geq t_1$ 时井以产量 Q_2-Q_1 生产所引起的。

对于更一般情况，如果某井在 t_1 时刻以 Q_1 生产，t_2 时刻以 Q_2 生产，t_3 时刻以 Q_3 生产，…，求任一时刻 t 地层某点压力降（图5-10）。

地层中某点 M 处压力计算公式为：

$$\Delta p_M(r,t) = p_i - p_M(r,t) = \sum_{j=1}^{n}\frac{Q_j - Q_{j-1}}{4\pi Kh}\left\{-\text{Ei}\left[-\frac{r_{jM}^2}{4\eta(t-t_j)}\right]\right\}$$

其中，r_{jM} 为 j 井到 M 点的距离，Q_j 为第 j 时刻的产量，$Q_0=0$。

这种叠加方法同样适用于处理一些更复杂的变产量问题。

下面讨论无限大地层中一口生产井自投产后产量以 $Q(t)$ 函数关系生产的情况，产量变化如图5-11所示。

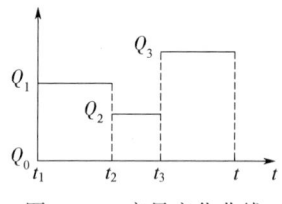

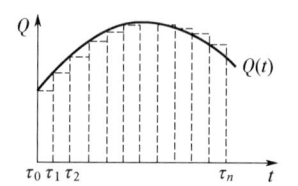

图5-10 产量变化曲线   图5-11 生产井产量变化

可以用叠加方法来处理。把区间 $[0,t]$ 分成 n 等分：

$$\Delta\tau = \frac{t}{n}, \tau_0 = 0, \Delta\tau_1 = \Delta\tau, \tau_1 = 2\Delta\tau, \cdots, \tau_n = n\Delta\tau = t$$

在每一小时间区间 $[\tau_i, \tau_{i+1}]$ 内设井以常产量 $Q(\tau_i)$ 生产，在这些考虑下，这口井在时间区间 $[0,t]$ 内以 n 个不同产量进行生产。按照叠加方法可以写成地层中任一点处任一时刻 t 时压力的表达式为：

$$p_i - p(x,y,t) = \sum \Delta p$$

$$= \frac{\mu}{4\pi Kh}Q(\tau_0)\left\{-\text{Ei}\left[-\frac{r^2}{4\eta(t-\tau_0)}\right]\right\} + \frac{\mu}{4\pi Kh}\sum_{j=1}^{n-1}\left[Q(\tau_j) - Q(\tau_{j-1})\right]\times$$

$$\left\{-\mathrm{Ei}\left[-\frac{r^2}{4\eta(t-\tau_j)}\right]\right\} \tag{5-27}$$

在等式右边加减去 $\dfrac{\mu}{4\pi Kh}Q(\tau_{n-1})\left\{-\mathrm{Ei}\left[-\dfrac{r^2}{4\eta(t-\tau_n)}\right]\right\}$，可得下列等式：

$$p_i - p(x,y,t) = -\frac{\mu}{4\pi Kh}\sum_{j=0}^{n-1}Q(\tau_j)\left\{\mathrm{Ei}\left[-\frac{r^2}{4\eta(t-\tau_j)}\right] - \mathrm{Ei}\left[-\frac{r^2}{4\eta(t-\tau_{j+1})}\right]\right\} +$$

$$\frac{\mu}{4\pi Kh}Q(\tau_{n-1})\left\{-\mathrm{Ei}\left[-\frac{r^2}{4\eta(t-\tau_n)}\right]\right\}$$

考虑到 $-\mathrm{Ei}\left[-\dfrac{r^2}{4\eta(t-\tau_n)}\right] = 0$，所以可得：

$$p_i - p(x,y,t) = \frac{\mu}{4\pi Kh}\sum_{j=0}^{n-1}Q(\tau_j)\left\{\frac{\mathrm{d}}{\mathrm{d}\tau}\mathrm{Ei}\left[-\frac{r^2}{4\eta(t-\tau)}\right]\cdot\Delta\tau\right\}$$

令 $n\to\infty$，因而 $\Delta\tau\to 0$，就可得到：

$$p(x,y,t) = p_i - \frac{\mu}{4\pi Kh}\int_0^t Q(\tau)\frac{\mathrm{d}}{\mathrm{d}\tau}\mathrm{Ei}\left[-\frac{r^2}{4\eta(t-\tau)}\right]\cdot\mathrm{d}\tau$$

由于：

$$-\mathrm{Ei}(-x) = \int_x^{+\infty}\frac{\mathrm{e}^{-u}}{u}\mathrm{d}u \qquad (x>0)$$

$$\mathrm{Ei}(-x) = -\int_x^{+\infty}\frac{\mathrm{e}^{-u}}{u}\mathrm{d}u$$

$$\frac{\mathrm{d}}{\mathrm{d}\tau}\mathrm{Ei}\left[-\frac{r^2}{4\eta(t-\tau)}\right] = \frac{4\eta(t-\tau)}{r^2}\mathrm{e}^{-\frac{r^2}{4\eta(t-\tau)}}\cdot\frac{r^2}{4\eta(t-\tau)^2} = \frac{1}{t-\tau}\mathrm{e}^{-\frac{r^2}{4\eta(t-\tau)}}$$

代入 $p(x,y,t)$ 表达式，可得：

$$p(x,y,t) = p_i - \frac{\mu}{4\pi Kh}\int_0^t\frac{Q(\tau)}{t-\tau}\mathrm{e}^{-\frac{r^2}{4\eta(t-\tau)}}\mathrm{d}\tau \tag{5-28}$$

四、油井关井压力恢复分析

应用关井压力恢复曲线确定油层参数、边界状况是目前矿场上应用最广泛的方法，而弹性不稳定渗流和压降叠加原理是进行压力恢复试井分析的理论依据。

当油井以恒定产量 Q（地面）生产 T 时间后开始关井，关井初期井底压力恢复较快，以后逐渐变慢而趋于稳定。Horner 提出用叠加原理求得井底压力恢复规律。设想油井在生产 T 时间后仍以原来的 Q 产量继续生产，而从关井瞬时起在该井点有一注入井以恒量 Q 注入（图 5-12）。因而关井 $t-T$ 时间后井底压力值可以看成是以 Q 连续生产 t 时间的井底压力降及以 Q 注入 $t-T$ 时间的井底压力增的代数和。以 Q 连续生产 t 时间的井底压力降为：

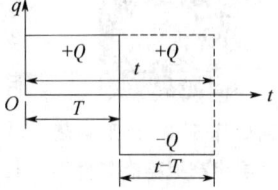

图 5-12 压力恢复试井曲线产量变化

$$p_1(t) = p_i - \frac{Q\mu}{4\pi Kh}\left(\ln\frac{2.25\eta t}{r_\mathrm{w}^2} + 2S_\mathrm{skin}\right)$$

式中 S_skin——表皮系数，无量纲。

以 Q 连续注入 $t-T$ 时间的井底压力增值为：

$$p_2(t-T) = p_i + \frac{Q\mu}{4\pi Kh}\left[\ln\frac{2.25\eta(t-T)}{r_w^2} + 2S_\text{skin}\right]$$

用叠加原理求得关井 $t-T$ 时间后的井底压力值（图 5-13）为：

$$p_w(t) = p_i - \frac{Q\mu}{4\pi Kh}\left[\ln\frac{2.25\eta t}{r_w^2} - \ln\frac{2.25\eta(t-T)}{r_w^2}\right]$$

化简后得到：

$$p_w(t) = p_i + \frac{Q\mu}{4\pi Kh}\ln\frac{t-T}{t} \tag{5-29}$$

若将关井后的井底压力值 $p_w(t)$ 与 $\ln\dfrac{t-T}{t}$ 绘成关系曲线，将得到一条斜率 $m = \dfrac{Q\mu}{4\pi Kh}$ 的直线（图 5-14），由斜率 m 可求得地层的流动系数 $\dfrac{Kh}{\mu}$，并且利用压力恢复曲线可推算原始地层压力 p_i。

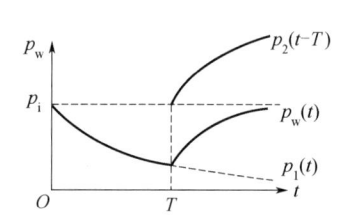

图 5-13　压力恢复试井井底压力变化

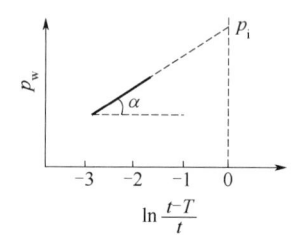

图 5-14　$p_w(r)$ ——$\ln\dfrac{t-T}{t}$ 关系曲线

第四节　圆形封闭地层定产拟稳态条件下微分方程的解

本节讨论在圆形封闭地层中心存在一个点汇，点汇产量为常数情况下的解（富媒体 5-4）。当压力降传到封闭边缘后，由于无外来能量补充，只能继续消耗油层内岩石和液体的弹性能，因而生产井井底和封闭边缘上的压力都将下降。初期时由于地层内部蕴藏的弹性能尚多，故要求边界处释放弹性能可少一些，因此在此时边界处压力下降幅度小。等到过一段时间后，内部弹性能逐渐被消耗，因此边界处压力下降幅度将与地层内部压力下降幅度相等，也就是说在边缘压力下降一段时间后，地层中各点压力下降速度相等，这种状态称为"拟稳定状态"。

富媒体 5-4　圆形封闭地层定产拟稳态条件下微分方程的解（视频）

设地层是均质、等厚的地层，原始地层压力为 p_i，圆形地层中心设置一生产井，从某一时刻开始投产，产量保持为 Q，经过一段时间后渗流达到拟稳定状态，即单位时间内的压力降为常量，研究在这种状态下地层各点压力的分布规律。

先确定作为常量的压降速度值 $\dfrac{\partial p}{\partial t} = C$。

由于地层是封闭的，井产量 Q 将完全依靠地层压力下降、流体体积膨胀和孔隙体积缩小而获得。根据综合压缩系数 C_t 的物理意义可以写出封闭地层中 (r_e-r_w) 范围内依靠岩石和液体的弹性能而排出的液体总体积 V 的表达式为：

$$V = C_t V_f (p_i - \bar{p})$$

其中
$$V_f = \pi (r_e^2 - r_w^2) h$$

式中 $\bar{p}$——平均地层压力，10^{-1}MPa；

V_f——地层在 (r_e-r_w) 范围内的体积，考虑到 $r_e \gg r_w$，可忽略不计 r_w，得 $V_f \approx \pi r_e^2 h$，cm^3。

对前面的式子求导后可得：

$$\frac{\partial V}{\partial t} = -C_t V_f \frac{\partial \bar{p}}{\partial t} \tag{5-30}$$

由于讨论的是拟稳定状态，此时地层中各点压力降落速度相等，所以可以用 $\frac{\partial p}{\partial t}$ 来代替 $\frac{\partial \bar{p}}{\partial t}$，并且考虑到 $\frac{\partial V}{\partial t} = Q$，由此可得：

$$\frac{\partial p}{\partial t} = -\frac{Q}{C_t \pi r_e^2 h}; \quad \frac{1}{\eta}\frac{\partial p}{\partial t} = \frac{\mu C_t}{K}\left(-\frac{Q}{C_t \pi r_e^2 h}\right) = -\frac{Q\mu}{\pi r_e^2 K h} \tag{5-31}$$

于是，所求压力分布 $p(r,t)$ 是下一个问题的解：

$$\begin{cases} \dfrac{1}{r}\dfrac{\partial}{\partial r}\left(r\dfrac{\partial p}{\partial r}\right) = -\dfrac{Q\mu}{\pi r_e^2 K h} \\ p|_{r=r_w} = p_w(t) \\ \dfrac{\partial p}{\partial r}\bigg|_{r=r_e} = 0 \end{cases}$$

其中，$p(t)$ 是井底压力，它也应满足条件 $\dfrac{\partial p_w}{\partial t} = -\dfrac{Q}{C_t \pi r_e^2 h}$。

这里的方程有：

$$\frac{\partial}{\partial r}\left(r\frac{\partial p}{\partial r}\right) = -\frac{Q\mu}{\pi r_e^2 K h} r$$

$$r\frac{\partial p}{\partial r} = -\frac{Q\mu}{2\pi r_e^2 K h} r^2 + C_1$$

以第二个边界条件代入，得到：

$$r_e \cdot 0 = -\frac{Q\mu}{2\pi r_e^2 K h} r_e^2 + C_1; \quad C_1 = \frac{Q\mu}{2\pi K h}$$

$$r\frac{\partial p}{\partial r} = -\frac{Q\mu}{2\pi r_e^2 K h} r^2 + \frac{Q\mu}{2\pi K h}; \quad \frac{\partial p}{\partial r} = -\frac{Q\mu}{2\pi r_e^2 K h} r + \frac{Q\mu}{2\pi K h}\frac{1}{r} \tag{5-32}$$

$$p = -\frac{Q\mu}{4\pi r_e^2 K h} r^2 + \frac{Q\mu}{2\pi K h}\ln r + C_2$$

再以第一边界条件代入，就得到：

$$p_w(t) = -\frac{Q\mu}{4\pi r_e^2 Kh} r_w^2 + \frac{Q\mu}{2\pi Kh} \ln r_w + C_2$$

$$C_2 = p_w(t) + \frac{Q\mu}{4\pi r_e^2 Kh} r_w^2 - \frac{Q\mu}{2\pi Kh} \ln r_w$$

代回 p 的表达式，得到所求的解为：

$$p(r,t) = p_w(t) + \frac{Q\mu}{4\pi r_e^2 Kh}(r_w^2 - r^2) + \frac{Q\mu}{2\pi Kh} \ln \frac{r}{r_w}$$

因为 $r_w \ll r_e$，所以略去 $\dfrac{r_w^2}{r_e^2}$ 后，这个解又可改写为：

$$p(r,t) = p_w(t) + \frac{Q\mu}{2\pi Kh}\left(\ln\frac{r}{r_w} - \frac{1}{2}\frac{r^2}{r_e^2}\right) \qquad (5\text{-}33)$$

式(5-33) 表示圆形封闭地层中心一口井以定产量生产，当达到拟稳定状态后，任一时刻地层各点压力分布规律。

在有的文献中，能找到压力分布规律的另一表达式：

$$p(r,t) = p_e(t) - \frac{Q\mu}{2\pi Kh}\left[\ln\frac{r_e}{r} - \frac{1}{2}\left(1 - \frac{r^2}{r_e^2}\right)\right] \qquad (5\text{-}34)$$

它是方程在用另一种方法表达边界时的解，即它是下一问题的解：

$$\begin{cases} \dfrac{1}{r}\dfrac{\partial}{\partial r}\left(r\dfrac{\partial p}{\partial r}\right) = -\dfrac{Q\mu}{\pi r_e^2 Kh} \\ p\big|_{r=r_e} = p_e(t) \\ \dfrac{\partial p}{\partial r}\bigg|_{r=r_e} = 0 \end{cases}$$

解方程，不难得出式(5-32)，再以第一边界条件代入，就得到：

$$p_e(t) = -\frac{Q\mu}{4\pi Kh} + \frac{Q\mu}{2\pi Kh}\ln r_e + C_2$$

$$C_2 = p_e(t) + \frac{Q\mu}{4\pi Kh} - \frac{Q\mu}{2\pi Kh}\ln r_e$$

代回 p 的表达式，得到：

$$p(r,t) = p_e(t) - \frac{Q\mu}{2\pi Kh}\left[\ln\frac{r_e}{r} - \frac{1}{2}\left(1 - \frac{r^2}{r_e^2}\right)\right]$$

当 $r = r_w$，并考虑到 $r_e^2 \gg r_w^2$，可得井底压力表达式为：

$$p_w(t) = p_e(t) - \frac{Q\mu}{2\pi Kh}\left(\ln\frac{r_e}{r_w} - \frac{1}{2}\right) \qquad (5\text{-}35)$$

下面讨论拟稳定状态时，封闭地层中平均地层压力 $\bar{p}$。

$$\bar{p} = \frac{\int_{r_w}^{r_e} p \cdot 2\pi r \mathrm{d}r}{\pi(r_e^2 - r_w^2)} = \frac{1}{\pi(r_e^2 - r_w^2)}\int_{r_w}^{r_e}\left[p_w(t) + \frac{Q\mu}{2\pi Kh}\left(\ln\frac{r}{r_w} - \frac{1}{2}\frac{r^2}{r_e^2}\right)\right]2\pi r \mathrm{d}r$$

从数学手册可知：

$$\int r^n \mathrm{d}r = \frac{r^{n+1}}{n+1} + C; \quad \int r\ln r \mathrm{d}r = r^2\left(\frac{\ln r}{2} - \frac{1}{4}\right) + C$$

对上式积分后，得：

$$\bar{p}(t) = p_w(t) + \frac{Q\mu}{\pi(r_e^2 - r_w^2)Kh}\left[r_e^2\left(\frac{\ln r_e}{2} - \frac{1}{4}\right) - r_w^2\left(\frac{\ln r_w}{2} - \frac{1}{4}\right)\right.$$
$$\left. - \ln r_w\left(\frac{r_e^2}{2} - \frac{r_w^2}{2}\right) - \frac{1}{2r_e^2}\left(\frac{r_e^4 - r_w^4}{4}\right)\right]$$

由于 $r_w \ll r_e$，故可忽略 r_w^2 项，得

$$\bar{p}(t) = p_w(t) + \frac{Q\mu}{\pi r_e^2 Kh}\left[\frac{r_e^2}{2}\left(\ln r_e - \frac{1}{2} - \ln r_w - \frac{1}{4}\right)\right]$$

$$= p_w(t) + \frac{Q\mu}{2\pi Kh}\left(\ln \frac{r_e}{r_w} - \frac{3}{4}\right) \tag{5-36}$$

还可求得平均地层压力的另一表达式：

$$\bar{p}(t) = \frac{1}{\pi(r_e^2 - r_w^2)}\int_{r_w}^{r_e}\left\{p_e(t) - \frac{Q\mu}{2\pi Kh}\left[\ln \frac{r_e}{r} - \frac{1}{2}\left(1 - \frac{r^2}{r_e^2}\right)\right]\right\}2\pi r \mathrm{d}r$$

$$= p_e(t) - \frac{Q\mu}{\pi(r_e^2 - r_w^2)Kh}\left[\ln r_e\left(\frac{r_e^2 - r_w^2}{2}\right) - r_e^2\left(\frac{\ln r_e}{2} - \frac{1}{4}\right)\right.$$
$$\left. + r_w^2\left(\frac{\ln r_w}{2} - \frac{1}{4}\right) - \frac{r_e^2 - r_w^2}{4} + \frac{1}{2r_e^2}\left(\frac{r_e^4 - r_w^4}{4}\right)\right]$$

由于 $r_w \ll r_e$，故可忽略 r_w^2 项，得：

$$\bar{p} = p_e(t) - \frac{Q\mu}{2\pi Kh}\left(\ln r_e - \ln r_e + \frac{1}{2} - \frac{1}{2} + \frac{1}{4}\right) = p_e(t) - \frac{Q\mu}{8\pi Kh} \tag{5-37}$$

当封闭边界地层采用弹性驱动，且井以定产量 Q 生产时，利用上述公式可进行动态预测（图 5-15）。其步骤如下：

(1) 给出不同时间 t 值，求出不同 t 值下的总产液量 $V = Q \cdot t$；

(2) 由公式 $V = C_t h(r_e^2 - r_w^2)(p_0 - \bar{p})$，可求出任一时刻 t 时的平均地层压力 $\bar{p}(t)$；

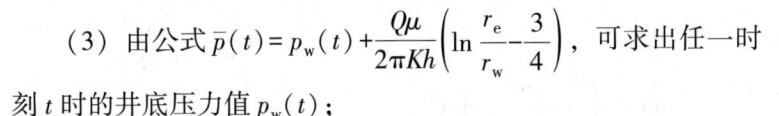

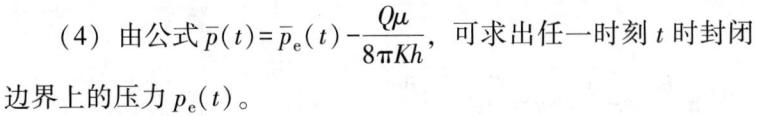

(3) 由公式 $\bar{p}(t) = p_w(t) + \frac{Q\mu}{2\pi Kh}\left(\ln \frac{r_e}{r_w} - \frac{3}{4}\right)$，可求出任一时刻 t 时的井底压力值 $p_w(t)$；

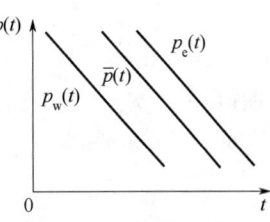

图 5-15 定产量生产时压力变化预测曲线

(4) 由公式 $\bar{p}(t) = p_e(t) - \frac{Q\mu}{8\pi Kh}$，可求出任一时刻 t 时封闭边界上的压力 $p_e(t)$。

【补充内容】

应用分离变量法，推导无限大地层油井定产条件弹性不稳定渗流基本解的详细过程。

渗流微分方程为：

$$\frac{\partial^2 p}{\partial r^2} + \frac{1}{r}\frac{\partial p}{\partial r} = \frac{1}{\eta}\frac{\partial p}{\partial t} \tag{5-38}$$

引入中间变量 ω，由于空间变量 r 与时间变量 t 无关，令 $\omega = \omega(r, t) = R(r)T(t)$，有：

$$\frac{\partial p}{\partial t}=\frac{\mathrm{d}p}{\mathrm{d}\omega}\frac{\partial\omega}{\partial t}=\frac{\mathrm{d}p}{\mathrm{d}\omega}RT'$$

$$\frac{\partial p}{\partial r}=\frac{\mathrm{d}p}{\mathrm{d}\omega}\frac{\partial\omega}{\partial r}=\frac{\mathrm{d}p}{\mathrm{d}\omega}R'T$$

故：

$$\frac{\partial^2 p}{\partial r^2}=\frac{\mathrm{d}^2 p}{\mathrm{d}\omega^2}\left(\frac{\partial\omega}{\partial r}\right)^2+\frac{\mathrm{d}p}{\mathrm{d}\omega}\frac{\partial^2\omega}{\partial r^2}=(R'T)^2\frac{\mathrm{d}^2 p}{\mathrm{d}\omega^2}+R''T\frac{\mathrm{d}p}{\mathrm{d}\omega}$$

将上述各式代入渗流微分方程（5-38），可得：

$$(R'T)^2\frac{\mathrm{d}^2 p}{\mathrm{d}\omega^2}+R''T\frac{\mathrm{d}p}{\mathrm{d}\omega}+\frac{1}{r}R'T\frac{\mathrm{d}p}{\mathrm{d}\omega}=\frac{1}{\eta}RT'\frac{\mathrm{d}p}{\mathrm{d}\omega} \tag{5-39}$$

方程（5-39）两端同除以 T^2 得：

$$R'^2\frac{\mathrm{d}^2 p}{\mathrm{d}\omega^2}+\frac{R''}{T}\frac{\mathrm{d}p}{\mathrm{d}\omega}+\frac{R'}{rT}\frac{\mathrm{d}p}{\mathrm{d}\omega}=\frac{\omega}{\eta}\frac{T'}{T^3}\frac{\mathrm{d}p}{\mathrm{d}\omega} \tag{5-40}$$

（5-40）为二阶常微分方程。

令 $R'=C_1 \Rightarrow R(r)=C_1 r+C_2$，$C_1$ 和 C_2 有多种组合，可令 $C_1=1$，$C_2=0 \Rightarrow R(r)=r$；令 $\frac{T'}{T^3}=b \Rightarrow T(t)=\frac{1}{\sqrt{2(C-bt)}}$，$C$ 和 b 有多个组合，令 $C=0$，$b=-\frac{1}{2}$，则 $T(t)=\frac{1}{\sqrt{t}}$，$\omega=\frac{r}{\sqrt{t}}$，微分方程（5-40）变成：

$$\frac{\mathrm{d}^2 p}{\mathrm{d}\omega^2}+\frac{1}{\omega}\frac{\mathrm{d}p}{\mathrm{d}\omega}+\frac{\omega}{2\eta}\frac{\mathrm{d}p}{\mathrm{d}\omega}=0$$

为求解上面的二阶常微分方程，令：

$$u=\frac{\mathrm{d}p}{\mathrm{d}\omega} \Rightarrow \frac{\mathrm{d}u}{\mathrm{d}\omega}=-\left(\frac{1}{\omega}+\frac{\omega}{2\eta}\right)u$$

整理得：

$$\frac{\mathrm{d}u}{u}=-\left(\frac{1}{\omega}+\frac{\omega}{2\eta}\right)\mathrm{d}\omega$$

上式两端积分：

$$\ln u=-\left(\ln\omega+\frac{\omega^2}{4\eta}\right)+\ln C$$

即：

$$\ln\frac{u\omega}{C}=-\frac{\omega^2}{4\eta} \Rightarrow u=\frac{C}{\omega}\mathrm{e}^{-\frac{\omega^2}{4\eta}}=\frac{\mathrm{d}p}{\mathrm{d}\omega}$$

分离变量并积分得：

$$\int_0^p \mathrm{d}p=\int_a^\omega \frac{C}{\omega}\mathrm{e}^{-\frac{\omega^2}{4\eta}}\mathrm{d}\omega \tag{5-41}$$

由于 $\omega=\frac{r}{\sqrt{t}}$，当 $\begin{cases} r\to\infty \\ t\to 0 \end{cases}$，$\omega\to\infty$，$p=p_0$，所以：

$$\int_0^{p_0} \mathrm{d}p = \int_a^\infty \frac{C}{\omega} \mathrm{e}^{-\frac{\omega^2}{4\eta}} \mathrm{d}\omega \tag{5-42}$$

式(5-42) 减式(5-41) 得：

$$p_0 - p(r,t) = \int_{\frac{r}{\sqrt{t}}}^\infty \frac{C}{\omega} \mathrm{e}^{-\frac{\omega^2}{4\eta}} \mathrm{d}\omega \tag{5-43}$$

令 $\nu = \frac{\omega^2}{4\eta} \Rightarrow \mathrm{d}\nu = \frac{\omega}{2\eta}\mathrm{d}\omega$，式(5-43) 变为：

$$p_0 - p(r,t) = \int_{\frac{r^2}{4\eta t}}^\infty \frac{C}{\omega^2} \mathrm{e}^{-\nu} \cdot 2\eta \mathrm{d}\nu = \frac{C}{2}\int_{\frac{r^2}{4\eta t}}^\infty \frac{\mathrm{e}^{-\nu}}{\nu} \mathrm{d}\nu \tag{5-44}$$

由边界条件：

$$r\frac{\partial p}{\partial r}\bigg|_{r\to 0} = \frac{Q\mu}{2\pi Kh} = r \cdot \frac{C}{2} \cdot \mathrm{e}^{-\frac{r^2}{4\eta t}} \cdot \frac{4\eta t}{r^2} \cdot \frac{2r}{4\eta t}$$

所以：

$$C = \frac{Q\mu}{2\pi Kh}$$

上式代入式(5-44) 得：

$$p_0 - p(r,t) = \frac{Q\mu}{4\pi Kh}\int_{\frac{r^2}{4\eta t}}^\infty \frac{\mathrm{e}^{-\nu}}{\nu} \mathrm{d}\nu = \frac{Q\mu}{4\pi Kh}\left[-\mathrm{Ei}\left(-\frac{r^2}{4\eta t}\right)\right]$$

本章要点

1. 对于弹性不稳定渗流的物理过程，掌握压力波传播的两个阶段、产量的构成及其驱动能量。
2. 弹性不稳定渗流压力波传播规律：根据油井工作制度内边界条件（定产和定压）和外边界条件（封闭和供给）分为四种情况。
3. 掌握弹性不稳定渗流的数学描述（建立渗流数学模型），了解模型的求解方法，掌握基本解的应用。
4. 能应用叠加原理和镜像反映原理求解弹性不稳定渗流问题。
5. 掌握弹性不稳定试井—压力恢复测试的原理、方法和应用。
6. 掌握拟稳定状态下圆形封闭油藏中部一口井生产时油藏内部各处压力变化规律及平均压力的求解方法。

练习题

1. 压力分别在刚体和弹性体中的传递过程是怎样的？弹性驱动时渗流的基本特征是什么？
2. 何谓压力波？并用图示分析下述各种情况的压力波的传播规律：
(1) 圆形地层中心一口井定压边界以定产量投产的弹性驱动；

（2）圆形地层中心一口井定压边界以定井底压力投产的弹性驱动；

（3）圆形地层中心一口井在封闭边界以定产量投产的弹性驱动；

（4）圆形地层中心一口井在封闭边界以定井底压力投产的弹性驱动。

3. 什么叫综合压力系数和导压系数？它们的物理意义分别是什么？与哪些因素有关？

4. 什么叫"拟稳定流期"？它具有怎样的特点？

5. 弹性驱动第一期的生产特征是什么？何谓弹性驱动第二期？

6. 弹性液体不稳定渗流的微分方程是什么？指出式中各项的物理意义，并与单相不可压缩液体的渗流微分方程进行比较。

7. 弹性第一期计算公式压力下降：$p_e - p = \dfrac{Q\mu}{4\pi Kh}\ln\dfrac{2.25\eta t}{r^2}$，此式是在什么样的假设条件下得到的近似解（根据幂积分函数表达式说明）？如果考虑表皮系数 S，那此式又将如何更改？

8. 弹性渗流的能量来自哪几个方面？

9. 弹性驱动与其他驱动类型有什么关系？

10. 推导出弹性不稳定渗流的连续性方程。

11. 写出弹性不稳定渗流的状态方程。

12. 如何根据压力恢复曲线求油层系数？

13. 设无穷大地层中存在一口生产井，以 $Q = 628\text{cm}^3/\text{s}$ 投产，地层参数：原油黏度 $\mu = 4\text{mPa}\cdot\text{s}$，地层渗透率 $K = 0.6\mu\text{m}^2$，油层厚度 $h = 10\text{m}$，导压系数 $\eta = 10^4\text{cm}^2/\text{s}$，求：当 $t = 100\text{d}$，$R = 100\text{m}$、300m、500m、800m、1000m、1394m、1500m 处的压力降 Δp，并绘成曲线。

14. 直线供给边缘附近有 2 口井 A、B（图 5-16），其中供给边缘上的压力为 20MPa，A 井产量 $100\text{m}^3/\text{d}$，B 井产量 $50\text{m}^3/\text{d}$，$d = 100\text{m}$，地层厚度 $h = 10\text{m}$，原油黏度 $\mu = 4\text{mPa}\cdot\text{s}$，渗透率 $K = 0.5\mu\text{m}^2$，导压系数 $\eta = 10^5\text{cm}^2/\text{s}$，井半径 $r_w = 10\text{cm}$，求生产 500d 后的 A 井及 B 井井底压力。生产 1000d 后的 A 井及 B 井井底压力变化又如何？

15. 设无限大地层对称分布 3 口井，井距 400m，如图 5-17 所示，开始 1 号井以定产量 $50\text{m}^3/\text{d}$ 投入生产 10d 后，2 号井以同样产量投入生产，当 2 号井投产时，1 号井的井底压力降为多少？若 1 号井投入生产 360d 后，2 号井停产，并同时由 3 号井注水，注入量 $100\text{m}^3/\text{d}$，求 3 号井注水 3 个月后（每月 30d），1 号井的井底压力变化。已知半径 $r_{w1} = r_{w2} = r_{w3} = 10\text{cm}$，井为完善井，地层厚度 10m，渗透率 $0.5\mu\text{m}^2$，原油黏度 $3\text{mPa}\cdot\text{s}$，导压系数 $20000\text{cm}^2/\text{s}$。

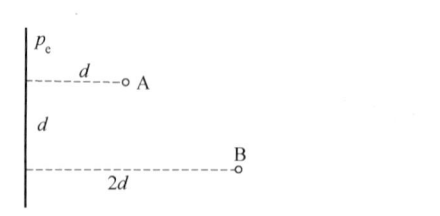

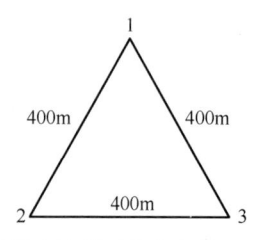

图 5-16 直线供给边缘附近有 2 口井（14 题）   图 5-17 无限大地层对称分布的 3 口井（15 题）

16. 已知一均质地层，$K = 0.25\mu\text{m}^2$，$\mu = 2\text{mPa}\cdot\text{s}$，$h = 4\text{m}$，$\eta = 50000\text{cm}^2/\text{s}$，试研究，地层有一生产井 A，井半径 $r_w = 10\text{cm}$，以 $Q = 250\text{cm}^3/\text{s}$ 投产 5d，然后关井，经 5d 后又以 $Q =$

125cm³/s 生产，试求远离该井 100m 处测压（停产）井 B 在 15d 时压力变化（图 5-18）。

17. 直线断层附近一口生产井 A，如图 5-19 所示，弹性驱动方式下生产，A 井以定产量 50m³/d（地面产量）投产 100d 后关井，求关井瞬间 A 井底的压力降（p_i-p_w）是多少。关井 20d 后，A 井底的压力降（p_i-p_w）又是多少？已知：井半径 $r_w=10$cm，地层厚度 $h=10$m，渗透率 $K=0.5\mu m^2$，原油黏度 $\mu=3$mPa·s，导压系数 $\eta=20000$cm²/s，原油体积系数 $B_o=1.5$，$d=86.4$m。

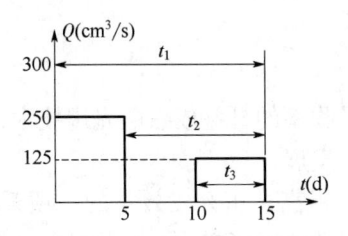

图 5-18　生产井 A 在 15d 中的产量变化（16 题）　　图 5-19　直线断层附近生产井 A（17 题）

18. 某封闭油藏面积 30km²，油层厚度 10m，孔隙度 0.2，原始地层压力 12MPa，饱和压力 8MPa，岩石压缩系数 2×10^{-4}MPa^{-1}，原油压缩系数 7×10^{-4}MPa^{-1}，地面原油密度为 0.85g/cm³，原油体积系数 1.2，该油藏依靠弹性能量能采出多少吨原油？

19. 某封闭油藏面积 10km²，油层厚度 15m，岩层孔隙度 0.2，导压系数 1545cm²/s，岩石渗透率 $0.5\mu m^2$，原油地下黏度 9mPa·s，原始地层压力 12MPa，饱和压力 8MPa，地面原油密度为 0.85g/cm³，原油体积系数 1.2，求该油藏的弹性储量。

20. 某井地质储量 134×10^4t，原始地层压力和饱和压力之差为 4MPa，地层内原始含油饱和度 0.8，束缚水饱和度 0.2，原油压缩系数 7×10^{-4}MPa^{-1}，束缚水压缩系数 3×10^{-4}MPa^{-1}，岩石压缩系数 2×10^{-4}MPa^{-1}，油层孔隙度 0.2，求该井弹性采收率范围。

第六章

水平井近井渗流规律

水平井技术作为非常有前途的油气田开发、提高采收率的日益成熟的先进技术,逐渐在国内外油田推广应用,并相应地促进了各项配套技术的发展。

水平井是通过扩大油层泄油面积来提高油井产量、提高油田开发效益的一项开发技术。水平井开发技术适用于油田开发的全过程,对开发初期的油田而言,水平井具有产能高、建产快、投资少、回收快的优势;而在油田进入开发中、后期直井挖潜效益差的情况下,利用水平井泄油面积大、生产压差小的特点,发挥水平井能够抑制含水上升、提高油井产能、提高采收率、节约钻井投资等优势,为已开发油田提供一种经济有效的挖潜途径和手段。在裂缝性油藏中钻水平井可以提高天然裂缝的钻遇率,获得比常规直井高数倍的产能;在有底水和气顶的油藏中应用水平井,可以降低水和气的锥进速度,延长无水采油期,合理利用油藏的能量,提高油井的产量和采收率;在注水、注气、混相驱和聚合物驱中将水平井作为注入井,可提高波及体积和驱油效率;在稠油开采中应用水平井可提高蒸汽吞吐的周期产量和蒸汽驱的注气效率;尤其是水平井体积压裂技术的应用使致密、页岩等非常规油气藏经济有效开发成为可能。

第一节 水平井技术现状

水平井技术于1928年提出,20世纪40年代付诸实施,成为一项非常有前途的油气田开发、提高采收率的重要技术。到了20世纪80年代相继在美国、加拿大、法国等国家得到广泛工业化应用,并由此形成一股研究水平井技术、应用水平井技术的高潮。现如今,水平井钻井技术已日趋完善,并以此为基础发展了水平井各项配套技术(富媒体6-1)。目前,国外水平井技术的发展主要有以下两大特点:水平井技术由单个水平井向整体井组、多底井、多分支水平井的转变;应用欠平衡钻井技术,减少钻井液对油层的浸泡和伤害,加快机械钻速,简化井下矛盾,使水平井、多底井、多分支井在较简化的完井技术下就可以达到高产。

富媒体 6-1 水平井定义及适应性(视频)

美国的水平井技术相对于其他国家发展较早。据美国能源部门统计,在美国,水平井的最大作用是横穿多个裂缝(占了水平井总数的53%),其次是延迟水锥与气锥的出现(占总数的33%)。另外,使用最少的是以下3个方面:水驱(占9%),提高原油采收率(占9%),以及避开目的层上部地表的限制。在美国大约有90%的水平井的目的层是在碳酸盐岩地层内,有报告说只有54%的水平井项目是成功的,而水平井的技术成功率却高达95%。

为有效开发页岩油气资源，美国水平井钻井数近十年呈现爆发式增长，2015年，水平井钻井数首次超过50%，2018年分别达到65%和86.7%，已成为美国新钻井的第一大井型，2018年美国钻井数23400口，其中水平井钻井数超过了15000口（图6-2）。

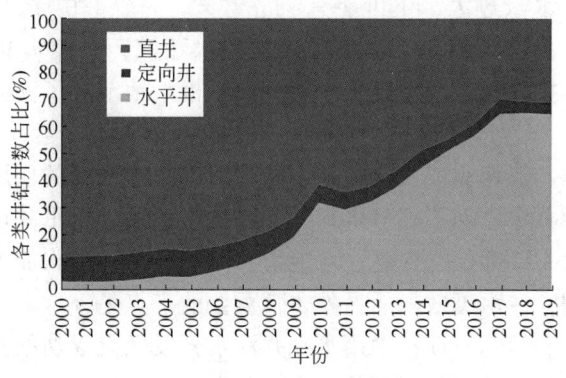

图6-1　世界水平井发展趋势

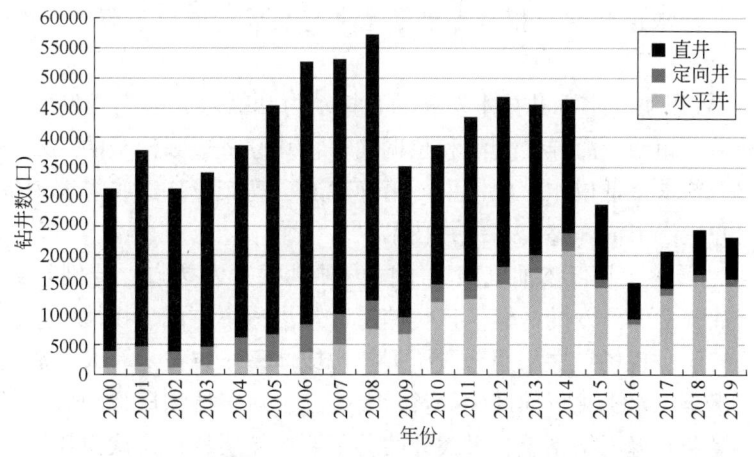

图6-2　美国历年水平井井数统计

中国是发展水平井钻井技术最早的几个国家之一，20世纪60年代中期在四川打成了磨3井和巴24井两口水平井，但限于当时的技术，未取得应有的效益。直到1988年，水平井开发技术才又重新兴起。在"八五"和"九五"期间开展了对水平井各项技术的研究和应用，并在不同类型油藏中开展了先导试验和推广应用，取得了很多成果，自1965年到1999年8月，中国石油天然气总公司和中国海洋石油总公司总计完钻水平井293口，几乎包括了所有的油藏类型，绝大部分水平井较直井显示了巨大的优越性，并且已取得显著的规模效益，如胜利油田的草桥地区和塔里木油田的塔中地区等。2006年，中国石油天然气股份有限公司启动水平井改造重大攻关项目，通过引进、消化、吸收、创新，形成了"长井段水平井完井+多簇射孔+滑溜水携砂+分段压裂"的主体改造技术体系。2007年开始，水平井分段压裂技术成为非常规油气开发的主体技术，在国内塔里木、辽河、大庆、西南等多个油气田得到了广泛应用。2010年以来，大型体积压力水平井技术得到广泛应用，将可以渗流的有效储层打碎，实现长、宽、高三维方向的全面立体改造，增大储层渗流能力和储层泄油面积。

水平井技术主要应用在以下几种油（气）藏：薄层油藏、天然裂缝油藏、存在气锥和水锥问题的油藏、存在底水锥进的气藏、致密页岩等非常规油气藏。另外，水平井在开采重油、水驱及其他提高采收率措施中也正在发挥越来越重要的作用。用直井开采有底水、厚度薄的重油油层，由于产水量过大，不可能有经济意义。另外，由于注入蒸汽易于进入底水层，在这种油藏中注蒸汽也无效果。水平井无须注入蒸汽，即能提高产能 4~5 倍。因此，钻一口水平井一次性的投入，不仅提高了产能，而且极大地节约了注蒸汽所需的管线、燃料及相关设备的费用。

除此之外，在水驱、混相驱以及热力采油的项目中，水平井的作用也越来越明显。目前在注水开发中后期的油藏中已钻了很多水平井。在低渗油藏，水平井可按直线驱动方式设计井网，从而提高波及效率，并最终提高注水能力和产油能力。注入能力和产能的提高，减少了油藏能量的补充时间，注水见效早。另外非常重要的一点是，这类油藏采用直井注水开发根本没有经济效益可言。然而目前，采用水平井注水开发已有成功的实例，其中一些项目在低成本下提高了原油采收率，增加了可采储量。在加拿大的 Pembina 油田，水平井进行水驱开发并未取得商业上的成功。分析原因表明，水平井钻于高含水区，水相渗透率高，产油能力较低。这说明，含水饱和度及相对渗透率是决定水平井进行水驱开发能否成功的重要参数。

20 世纪 90 年代以来，水平井技术发展的直接动力和需求来自高开发成熟度油田的剩余资源开发和对低渗、超薄、海洋、稠油和超稠油等特殊经济边际油藏的开发，这些开发对水平井技术有共同的要求：低成本、低污染、精确轨迹、高产量。这些需求刺激了水平井技术的完善和成熟，并最终形成一整套水平井技术。

21 世纪以来，低渗、超低渗油气藏成了国内外勘探开发热点，特别是致密类、页岩类油气藏更是成了油气勘探开发的主体。该类储层通常渗透率更低、物性更差，单靠水平井筒很难产出有效油气流，现场往往采用分段压裂技术或体积压裂技术，人为地在地层中产生裂缝，分段压裂技术是沿水平井方向产生等长双翼裂缝，对于体积压裂则形成了主裂缝和分支裂缝相互交错的复杂裂缝网络系统，极大地改善了原始储层特征。认识和了解压裂水平井的渗流特征，是研究该类油气藏流动特征、产能规律及高效对策的基础。

第二节　水平井近井渗流特征

根据油藏和井的性质，在流动达到拟稳态前可能经过 1~4 个瞬变流状态。下面以无量纲形式来表述各个瞬变流状态的开始和结束时间。

一、早期径向流阶段

这个阶段从水平井近井流动开始，假设没有井筒存储效应（图 6-3），在 x—z 平面的流动可以认为是无限大地层的流动，这是因为压力波还未传播到上下边界。如果垂向和水平渗透率差别很大，等势线则呈现椭圆状，而不是圆状。如果地层厚度很小或者垂向和水平渗透率之比很小，这个流动阶段也可能不出现。

(a) 沿井筒方向　　　　(b) 垂直井筒方向

图 6-3　早期径向流示意图

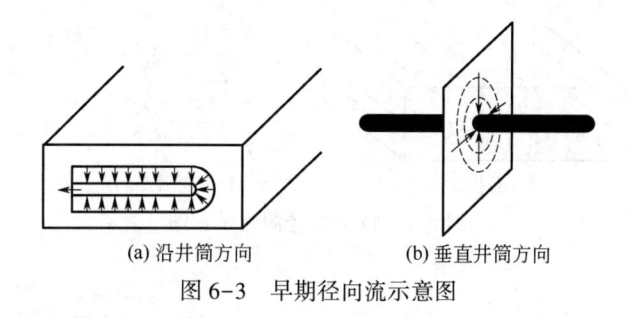

二、早期线性流阶段

如果水平井长度比油藏厚度大很多，早期径向流过后可能会出现早期线性流阶段。这个阶段在 x 方向流体向水平井的流动可认为是线性的（图 6-4）。相应的，x 方向的渗透率可以通过 Δp_{wf} 与 $t^{1/2}$ 的关系得到。这里压力波已传播到上下边界，上下边界对流动产生很大影响。如果垂向和水平渗透率之比很小或者地层厚度较厚时，这个流动阶段也可能不出现。

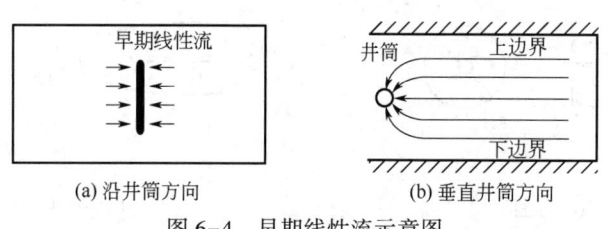

(a) 沿井筒方向　　　　(b) 垂直井筒方向

图 6-4　早期线性流示意图

三、晚期拟径向流阶段

早期线性流过后可能会出现晚期拟径向流阶段（图 6-5）。它很大程度上依赖井长与油藏宽度之比，穿透比定义为水平井长 L_w 与 y 方向的地层宽度 b 之比。这个阶段也是受地层上下边界的影响引起的。在这个阶段，水平井可看作是一个点源，在 x—y 平面的流动是径向的。为了研究这个流动阶段，调查半径应该比水平井长大很多倍。如果压力波传播到外边界，这个阶段将会消失。

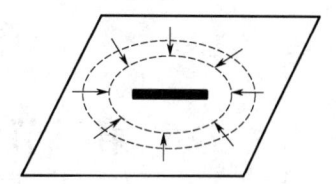

图 6-5　晚期拟径向流示意图

四、晚期线性流阶段

如果油藏长度远远大于相应的宽度，这个阶段将会在拟径向流阶段后产生（图 6-6）。在这个阶段，压力波已传播到油藏宽度方向（y 方向）的边界，在 x 方向的流动是线性的。这时 x 方向的地层渗透率可以通过 Δp_{wf} 与 $t^{1/2}$ 的关系估算出来。

水平井开发理论研究初期，大多把水平井生产时的三维渗流（图 6-7）简化成二维问题，且不考虑水平井筒内流动阻力对生产动态的影响，针对水平井近井流动区域形状的不同近似处理，可以分为如图 6-8 所示三种等效情况：圆柱体、椭球体以及圆柱+半球体泄油区域。

(a) 沿井筒方向　　　　　　　　(b) 局部井筒的向井流动

图 6-6　晚期拟径向流示意图

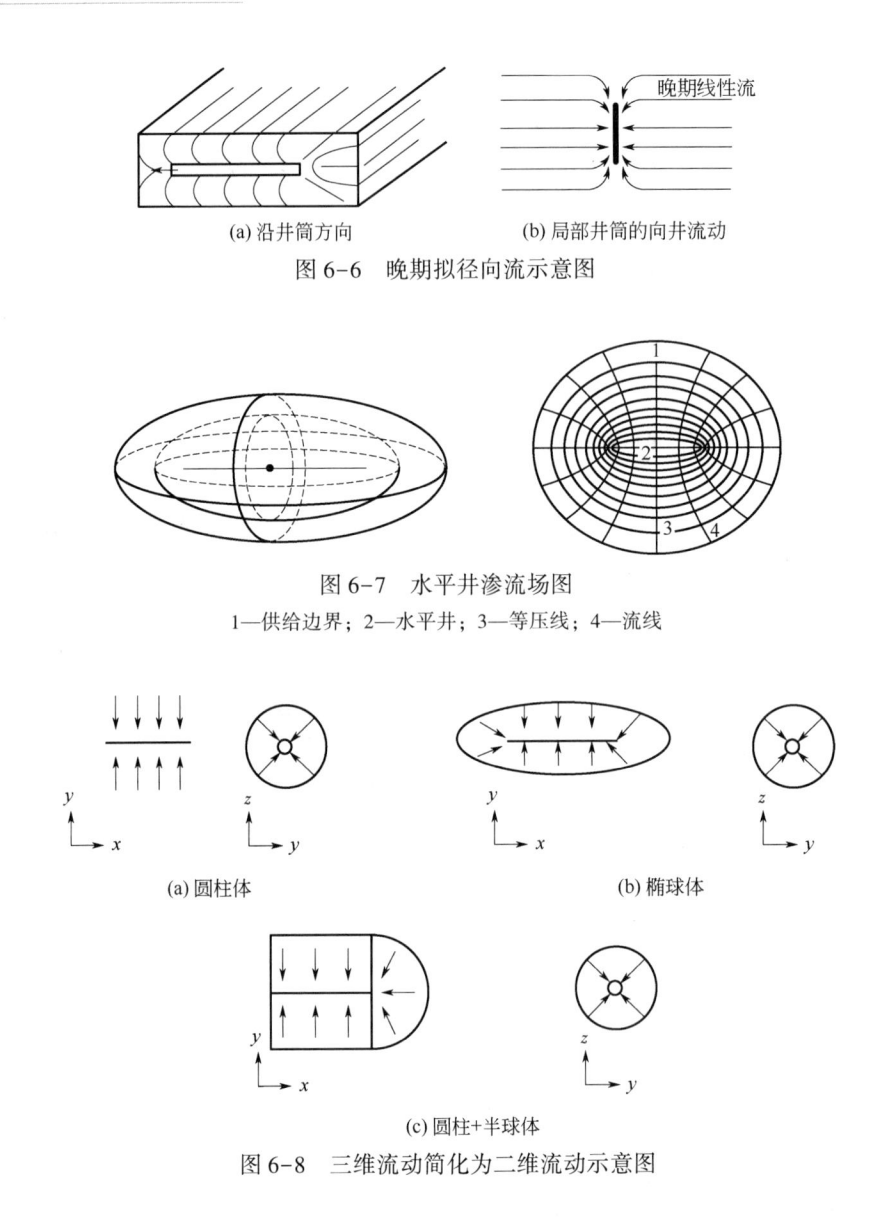

图 6-7　水平井渗流场图
1—供给边界；2—水平井；3—等压线；4—流线

(a) 圆柱体　　　　　　(b) 椭球体

(c) 圆柱+半球体

图 6-8　三维流动简化为二维流动示意图

第三节　水平井近井渗流规律描述

水平井近井渗流规律研究可以分为两个阶段——考虑水平井筒无限导流能力流动阶段（不考虑井筒内压力降）和油藏渗流与变质量管流耦合流动阶段（考虑井筒内流动压力降）。

一、考虑水平井筒无限导流能力流动

无限导流能力流动阶段认为与油藏接触的水平段井筒具有无限导流能力，水平井筒内压力均匀分布，不考虑水平井筒内压力降（图 6-9）。

Borisov、Gier、Renard 和 Dupuy 及 Joshi 针对各向同性的均质油藏分别提出近似解公式

其他复杂结构井产能公式参考富媒体 6-2。

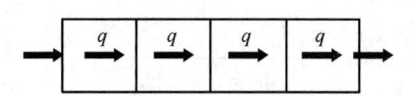

图 6-9 不考虑井筒内压力降的水平段流动示意图

富媒体 6-2 复杂结构井产能公式（文献）

Borisov 公式：

$$Q_h = \frac{0.54287 K_h h \Delta p/(\mu_o B_o)}{\ln(4r_{eh}/L) + (h/L)\ln[h/(2\pi r_w)]} \tag{6-1}$$

式中 Q_h——水平井产量，m^3/d。

Gier 公式：

$$Q_h = \frac{0.54287 K_h h \Delta p/(\mu_o B_o)}{\ln\left[\left(1+\sqrt{1-\left(\dfrac{L}{2r_{eh}}\right)^2}\right)\Big/\left(\dfrac{L}{2r_{eh}}\right)\right] + \dfrac{h}{L}\ln[h/(2\pi r_w)]} \tag{6-2}$$

Renard 和 Depuy 公式：

$$Q_h = \frac{0.54287 K_h h \Delta p}{\mu_o B_o}\left[\frac{1}{\cosh^{-1}(x) + (h/L)\ln[h/(2\pi r_w)]}\right] \tag{6-3}$$

其中
$$x = 2a/L$$

式中 x——椭圆泄油面积；
a——泄油主轴的长半轴，m。

Joshi 公式：

$$Q_h = \frac{0.54287 K_h h \Delta p/(\mu_o B_o)}{\ln\left[\left(a+\sqrt{a^2-\left(\dfrac{L}{2}\right)^2}\right)\Big/\left(\dfrac{L}{2}\right)\right] + (h/L)\ln[h/(2\pi r_w)]} \tag{6-4}$$

$$a = (L/2)\left[0.5 + \sqrt{(2r_{eh}/L)^4 + 0.25}\right]^{0.5}$$

式中 L——水平井长度，m；
h——油藏高度，m；
r_w——井筒半径，m；
r_{eh}——水平井的泄油半径，m。

但实际中大多数油藏不是均质油藏，对于非均质油藏引入了修正系数 $\beta=(K_h/K_v)^{0.5}$，同时，渗透率采用有效渗透率 $K=(K_h K_v)^{0.5}$，因此，Joshi 公式常采用如下形式：

$$Q_h = \frac{0.54287 K_h h \Delta p/(\mu_o B_o)}{\ln\left\{\left[a+\sqrt{a^2-\left(\dfrac{L}{2}\right)^2}\right]\Big/\left(\dfrac{L}{2}\right)\right\} + (\beta h/L)\ln[\beta h/(2\pi r_w)]} \tag{6-5}$$

Renard 和 Depuy 同样也提出了适用于非均质油藏的公式：

$$Q_h = \frac{0.54287 K_h h \Delta p}{\mu_o B_o}\left\{\frac{1}{\cosh^{-1}(x) + (\beta h/L)\ln[h/(2\pi r'_w)]}\right\} \tag{6-6}$$

其中，$r'_w = [(1+\beta)/2\beta]r_w$；对于椭圆泄油面积，$x = 2a/L$。

当考虑实际水平井井眼的偏心距，以及储层的各向异性系数时，则可采用下式进行计算：

$$Q_h = \frac{0.54287 K_h h \Delta p / (\mu_o B_o)}{\ln\left[\dfrac{a+\sqrt{a^2-(L/2)^2}}{L/2}\right] + (\beta h/L)\ln\left[\dfrac{(\beta h/2)^2 + (\beta \delta)^2}{\beta h r_w/2}\right]} \tag{6-7}$$

式中　δ——水平井的偏心距，m。

二、油藏渗流与变质量管流耦合流动

水平井生产时，水平井筒内除了沿水平井长度方向有流动（一般称为主流）外，油藏流体还垂直于水平井筒长度方向各处流入井筒（图 6-10）。从水平井筒趾端到水平井筒跟端，流体质量流量是逐渐增加的（即变质量流）。在这种情况下，沿主流方向流速也逐渐增加，加速度压降不再等于 0，其影响不能忽略。

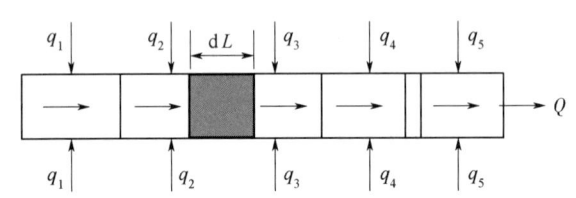

图 6-10　考虑井筒内流动压力降的示意图
q_1，q_2，q_3，q_4，q_5—微元段径向流量；
Q—水平井产量；dL—微元段长度

一方面，油藏流体沿水平井筒径向流入，干扰了主流管壁边界层，影响了其速度剖面，从而改变了由速度分布决定的壁面摩擦阻力。另一方面，径向流入的流量大小影响水平井筒内压力分布及压降大小，反过来井筒内的压力分布也影响从油藏径向流入井筒的流量大小，因而油藏内的渗流与水平井筒内的流动存在一种耦合的关系。

1. 流入剖面分布

假设地层流体在整个水平段上均有流体径向流入井筒（即水平井筒内流动为变质量流），考虑存在无限导流能力边界条件及沿井筒长度上的油层非均质性和摩擦阻力等因素的影响，对流体进入水平井筒时可能会出现的 5 种流入剖面进行分析，如图 6-11 所示。

1）流体均匀流入剖面的压降分布

沿程任意点 x 处的压降为：

$$\Delta p_a(x) = \int_0^x dp = 0.81\lambda \frac{\rho q_t^2}{D^5 L^2} \cdot \frac{x^3}{3} \tag{6-8}$$

式中　D——井筒直径，m；
　　　L——水平段井筒长度，m；
　　　ρ——流体密度，kg/m³；
　　　Δp——微元段压降，Pa；

图 6-11　水平井筒内流体的 5 种流入剖面示意图

x—距水平段趾端距离；q_t—x 处井筒内流量；L—水平段井筒长度

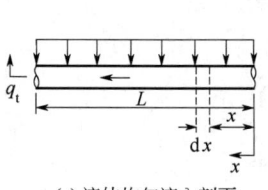

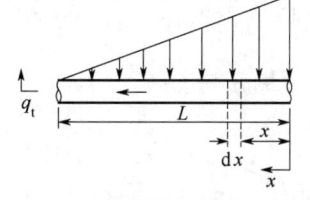

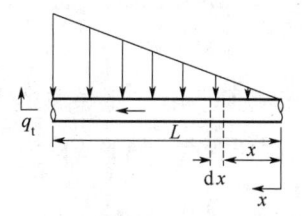

λ——摩擦损失系数，无量纲。

沿程总压降为：

$$\Delta p_a = 0.81\lambda \frac{\rho q_t^2}{D^5 L^2} \cdot \frac{L^3}{3} = \frac{1}{3}\Delta p$$

2）流体线性递减流入剖面的压降分布

沿程任意点 x 处的压降为：

$$\Delta p_b(x) = 0.81\lambda \frac{\rho q_t^2}{D^5 L^2} \left(\frac{3}{4}L^2 x^3 - L x^4 + \frac{x^5}{5} \right) \tag{6-9}$$

沿程总压降为：

$$\Delta p_b = 0.81\lambda \frac{\rho q_t^2}{D^5 L^2} \cdot \frac{8L^3}{15} = \frac{8}{15}\Delta p$$

3）流体线性递增流入剖面的压降分布

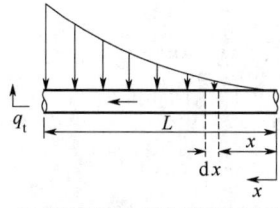

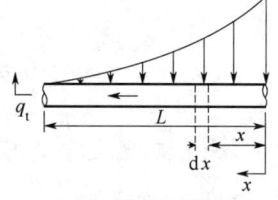

沿程任意点 x 处的压降为：

$$\Delta p_c(x) = 0.81\lambda \frac{\rho q_t^2}{D^5 L^4} \frac{x^5}{5} \tag{6-10}$$

沿程总压降为：

$$\Delta p_c = 0.81\lambda \frac{\rho q_t^2}{D^5 L^2} \cdot \frac{L^3}{5} = \frac{1}{5}\Delta p$$

4）流体抛物线型递增流入剖面的压降分布

沿程任意点 x 处的压降为：

$$\Delta p_d(x) = 0.81\lambda \frac{\rho q_t^2}{D^5 L^6} \frac{x^7}{7} \tag{6-11}$$

沿程总压降为：

$$\Delta p_{\mathrm{d}} = 0.81\lambda \frac{\rho q_{\mathrm{t}}^2}{D^5} \cdot \frac{L}{7} = \frac{1}{7}\Delta p$$

5) 流体抛物线型递减流入剖面的压降分布

沿程任意点 x 处的压降为:

$$\Delta p_{\mathrm{e}}(x) = 0.81\lambda \frac{\rho q_{\mathrm{t}}^2}{D^5 L^6}\left(3L^4 x^3 - \frac{9}{2}L^3 x^4 + 3L^2 x^5 - Lx^6 + \frac{x^7}{7}\right) \tag{6-12}$$

沿程总压降为:

$$\Delta p_{\mathrm{e}} = 0.81\lambda \frac{\rho q_{\mathrm{t}}^2}{D^5} \cdot \frac{9L}{14} = \frac{9}{14}\Delta p$$

2. 水平井近井渗流机理及渗流模型

将水平井生产段视为三维线汇，长 L 的生产段分成 N 段微元段，设第 i 段微元段的径向流量（油藏流入井筒流量）为 $q_{\mathrm{r}}(i)$，流压为 $p_{\mathrm{wf}}(i)$ $(1 \leq i \leq N)$，并作以下假设：

(1) 油藏为均质、等厚各向异性的无限大地层，其中各向异性渗透率 $K_x = K_y = K_{\mathrm{h}}$，$K_z = K_{\mathrm{v}}$；

(2) 单相不可压缩流体，油藏中渗流符合达西定律；

(3) 完井方式为裸眼完井或割缝筛管完井；

(4) 考虑生产段井筒内变质量管流对油藏渗流的影响，即考虑生产段沿程压力损失。

无限大油藏中流体流向水平生产段的稳定流动规律符合 Laplace 方程:

$$\frac{\partial^2 p}{\partial x^2} + \frac{\partial^2 p}{\partial y^2} + \frac{K_{\mathrm{v}}}{K_{\mathrm{h}}}\frac{\partial^2 p}{\partial z^2} = 0 \tag{6-13}$$

外边界条件:

$$p(x,y,z)\big|_{x\to\infty, y\to\infty, z\to\infty} = p_{\mathrm{e}}$$

内边界条件:

$$p(x,y,z)\big|_{[x-x_{\mathrm{p}}(i,t)]^2 + [y-y_{\mathrm{p}}(i,t)]^2 + [z-z_{\mathrm{p}}(i,t)]^2 = r_{\mathrm{w}}^2} = p_{\mathrm{wf}}(i) \quad (1 \leq i \leq N)$$

令 $\beta = \sqrt{\dfrac{K_{\mathrm{h}}}{K_{\mathrm{v}}}}$，进行线性变换 $z' = \beta z$，则式(6-13) 可以变形为:

$$\frac{\partial^2 \Phi}{\partial x^2} + \frac{\partial^2 \Phi}{\partial y^2} + \frac{\partial^2 \Phi}{\partial z'^2} = 0 \tag{6-14}$$

外边界条件:

$$\Phi(x,y,z')\big|_{x\to\infty, y\to\infty, z'\to\infty} = \Phi_{\mathrm{e}}$$

内边界条件:

$$\Phi(x,y,z')\big|_{[x-x_{\mathrm{p}}(i,t)]^2 + [y-y_{\mathrm{p}}(i,t)]^2 + [z'-z'_{\mathrm{p}}(i,t)]^2 = r_{\mathrm{w}}^2} = \Phi_{\mathrm{wf}}(i) \quad (1 \leq i \leq N)$$

其中，$\Phi = \dfrac{\sqrt{K_{\mathrm{h}} K_{\mathrm{v}}}}{\mu_0} p$；第 i 段微元段的参数变换为:

$$L_i = \frac{L}{N}\sqrt{\beta^2 \cos^2\theta_i + \frac{1}{\beta^2}\sin^2\theta_i}$$

$$\sin\theta'_i = \frac{\beta\sin\theta_i}{\sqrt{\beta^2\cos^2\theta_i + \frac{1}{\beta^2}\sin^2\theta_i}}; \quad \cos\theta'_i = \frac{\cos\theta_i}{\beta\sqrt{\beta^2\cos^2\theta_i + \frac{1}{\beta^2}\sin^2\theta_i}}$$

根据势理论，生产段第 i 微元段（$1 \leq i \leq N$）在无限大地层中任意点 $M(x,y,z')$ 所产生的势为：

$$\Phi_i(x,y,z') = \int_0^L -\frac{Nq_r(i)}{4\pi Lr}\mathrm{d}s + C$$

$$= \int_0^{L_i} -\frac{Nq_r(i)}{4\pi L\sqrt{(x_p-x)^2+(y_p-y)^2+(z'_p-z')^2}}\mathrm{d}s + C \quad (6-15)$$

又由于 $\mathrm{d}s = \sqrt{\left(\frac{\mathrm{d}x_p}{\mathrm{d}t}\right)^2 + \left(\frac{\mathrm{d}y_p}{\mathrm{d}t}\right)^2 + \left(\frac{\mathrm{d}z'_p}{\mathrm{d}t}\right)^2}\mathrm{d}t = L_i\mathrm{d}t$，故对式（6-15）进行积分得到：

$$\Phi_i(x,y,z') = -\frac{Nq_r(i)}{4\pi L}\ln\frac{r_{1i}+r_{2i}+L_i}{r_{1i}+r_{2i}-L_i}+C_i \quad (6-16)$$

$$r_{1i} = \sqrt{[x_p(i,0)-x]^2+[y_p(i,0)-y]^2+[z'_p(i,0)-z']^2}$$

$$r_{2i} = \sqrt{[x_p(i,1)-x]^2+[y_p(i,1)-y]^2+[z'_p(i,1)-z']^2}$$

根据势叠加原理，可以得到水平井生产段在无穷大地层中任意点 $M(x,y,z')$ 所产生的势为：

$$\Phi(x,y,z') = \frac{N}{4\pi L}\sum_{i=1}^N\left[q_r(i)\ln\frac{r_{1i}+r_{2i}+L_i}{r_{1i}+r_{2i}-L_i}\right]+C \quad (6-17)$$

如果油藏为各向同性的无限大地层（$\beta=1$），水平段纯水平放置（$\theta=90°$，$\alpha=0$），而且不考虑水平段沿程压力损失 [即 $q_r(i)$ 相等]，则由式（6-16）变形得到势分布函数：

$$\Phi(x,y,z) = \frac{Q}{4\pi}\ln\frac{R_1+R_2+L}{R_1+R_2-L}+C \quad (6-18)$$

$$R_1 = \sqrt{(x_0-x)^2+(y_0-y)^2+(z_0-z)^2}$$

$$R_2 = \sqrt{(x_0+L-x)^2+(y_0-y)^2+(z_0-z)^2}$$

等势线分布为一组同心椭圆簇，水电模拟实验和数值模拟也同样验证了这一结论。

3. 水平井生产段沿程压降计算模型

微元段压力损失计算的具体思路就是将生产段分为若干微元段，每一段上的压降损失包括摩擦损失、加速损失、混合损失和重力损失，进行反复迭代计算，从而求出生产段上的压降损失。

在距生产段跟端 s 处取微元段 ΔL，如图 6-12 所示。设油藏流向微元段的流速为 $V_r(s)$，上游流动端面的平均流速为 $V_1(s+\Delta L)$，流压为 $p_{wf}(s+\Delta L)$，下游平均流速为 $V_1(s)$，流压为 $p_{wf}(s)$，该微元段壁面摩擦阻力为 $\tau_w(s)$，所受到的重力为 G。

对于裸眼完井的生产段而言，井筒直接与油藏接触，因此油藏流体径向流入生产段井筒内的渗流面积 A_r 应与地层的孔隙度 ϕ 有关，即遵循下面关系式：

$$A_r = \phi\pi D\Delta L \quad (6-19)$$

整理上式可得：

(a) 生产段示意图　　　　(b) 微元段分析图

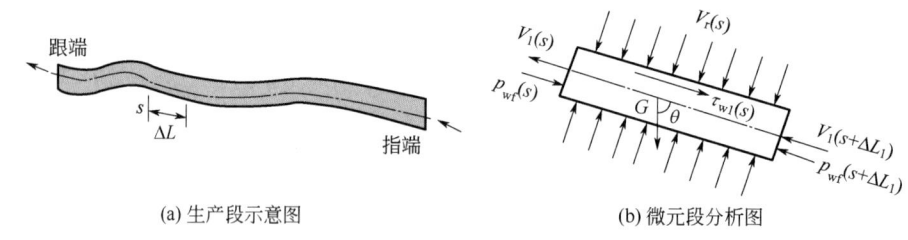

图 6-12　水平井生产段划分微元段示意图

$$\frac{\Delta V_1(s)}{\Delta L} = \frac{4\phi}{D} V_r(s) \tag{6-20}$$

根据质量守恒原理，微元段 ΔL 控制体的质量守恒方程为：

$$\rho V_1(s+\Delta L)\frac{\pi D^2}{4} - \rho V_1(s)\frac{\pi D^2}{4} = -\rho V_r(s)\phi\pi D\Delta L \tag{6-21}$$

微元段 ΔL 控制体中流体沿井筒长度方向上受到重力、摩擦阻力、上下游端面压力及径向入流流体的惯性力作用，根据动量守恒定理有：

$$p_{wf}(s+\Delta L)\frac{\pi D^2}{4} - p_{wf}(s)\frac{\pi D^2}{4} - [\tau_{w2}(s)\phi + \tau_{w1}(s)(1-\phi)]\pi D\Delta L - \rho g\cos\theta\Delta L\frac{\pi D^2}{4}$$

$$= \Delta(mV) = \rho\frac{\pi D^2}{4}[V_1^2(s)V_1^2(s+\Delta L)] \tag{6-22}$$

其中　　$\tau_{w1}(s) = \dfrac{f_1 \rho V_m^2(s)}{8}$，　　$V_m(s) = \dfrac{V_1(s)+V_1(s+\Delta L_1)}{2}$，　　$\tau_{w2}(s) = \dfrac{f_2 \rho V_m^2(s)}{8}$

式中　$\tau_{w1}(s)$ ——裸眼完井的生产段井筒管壁摩擦阻力，Pa；
　　f_1 ——裸眼完井的生产段井筒管壁摩擦系数，无量纲；
　　$V_m(s)$ ——该微元段流体的平均流速，m/s；
　　$\tau_{w2}(s)$ ——径向流入井筒的流体与轴向流体间的摩擦阻力，Pa；
　　f_2 ——由于径向流入生产段井筒的流体所造成的摩擦阻力系数，无量纲。

将式 (6-21) 变形并代入式 (6-22) 整理得：

$$-\frac{\Delta p_{wf}(s)}{\Delta L} = \frac{2\rho}{\pi^2 D^5}[f_2\phi + f_1(1-\phi)][2q_1(s)-q_r(s)]^2 + \rho g\cos\theta$$

$$+ \frac{16\rho}{\pi^2 D^4}\frac{q_r(s)}{\Delta L}[2q_1(s)-q_r(s)] \tag{6-23}$$

当 $\Delta L \to 0$ 时，对式 (6-23) 求极限可以得到裸眼完井方式下水平井生产段的压降损失梯度模型：

$$-\frac{dp_{wf}(s)}{ds} = \frac{8\rho}{\pi^2 D^5}[f_2\phi + f_1(1-\phi)]q_1^2(s) + \rho g\cos\theta + \frac{32\rho}{\pi^2 D^4}q_r(s)q_1(s)$$

设水平段等分为 N 段，每一微元段的长度 ΔL 等于 L/N，且式中各物理量采用实用单位，那么裸眼完井方式下水平井生产段压降损失计算模型为：

$$\Delta p_{wf}(i) = \frac{\rho L}{N}\left\{\frac{2.7146\times 10^{-14}}{D^5}[f_2\phi + f_1(1-\phi)][2q_1(i)-q_r(i)]^2\right.$$

$$\left.+ \frac{g\cos\theta}{10^3} + \frac{2.1717\times 10^{-13}}{D^4}\frac{Nq_r(i)}{L}[2q_1(i)-q_r(i)]\right\} \quad (1\leq i\leq N) \tag{6-24}$$

式中　$\Delta p_{wf}(i)$——水平井生产段第 i 段压降损失，MPa；

　　　ρ——原油密度，$10^3 \mathrm{kg/m^3}$；

　　　L——生产段长度，m；

　　　D——生产段井眼直径，m；

　　　$q_1(i)$ 和 $q_r(i)$——生产段第 i 段井眼轴向流量和径向流量，$\mathrm{m^3/d}$。

4. 考虑油藏渗流与井筒内变质量管流耦合的水平井生产段流动模型

设长为 L 生产段划分为 N 个微元段，近井油藏向第 i 段生产段井筒的径向流入量为 $q_r(i)$，中点处流压为 $p_{wf}(i)$ $(1 \leqslant i \leqslant N)$，水平井生产段跟端流压 p_{wf} 赋为 $p_{wf}(0)$；生产段井筒内沿程流量为 $q_1(j)$ $(1 \leqslant j \leqslant N)$，水平井产量为 $q_1(1)$。

那么在油藏参数、流体参数以及井眼数据已知的情况下，分别代表不同类型油藏水平井近井油藏渗流模型可表示为含有 $q_r(i)$、$p_{wf}(i)$ $(1 \leqslant i \leqslant N)$ 共 $2N$ 个未知量、N 个方程组成的方程组：

$$F_{oh1}[q_r(i), p_{wf}(i)] = 0 \quad (1 \leqslant i \leqslant N) \tag{6-25}$$

裸眼完井水平井生产段井筒沿程流量符合以下关系式：

$$q_1(j) = \sum_{k=j}^{N} q_r(k) \quad (1 \leqslant j \leqslant N) \tag{6-26}$$

水平井生产段井筒沿程流压符合以下关系式：

$$p_{wf}(i) = p_{wf}(i-1) + 0.5[\Delta p_{wf}(i-1) + \Delta p_{wf}(i)] \quad (2 \leqslant i \leqslant N+1) \tag{6-27}$$

$$p_{wf}(1) = p_{wf} + 0.5 \Delta p_{wf}(1); \quad \Delta p_{wf}(N+1) = 0$$

将式(6-26)代入式(6-27)并整理可以得到：

$$\Delta p_{wf}(i) = \frac{\rho L}{N} \left\{ \frac{2.7146 \times 10^{-14}}{D^5} [f_2 \phi + f_1(1-\phi)][2q_1(i) - q_r(i)]^2 + \frac{g\cos\theta}{10^3} \right.$$
$$\left. + \frac{2.1717 \times 10^{-13}}{D^4} \frac{N q_r(i)}{L} [2q_1(i) - q_r(i)] \right\} \quad (1 \leqslant i \leqslant N) \tag{6-28}$$

将式(6-28)代入式(6-27)可以得到未知量为 $q_r(i)$、$p_{wf}(i)$ $(1 \leqslant i \leqslant N)$、含有 N 个方程的方程组：

$$F_{oh2}[q_r(i), p_{wf}(i)] = 0 \tag{6-29}$$

式(6-25)和式(6-29)共有 $2N$ 个方程、$2N$ 个未知量，即为裸眼完井方式下水平井生产段耦合流动模型。

第四节　影响水平井近井渗流的因素

一、水平井生产段沿程压降及流量分析

将生产段划分微元段段数分别取10、30、60、100及200（生产段长度 L 取300m），水平段径向流入量沿程分布如图6-13所示。可以看出，当水平段微元段数超过60（即微元段长小于5m）后，除靠近水平段趾端和跟端的采油指数变化较大外，水平段的采油指数（即单位压差下产油量）几乎不再变化。

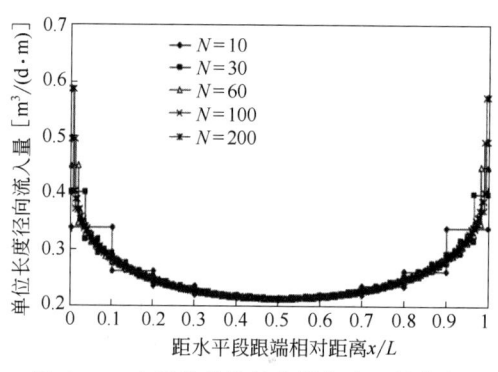

图 6-13 水平井单位长度径向流入量分布

针对水平段长度为 200m、400m 和 600m 三种情况进行水平井生产段沿程压降及流量分析，生产段流量、压降、单位长度径向流量及单位长度径向流量占主井筒截面流量百分数的沿程分布如图 6-14 至图 6-17 所示。

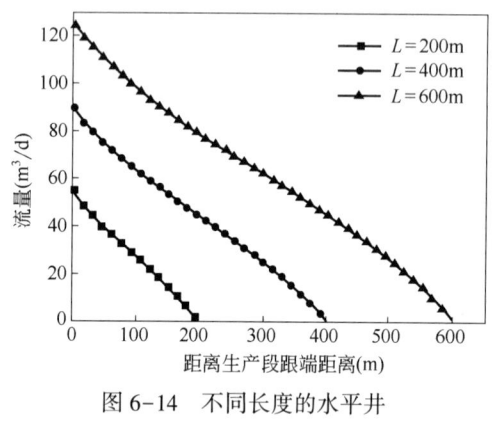

图 6-14 不同长度的水平井生产段流量沿程分布图

图 6-15 不同长度的水平井生产段压降沿程分布

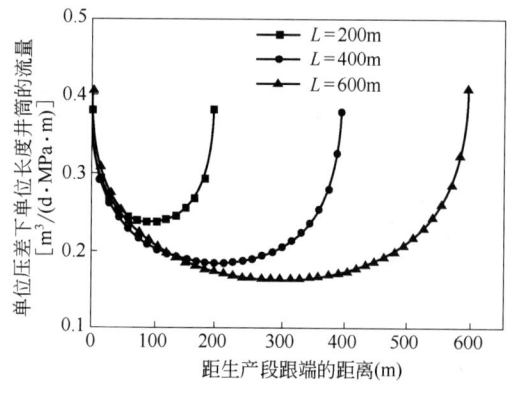

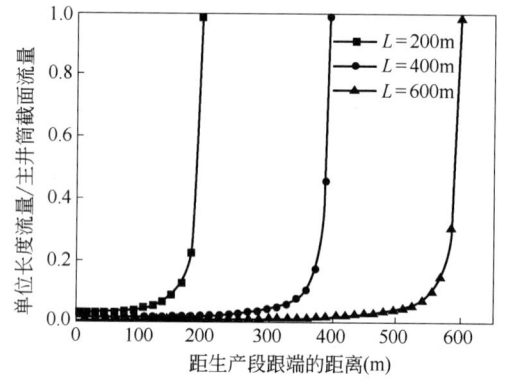

图 6-16 不同长度的水平井生产段单位长度径向流量沿程分布

图 6-17 不同长度的单位长度径向流量占主井筒截面流量百分数

从图中可以看出：

（1）沿生产段趾端到生产段跟端，由于流量逐渐增加，流压逐渐降低；

（2）生产段跟端由于井筒内流量较小，主要贡献来自径向流量，因此靠近生产段趾端的单位长度径向流量占主井筒截面流量百分数大，随着井筒内流量的增加，径向流量相对于主井筒截面流量而言就相对变小；

（3）由于水平井泄油面积类似于椭圆，因此靠近生产段趾端和生产段跟端单位长度径向流量要大于生产段中间部位。

二、影响水平井近井渗流的因素分析

影响水平井近井渗流的因素可以归类为三类：地层和流体因素、井眼参数及生产参数。

1. 地层和流体因素

影响水平井近井渗流的地层和流体因数包括水平渗透率、垂向渗透率与水平渗透率的比值、油层厚度和流体黏度。

1）水平渗透率

水平井产量随水平渗透率 K_h 的增加而增加，且二者呈现弱线性正比例关系，即水平井产量增加幅度随 K_h 的增加有减小的趋势。

水平井与直井的产能比 J_h/J_v 则随水平渗透率 K_h 的增加而减小，且二者呈现反比例关系，即 J_h/J_v 减小的幅度随 K_h 的增加有变缓的趋势，如图 6-18 所示。

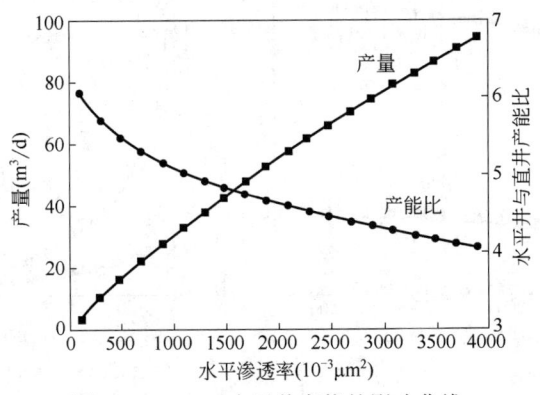

图 6-18　K_h 对水平井产能的影响曲线

2）垂向渗透率与水平渗透率的比值

水平井产量和 J_h/J_v 随垂向渗透率与水平渗透率比值 K_v/K_h 的增加而增加，当 $K_v/K_h<0.2$ 时，水平井产量和 J_h/J_v 随 K_v/K_h 的增加而快速增加；当 $K_v/K_h>0.2$ 后，水平井产量和 J_h/J_v 增加的幅度变缓；当 $K_v/K_h>0.5$ 后，水平井产量和 J_h/J_v 随 K_v/K_h 的增加几乎不再增加，如图 6-19 所示。

3）油层厚度

水平井产量随油层厚度 h 的增加而增加，而 J_h/J_v 随 h 的增加而减少，当 $h<25$m 时，水平井产量和 J_h/J_v 随油层厚度 h 变化的幅度较大，当 $h>25$m 后，水平井产量和 J_h/J_v 变化幅度变缓，如图 6-20 所示。

图 6-19　K_v/K_h 对水平井产能的影响曲线

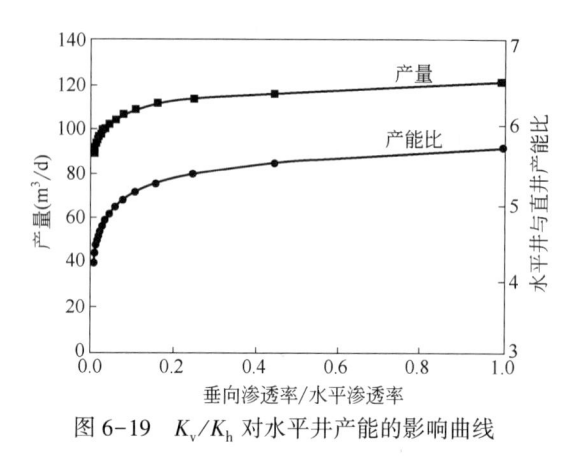

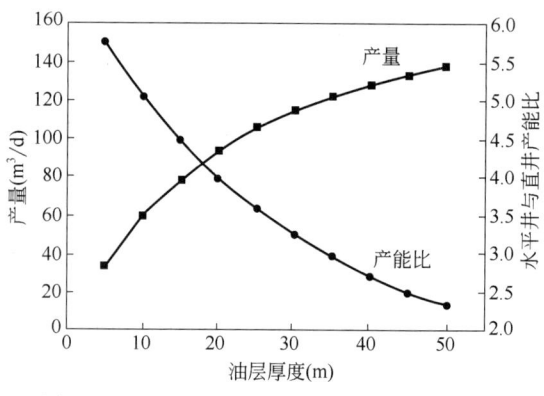

图 6-20　油层厚度对水平井产能的影响曲线

4）原油黏度

原油黏度分别取 10mPa·s、50mPa·s 和 500mPa·s，生产段流压和压降沿程分布如图 6-21 和图 6-22 所示。从图中可以看出：在定生产压差的情况下，随着黏度的降低，水平井生产段压力降逐渐增大，而且水平井生产段压力降主要消耗在靠近生产段跟端部分；在定生产压差的情况下，原油黏度高于 50mPa·s 后，生产段压力降小于 4kPa，因此对于低黏度的水平井要考虑生产段压力损失。

图 6-21　不同原油黏度的水平井生产段流压沿程分布

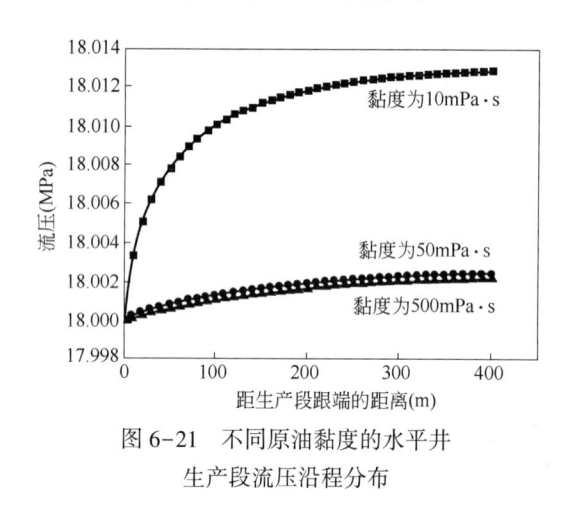

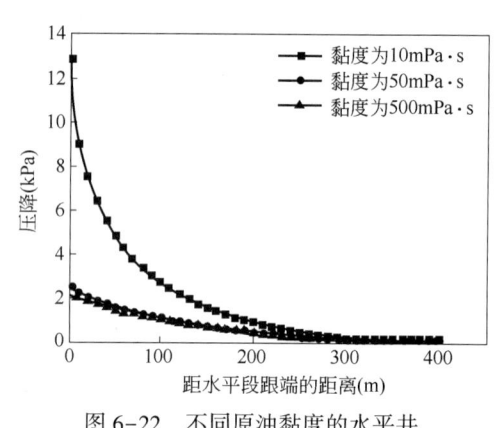

图 6-22　不同原油黏度的水平井生产段压降沿程分布

2. 井眼参数

影响水平井近井渗流的井眼参数包括水平段长度、表皮因子。

1）水平段长度

针对考虑水平段压降与不考虑水平段压降进行对比，结果如图 6-23 所示。不考虑水平段压降时，水平井产量呈线性比例关系；而在考虑水平段压降情况下，水平井产量与水平段长度不再呈线性关系。

水平段长度对水平井产能的影响曲线如图 6-24 所示。从图中可以看出，水平井产量和 J_h/J_v 随水平段长度 L 的增加而增加，当 $L<200$m 时，水平井产量和 J_h/J_v 随 L 的增加

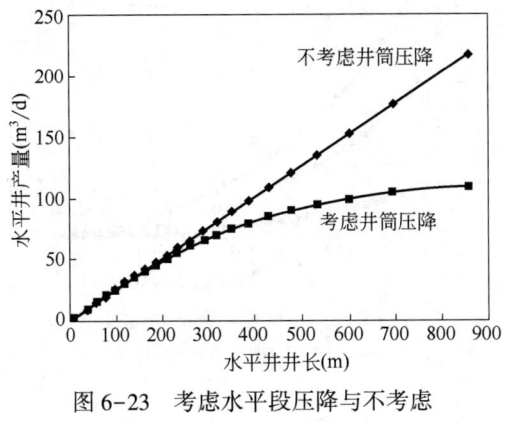

而快速增加；而当 $L>600\mathrm{m}$ 后，水平井产量和 J_h/J_v 随 L 的增加而增加的幅度几乎不再增加。

图 6-23　考虑水平段压降与不考虑水平段压降时水平井产能

图 6-24　水平段长度对水平井产能的影响曲线

2）表皮因子

表皮因子对水平井产能的影响曲线如图 6-25 所示，从图中可以看出：

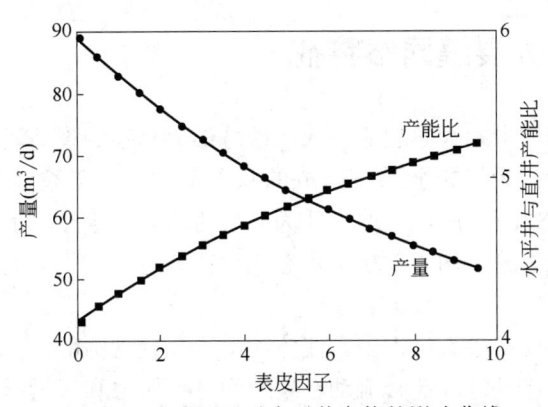

图 6-25　表皮因子对水平井产能的影响曲线

（1）水平井产量随表皮因子的增加而减小，且二者呈现弱线性反比例关系，即水平井产量减小幅度随表皮因子的增加有变缓的趋势；

（2）水平井与直井的产能比 J_h/J_v 则随表皮因子的增加而增加，且 J_h/J_v 增加的幅度随表皮因子的增加有变缓的趋势。

3. 生产参数

生产压差分别取 1MPa、3MPa 和 5MPa，生产段流量和压降的沿程分布如图 6-26 和图 6-27 所示。从图中可以看出：

（1）在小的生产压差下，生产段趾端和生产段跟端的单位长度径向流量与生产段中间部位相差不大，而随着生产压差的增加，生产段两端的单位长度径向流量与中间部位的差异逐渐增大；

（2）随着生产压差的增加，生产段的压力损失呈现增大的趋势。

图 6-26　不同生产压差的水平井生产段流量沿程分布图

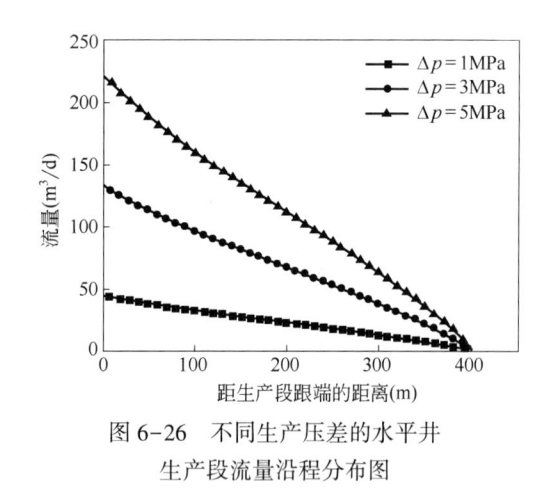

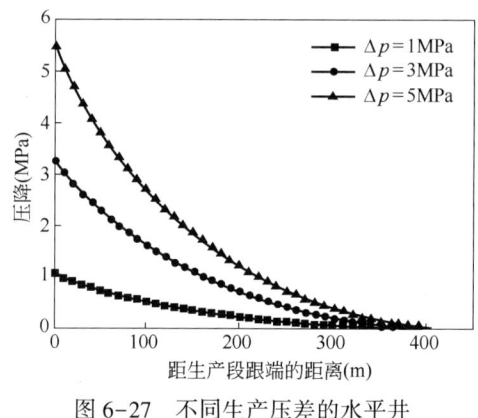

图 6-27　不同生产压差的水平井生产段压降沿程分布

第五节　压裂水平井的渗流特征

一、压裂水平井裂缝网络特征

在人工压裂后，储层中的天然裂缝与人工裂缝形成复杂的裂缝网络系统，因此，可以将压裂后的储层看为基质与天然裂缝系统组成的双重介质。人工裂缝是沟通储层和基质的桥梁，物理模型如图 6-28（a）所示。通常认为储层为均质、等厚、上下封闭、水平方向无限大；考虑流体在基质和裂缝中均为单相不稳态流动；考虑人工裂缝的有限导流和裂缝间的相互干扰现象。

在储层到井筒的不稳定渗流过程中，流体流动主要分为两部分：储层到人工裂缝的流动和人工裂缝内部流动。通过将两部分流动在裂缝面进行压力和流量耦合，可得到不同时刻地层任意一点的压力和每个裂缝网格的流量，从而确定地层中任意一点的压力情况及渗流特征。

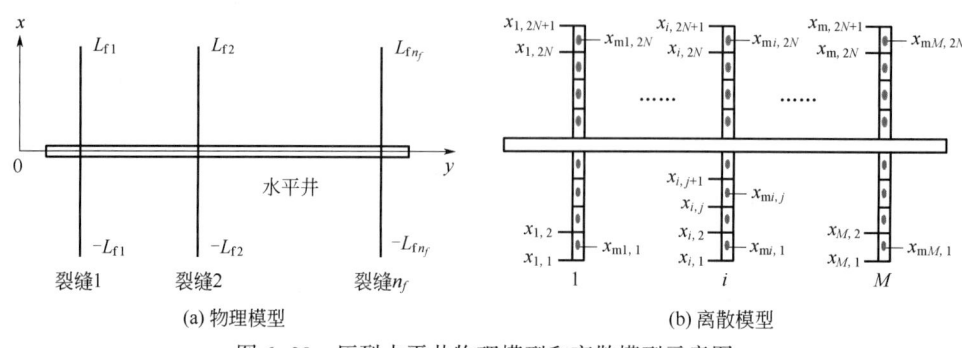

图 6-28　压裂水平井物理模型和离散模型示意图
(a) 物理模型　(b) 离散模型

二、压裂水平井渗流规律描述

1. 储层渗流

随着压力降的波及,储层内部基质中的流体经过压差作用进入天然裂缝。对于储层基质系统,基质压力下降后,形成流体供给,压裂水平井储层渗流数学模型的极坐标形式为:

$$\frac{\partial^2 p_m}{\partial r^2}+\frac{1}{r}\frac{\partial p_m}{\partial r}=0.0864\frac{\phi_m \mu c_{tm}}{K_m}\frac{\partial p_m}{\partial t} \tag{6-30}$$

式中 ϕ_m——储层孔隙度,无量纲;

K_m——储层渗透率,10^{-3} μm²;

c_{tm}——储层综合压缩系数,MPa⁻¹;

μ——流体黏度,mPa·s。

基质内流体窜流进入天然裂缝后,天然裂缝的非稳态控制方程为:

$$\frac{\partial}{\partial r}(-\rho v_f)=0.0864\left[\frac{\partial(\rho\phi_f)}{\partial t}+Q_f\right] \tag{6-31}$$

天然裂缝中流体流动速度为:

$$v_f=-\frac{K_f}{\mu}\frac{\partial p_f}{\partial r} \tag{6-32}$$

Q_f是单位时间内基质系统向单位体积天然裂缝窜流的流体质量,其表达式为:

$$Q_f=-\frac{\alpha}{\mu}K_m(p_m-p_f) \tag{6-33}$$

式中 ϕ_f——天然裂缝孔隙度,无量纲;

K_f——天然裂缝渗透率,10^{-3} μm²;

p_f——天然裂缝压力,MPa;

α——形状因子,无量纲。

天然裂缝控制方程为:

$$\frac{\partial^2 p_f}{\partial r^2}=0.0864\left[\frac{\phi_f c_{tf}\mu(\bar{p})}{K_f}\frac{\partial p_f}{\partial t}-\frac{\alpha}{\mu}K_m(p_m-p_f)\right] \tag{6-34}$$

考虑储层中渗流的情况,由质量守恒定律,引入无量纲参数,见表6-1。

表6-1 缝网模型无量纲参数定义（L为特征长度,m）

无量纲参数	表达式
无量纲压力	$p_D=\dfrac{K_f h(p_i-p)}{1.842\times10^{-3}q\mu B}$
无量纲时间	$t_D=\dfrac{0.0864 K_f t}{\bar{\mu}(\phi_m c_{tm}+\phi_f c_{tf})L^2}$
无量纲距离	$r_D=\dfrac{r}{L}$
窜流系数	$\lambda=\dfrac{15}{r_m^2}\dfrac{K_m}{K_f}L^2$
天然裂缝弹性储容比	$\omega=\dfrac{\phi_f c_{tf}}{\phi_m c_{tm}+\phi_f c_{tf}}$

将基质方程和天然裂缝方程进行无量纲化处理，得到双重孔隙介质储层不稳定流动数学模型为：

$$\begin{cases} \dfrac{\partial^2 p_{\rm fD}}{\partial r_{\rm D}^2} + \dfrac{1}{r_{\rm D}} \dfrac{\partial p_{\rm fD}}{\partial r_{\rm D}} = \omega \dfrac{\partial p_{\rm fD}}{\partial t_{\rm D}} + (1-\omega) \dfrac{\partial p_{\rm mD}}{\partial t_{\rm D}} \\ \nabla^2 p_{\rm mD} = \dfrac{\partial p_{\rm mD}}{\partial t_{\rm D}} \end{cases} \quad (6-35)$$

将 Laplace 变换用于上面的方程组，可得到 Laplace 空间常微分方程：

$$\frac{{\rm d}^2 \bar{p}_{\rm fD}}{{\rm d} r_{\rm D}^2} + \frac{1}{r_{\rm D}} \frac{{\rm d} \bar{p}_{\rm fD}}{{\rm d} r_{\rm D}} - s f(s) \bar{p}_{\rm fD} = 0 \quad (6-36)$$

其中

$$f(s) = \omega + \frac{(1-\omega)}{\lambda s} \alpha (\sqrt{\lambda s} \tanh \sqrt{\lambda s} - 1) \quad (6-37)$$

采用点源函数方法，则任一人工裂缝中任一裂缝微元在油藏中第 i 个裂缝微元产生的压力为：

$$\bar{p}_{{\rm fD}i}(s) = \sum_{j=1}^{M \cdot 2N} s \bar{q}_{{\rm D}j} \bar{p}_{{\rm fD}i,j}(x_{\rm D}, y_{\rm D}) \quad (6-38)$$

在 Laplace 空间下，油藏流向每条裂缝每个裂缝微元的流量总和为水平井的产量：

$$\sum_{j=1}^{M \cdot 2N} \bar{q}_{{\rm fD}j}(t_{\rm D}) = 1 \quad (6-39)$$

根据 Ozkan 的研究，Laplace 空间下线源在油藏中某点产生的压力降为：

$$\bar{p}_{{\rm fD}i,j}(x_{\rm D}, y_{\rm D}) = \frac{1}{s \Delta x_{\rm fD}} \int_{x_{{\rm D}i,j}}^{x_{{\rm D}i,j+1}} K_0 \sqrt{f(s)} \sqrt{(x_{\rm D} - x_{{\rm mD}j} - x)^2 + (y_{\rm D} - y_{{\rm mD}j})^2} \, {\rm d}x \quad (6-40)$$

其中，L 为特征长度，其他无量纲距离定义为：

$$x_{\rm D} = \frac{x}{L}, \quad y_{\rm D} = \frac{y}{L}, \quad x_{\rm wD} = \frac{x_{\rm w}}{L}, \quad y_{\rm wD} = \frac{y_{\rm w}}{L} \quad (6-41)$$

式(6-38)共有 $M \times 2N$ 个方程，写成矩阵形式为：

$$\begin{bmatrix} s\bar{p}_{{\rm fD}1,1} & \cdots & s\bar{p}_{{\rm fD}1,j} & \cdots & s\bar{p}_{{\rm fD}1,M \cdot 2N} \\ \vdots & & \vdots & & \vdots \\ s\bar{p}_{{\rm fD}i,1} & \cdots & s\bar{p}_{{\rm fD}i,j} & \cdots & s\bar{p}_{{\rm fD}i,M \cdot 2N} \\ \vdots & & \vdots & & \vdots \\ s\bar{p}_{{\rm fD}M \cdot 2N,1} & \cdots & s\bar{p}_{{\rm fD}M \cdot 2N,j} & \cdots & s\bar{p}_{{\rm fD}M \cdot 2N,M \cdot 2N} \end{bmatrix} \cdot \begin{bmatrix} \bar{q}_{{\rm fD}1,1} \\ \vdots \\ \bar{q}_{{\rm fD}i,j} \\ \vdots \\ \bar{q}_{{\rm fD}M \cdot 2N} \end{bmatrix} = \begin{bmatrix} \bar{p}_{{\rm fD}i,1} \\ \vdots \\ \bar{p}_{{\rm fD}i,j} \\ \vdots \\ \bar{p}_{{\rm fD}M \cdot 2N} \end{bmatrix} \quad (6-42)$$

2. 人工裂缝有限导流

根据人工裂缝微元段划分，以其中一条缝为研究对象，裂缝内流动为不稳定流动，如图 6-29 所示，则拉氏空间下，人工裂缝一维不稳定渗流方程无量纲形式如下：

$$\frac{\partial^2 \bar{p}_{\rm fD}}{\partial x_{\rm D}^2} - \frac{2\pi}{C_{\rm fD}} \frac{\bar{q}_{\rm fD}(x_{\rm D}, t_{\rm D})}{\Delta x_{\rm fD}} = \frac{\phi \mu c_{\rm t}}{k_{\rm f}} \frac{\partial \bar{p}_{\rm fD}}{\partial t_{\rm D}} \quad (6-43)$$

其中，$\bar{q}_{\rm fD}(x_{\rm D}, t_{\rm D})$ 为油层流入单位裂缝长度的无量纲流量。裂缝端部封闭，生产井定产量生产，从每条裂缝流向井筒的产量之和为生产井定产量。将式(6-43)进行 Laplace 变换得：

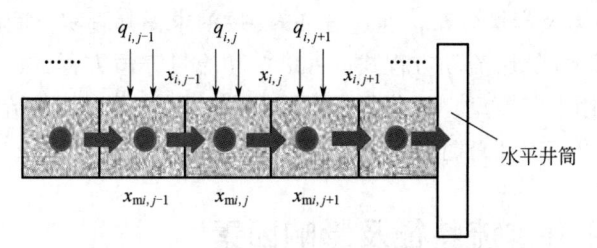

图 6-29 有限导流人工裂缝微元示意图

$$\frac{\partial^2 \bar{p}_{fD}}{\partial x_D^2} - \frac{2\pi}{C_{fD}} \frac{\bar{q}_{fD}(x_D,s)}{\Delta x_{fD}} = \frac{s}{\eta_{fD}} \bar{p}_{fD} \tag{6-44}$$

以第 (i, j) 个微元为研究对象，对式(6-44)进行离散，离散过程如下：

$$\frac{\bar{p}_{fDi,j-1}(s) - 2\bar{p}_{fDi,j}(s) + \bar{p}_{fDi,j+1}(s)}{\Delta x_{fD}^2} - \frac{2\pi}{C_{fD}} \frac{\bar{q}_{fDi,j}(x_{Di,j},s)}{\Delta x_{fD}} = \frac{s}{\eta_{fD}} \bar{p}_{fDi,j} \tag{6-45}$$

整理式(6-45)可得：

$$\bar{p}_{fDi,j-1}(s) - \left(2 + \frac{s \cdot \Delta x_{fD}^2}{\eta_{fD}}\right) \bar{p}_{fDi,j}(s) + \bar{p}_{fDi,j+1}(s) = \frac{2\pi \cdot \Delta x_{fD}}{C_{fD}} \bar{q}_{fDi,j}(x_{Di,j},s) \tag{6-46}$$

将裂缝离散网格分为裂缝端部网格、内部裂缝网格及与井筒相连网格，则裂缝端部网格离散等式为：

$$\bar{p}_{fDi,2}(s) - \left(1 + \frac{s \cdot \Delta x_{fD}^2}{\eta_{fD}}\right) \bar{p}_{fDi,1}(s) = \frac{2\pi \cdot \Delta x_{fD}}{C_{fD}} \bar{q}_{fDi,1}(x_{Di,1},s) \tag{6-47}$$

内部裂缝网格离散等式为：

$$\bar{p}_{fDi,j-1}(s) - \left(2 + \frac{s \cdot \Delta x_{fD}^2}{\eta_{fD}}\right) \bar{p}_{fDi,j}(s) + \bar{p}_{fDi,j+1}(s) = \frac{2\pi \cdot \Delta x_{fD}}{C_{fD}} \bar{q}_{fDi,j}(x_{Dij},s) \tag{6-48}$$

与井筒相连网格离散等式为：

$$\frac{8}{3}\bar{p}_{wD}(s) - \left(4 + \frac{s \cdot \Delta x_{fD}^2}{\eta_{fD}}\right) \bar{p}_{fDi,N}(s) + \frac{4}{3}\bar{p}_{fDi,N-1}(s) = \frac{2\pi \cdot \Delta x_{fD}}{C_{fD}} \bar{q}_{fDi,N}(x_{Di,N},s) \tag{6-49}$$

联立以上 N 个等式，可获得有限导流人工裂缝内部流动方程矩阵如下：

$$\begin{bmatrix} -(1+\alpha) & 1 & 0 & \cdot & \cdot & 0 & 0 \\ 1 & -(2+\alpha) & 1 & \cdot & \cdot & 0 & 0 \\ 0 & 1 & -(2+\alpha) & \cdot & \cdot & 0 & 0 \\ & & & \ddots & & & \\ 0 & 0 & 0 & & & \frac{4}{3} & -(4+\alpha) \end{bmatrix} \cdot \begin{bmatrix} \bar{p}_{fDi,1} \\ \bar{p}_{fDi,2} \\ \bar{p}_{fDi,3} \\ \cdot \\ \bar{p}_{fDi,N} \end{bmatrix} = \beta \begin{bmatrix} q_{fDi,1} \\ q_{fDi,2} \\ q_{fDi,3} \\ \cdot \\ q_{fDi,N} \end{bmatrix} + \begin{bmatrix} 0 \\ 0 \\ 0 \\ \cdot \\ 0 \\ -\frac{8}{3}\bar{p}_{wD} \end{bmatrix}$$

$$(6-50)$$

其中，$\alpha = s \times \Delta x_{fD}^2 / \eta_{fD}$，$\beta = 2\pi \times \Delta x_{fD} / C_{fD}$。

3. 储层与人工裂缝耦合模型及求解

联立储层流动方程式(6-38)、裂缝内流动等式(6-48)，基于流量守恒方程式(6-39)，可以得到耦合流动矩阵。利用牛顿迭代方法求解，可以得到多级压裂水平井任一裂缝

Laplace 空间下井底压力及产量分布,通过 Stehfest 反演求得其真实空间解。若将人工裂缝视为无限导流,则可以联立储层流动方程式(6-38) 和流量守恒方程(6-39) 求解无限导流压裂水平井模型。利用上式模型,可获得任意时刻每一裂缝微元处的流量,在此基础上,利用压降叠加原理,则可获得任意时刻任意地层位置的压力分布。

三、压裂水平井渗流特征及影响因素

1. 压裂水平井渗流特征

多段压裂的水平井开井生产后的地层流体的流动可大致分为四个阶段:(1) 地层线性流阶段,(2) 缝间干扰流阶段,(3) 复合线性流阶段,(4) 拟径向流阶段,如图 6-30 至 6-33 所示,其中虚线方框表示人工裂缝,三条裂缝被一条水平井贯穿,箭头表示地层流体的流动方向。

1) 地层线性流阶段

如图 6-30 所示,裂缝内流动已稳定,基质内流体继续以垂直于裂缝面的方向流向裂缝,流线相互平行。该流动阶段的无量纲压力及压力导数曲线在双对数图上为斜率 1/2 的直线段,裂缝此时相当于负表皮的作用。该流动过程与双翼对称缝中的地层线性流类似,其局部解可由 Sureshjani 和 Clarkson 关于双翼对称缝的地层线性流局部解扩展而来。

2) 缝间干扰流阶段

在流动中后期,裂缝之间压力干扰出现并不断增强,裂缝干扰区的基质压力不断降低。由于基质渗透率的较低,裂缝网络附近基质的压力较远区基质压力非常小,裂缝起到了临时封闭其附近基质的作用,形成了虚拟的封闭边界,即拟封闭边界,如图 6-31 所示。此时,生产所需的流体大部分来自裂缝附近基质,单位时间内其压力几乎以相同速度衰竭,无量纲井底压力及压力导数在双对数图中呈现斜率为 1 的直接段,所呈现的流动特征与封闭边界形成的拟稳态流极为相似。

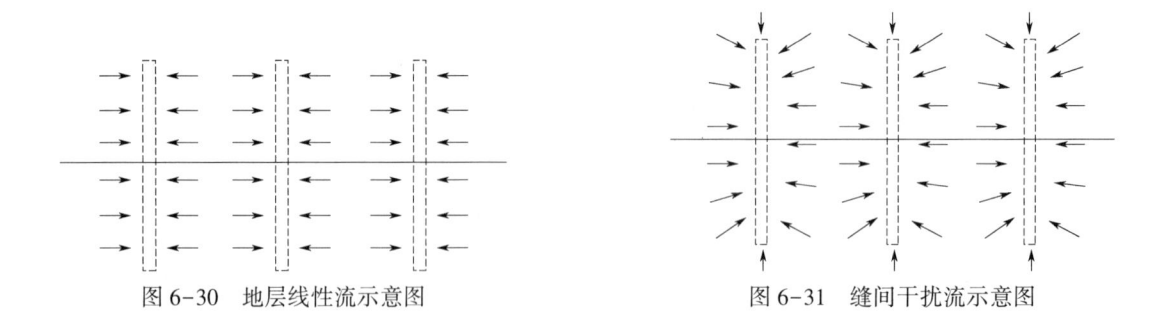

图 6-30 地层线性流示意图　　图 6-31 缝间干扰流示意图

3) 复合线性流阶段

该流动过程是由裂缝网络内的线性流和基质内流动方向垂直于裂缝面的线性流组成,无量纲压力及压力导数在双对数图中呈斜率为 1/4 的直线。如图 6-32 所示,此时裂缝微元间还未出现压力干扰,每个裂缝微元有各自的动用区域,该流动过程与双翼对称缝的双线性流类似。

4) 拟径向流阶段

如果生产时间足够长，远区地层流体开始动用，流体以拟径向流的形式向裂缝网络区域流动。此时压力波以近似于圆形向外传播，在双对数诊断图上无量纲压力导数曲线表现为大小 0.5 的水平直线段。图 6-33 直观地反映出了压力降首先产生在裂缝分布密集的基质周围，然后向外扩展，生产阶段的大部分时间产量主要通过近裂缝基质降压来保证。即使生产 30 年，储层动用区域也在压裂改造范围内，改造区外的储层动用较少。

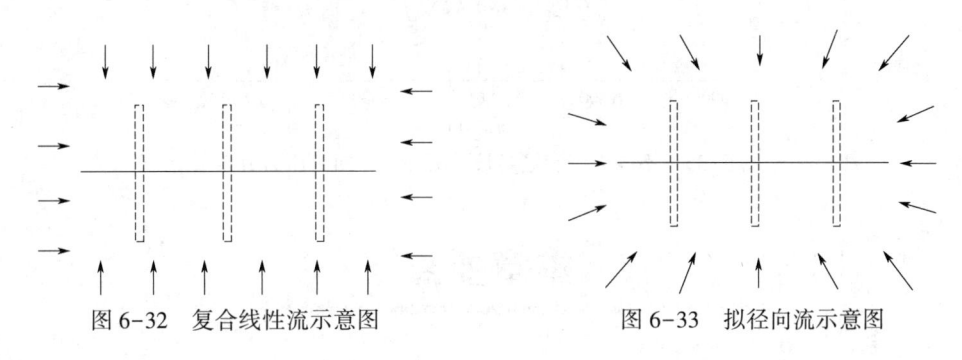

图 6-32 复合线性流示意图　　　图 6-33 拟径向流示意图

2. 压裂水平井渗流影响因素分析

压裂水平井渗流特征影响因素研究，为压裂水平井渗流及产能研究提供论证，并为优化压裂参数提供一定的指导。压裂水平井渗流场受储层物性、水平井及压裂等参数的影响，如人工裂缝半长、人工裂缝导流能力、人工裂缝间距、基质渗透率等。这里以人工裂缝半长对压裂水平井渗流的影响为例，图 6-34 是其他参数均相同时，相同时间下不同裂缝半长在垂直井筒方向的压力分布，从图中可以看出，裂缝越长，垂直井筒方向形成的压降漏斗越深。由于在生产一段时间以后，人工裂缝之间达到干扰，裂缝越长，干扰后相互连通的区域面积越大，而缝间的压力一旦达到相互干扰，则可等效看作到达封闭边界，此时压力降落更快，压降漏斗更深。图 6-35 是其他参数均相同时，相同时间下不同裂缝半长在沿井筒方向的压力分布，从图中可以看出，裂缝越长，缝间干扰区域越大，沿井筒方向的形成的压降漏斗越深，动用半径越大，与沿井筒方向的动用范围相比，人工裂缝半长的提高对水平井井筒两侧方向的动用半径的增加作用不明显。但是，对于缝间区域，由于缝间干扰作用，裂缝半长越长，压降漏斗越深，裂缝半长对缝间压力场影响较为明显。

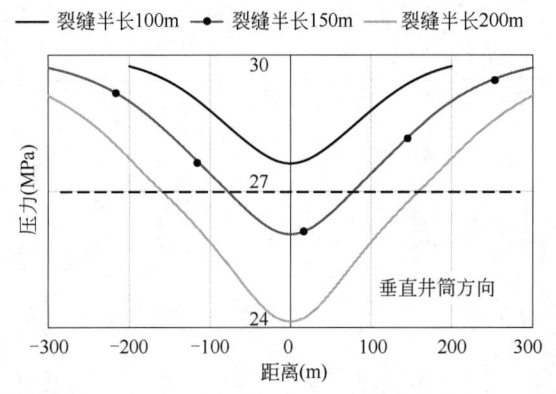

图 6-34 不同人工裂缝半长下垂直井筒方向的压力分布

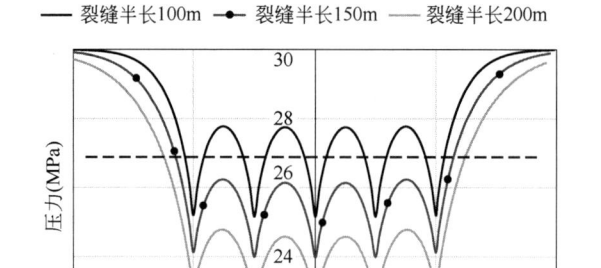

图 6-35　不同人工裂缝半长下沿井筒方向的压力分布

本章要点

1. 了解水平井的定义、发展方向和特点。
2. 了解水平井近井渗流评价的发展阶段及其特征。
3. 了解水平井近井渗流的影响因素、水平井开发优势体现在哪些方面。
4. 了解压裂水平井流动阶段、渗流场特征及影响因素。

练习题

1. 在渗流方面，水平井的开发优势体现在哪几方面？
2. 试述水平井近井渗流特征。
3. 水平井近井渗流规律研究分为几个阶段？其特征是什么？
4. 简述水平井近井渗流与井筒变质量管流耦合的原理。
5. 影响水平井近井渗流的因素有哪些？试举两例。
6. 影响压裂水平井压力场的因素有哪些？请试举两例，并说明如何影响。

第七章
双重介质渗流理论基础

前面各章所论述的主要是针对砂岩地层的单一孔隙介质中的渗流问题,即一种称为孔隙型的渗流介质。随着裂缝性油气田大规模开发,深入系统地研究这类油气田的渗流规律就显得非常重要。井下电视、井壁照相、电子显微镜扫描、X光透视、肉眼观察等方法研究表明,这类储层的岩石中往往发育着无数的裂缝,这些裂缝把岩石分成很多小块,称为基质岩块(图7-1)。可以将这类油藏分成两类:一类是单纯天然裂缝性油藏,即基质块中没有孔隙,也不渗透,裂缝既是流体的储存空间,又是流体的流动通道,对这类介质可以按裂缝所占的体积定义一个孔隙度,同时定义一个渗透率,这样,就数学描述而言,与单纯孔隙介质是完全相同的;另一类是裂缝—孔隙双重介质油藏,即基质块中存在着原生的粒间孔隙,它的孔隙度和渗透率受颗粒的几何形状、尺寸及排列状况和孔隙连通性等所限制。因此,这类介质可对孔隙和裂缝各定义一套孔隙度和渗透率。孔隙是流体的主要储存空间,裂缝是流体的主要流动通道。本章主要研究裂缝—孔隙型双重介质油藏的渗流规律(富媒体7-1)。

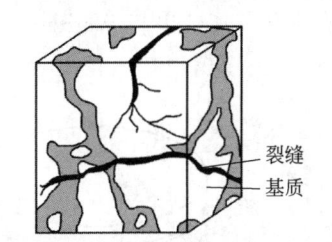

图7-1 双重介质实际油藏模型

富媒体7-1 双重介质油藏地质特征(视频)

第一节 双重介质渗流的物理概念

双重介质是指存在于同一油藏内但同时具有两种不同渗透能力的多孔介质。普遍认为双重介质由两种孔隙结构组成:原生孔隙,是指颗粒之间未被胶结物充填的空间,它与颗粒几何形状、大小及分布、空间排列和沉积环境等因素有关,一般来说,是在地层形成过程中逐渐形成的;次生孔隙,即裂缝等可以是天然形成的,如地层断裂产生裂缝,也可以是人工造成的,如水力压裂,不论是天然的或是人工的,大多数是在地层形成之后再产生的。

一般来说,基质的渗透率较小,但孔隙度却较大,而裂缝的渗透率很大,但其孔隙度却较小。由于这两重介质的特性不同,压力在两者中的传播速度就会不同,因而在同一瞬间内会存在着两个平行的渗流场，而这两个渗流场间也可以存在着流体的交换，称之为"窜流"。

一、双重介质油藏简化模型

富媒体 7-2 双重介质油藏四种简化模型（视频）

上述双重介质的渗流特征决定了研究双重介质渗流问题的复杂性。为了研究流体在双重孔隙介质中的流动，相继提出了一些简化的物理模型（富媒体 7-2）。

1. Warren-Root 模型

如图 7-2 所示，Warren-Root 模型是将实际双重介质油藏简化为正交裂缝切割基质岩块呈六面体的地质模型，裂缝方向与主渗透率方向一致，并假设裂缝的宽度为常数，裂缝网络可以是均匀分布，也可以是非均匀分布的，采用非均匀的裂缝网格可研究裂缝网络的各向异性或在某一方向上变化的情况。

Warren-Root 模型对天然裂缝性油藏的流动机理能提供详细而又全面的解释，本章将以该模型为例对双重介质油藏的渗流机理进行讨论。

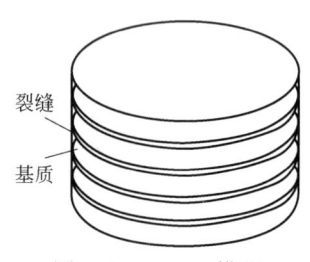

2. Kazemi 模型

Kazemi 模型是把实际的双重介质油藏简化为由一组平行层理的裂缝分割基质岩块呈层状的地质模型，即模型由水平裂缝和水平基质层相间组成，如图 7-3 所示。对于裂缝均匀分布、基质具有较高的窜流能力和高储存能力的条件下，其结果与 Warren-Root 模型的结果相似。

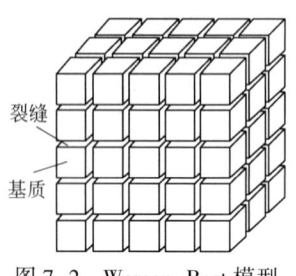

图 7-2　Wareen-Root 模型

图 7-3　Kazemi 模型

3. De Swaan 模型

DeSwaan 模型与 Warren-Root 模型相似，只是基质岩块不是平行六面体，而是圆球体。圆球体仍按规则的正交分布方式排列，如图 7-4 所示，基质岩块由圆球体表示，裂缝由圆球体之间的空隙表示。

4. 分形模型

部分与整体以某种形式相似的形，称为分形。裂缝性油藏的分形模型认为裂缝的分布形态、基岩的孔隙结构属于分形系统。分形的维数随油藏的非均质性不同而不同。图 7-5 为理想的双重介质分形模型。

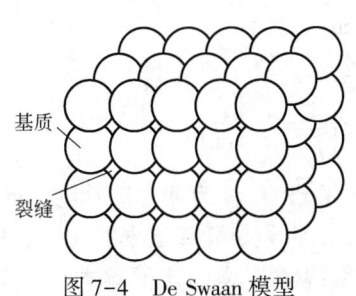

图 7-4　De Swaan 模型 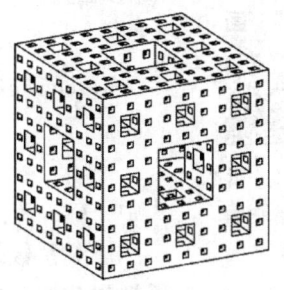　　　　　　图 7-5　分形模型

二、双重介质油藏基本参数

描述双重介质渗流的基本参数有弹性储容比 ω 和窜流系数 λ，这两个参数分别影响裂缝和基质系统的地质特性及渗流特征。

1. 弹性储容比

弹性储容比 ω 定义为裂缝系统的弹性储存能力与油藏总的弹性储存能力之比，用来描述裂缝系统和基质系统的弹性储容能力的相对大小（富媒体 7-3）。计算公式如下：

$$\omega = \frac{\phi_f C_f}{\phi_f C_f + \phi_m C_m} \tag{7-1}$$

$$\phi_f = \frac{\text{裂缝系统孔隙体积}}{\text{基质和裂缝系统总体积}} \tag{7-2}$$

$$\phi_m = \frac{\text{基质系统孔隙体积}}{\text{基质和裂缝系统总体积}} \tag{7-3}$$

式中　C_f, C_m——裂缝、基质系统的综合压缩系数，MPa^{-1}；
　　　ϕ_f, ϕ_m——裂缝、基质系统的孔隙度，小数。

裂缝孔隙度占总孔隙度的比例越大，弹性储容比越大。

2. 窜流系数

流体在双重介质油藏渗流的过程中，基质与裂缝之间存在着流体交换。窜流系数就是用来描述这种介质间流体交换的物理量，它反映了基质中流体向裂缝窜流的能力（富媒体 7-4）。窜流系数定义为：

$$\lambda = \alpha \frac{K_m}{K_f} r_w^2 \tag{7-4}$$

式中　K_f, K_m——裂缝系统、基质系统的渗透率，μm^2；
　　　α——形状因子，m^{-2}。

形状因子 α 与基质岩块大小和正交裂缝组数有关，岩块越小，裂缝密度越大，形状因子 α 越大（富媒体 7-5）。Warren-Root 提出的 α 的表达式为：

$$\alpha = \frac{4n(n+2)}{L^2} \tag{7-5}$$

式中　n——正交裂缝组数，整数；
　　　L——岩块的特征长度，m。

Kazemi 也提出了计算 α 的公式：

$$\alpha = 4\left(\frac{1}{L_x^2}+\frac{1}{L_y^2}+\frac{1}{L_z^2}\right) \tag{7-6}$$

式中　L_x，L_y，L_z——基质岩块在 x，y，z 方向上的长度，m。

窜流系数的大小，既取决于基质和裂缝渗透率的比值，也取决于基质被裂缝切割的程度，基质与裂缝渗透率的比值越大或者裂缝密度越大，窜流系数越大。

富媒体 7-5　形状因子概念讲解（视频）

第二节　双重介质单相渗流的数学模型

双重介质实际上是由两个连续介质系统组成的，这两个介质系统不是孤立的，而是相互交织在一起，且两个连续介质系统间存在流体的交换。这两种介质组成了一个复杂的连续介质系统。流动和介质的参数是定义在各几何点上的，也就是说在一个物理点上对应着两组参数，一组描述基岩的性质和流动，另一组描述裂缝的性质和流动。

在建立双重介质渗流的基本微分方程式时，为了把所研究的问题典型化，可把实际的单元体简化为：具有互相垂直裂缝及被垂直裂缝所切割的孔隙岩块这样两个单独的系统（如图 7-2 所示）。然后再考虑两个介质间的窜流现象，液体一般是从孔隙介质向裂缝介质窜流，汇集于裂缝中的液体再向井底流去。两种介质分别满足各自的运动方程、状态方程和连续性方程，而两种连续介质间窜流通过连续性方程中的一个源和汇函数来表示。

一、运动方程

假设达西定律对裂缝和基岩均是适用的，则有如下渗流速度公式：

裂缝系统　　　　　　　　　　$v_f = -\dfrac{K_f}{\mu}\mathrm{grad}\,p_f$ 　　　　　　　　　(7-7)

基岩系统　　　　　　　　　　$v_m = -\dfrac{K_m}{\mu}\mathrm{grad}\,p_m$ 　　　　　　　　(7-8)

二、窜流方程

在基岩与裂缝之间存在着压力差异。因为这种流体交换进行是较缓慢的，可将其视为稳定过程，则可认为单位时间内从基岩排至裂缝中的流体质量与以下因素有关：流体黏度；基岩和裂缝之间的压差；基岩团块的特征量，如长度、面积和体积等；基岩的渗透率。通过分析可以得出窜流速度 q 为：

$$q = \frac{\alpha \rho_o K_m}{\mu}(p_m - p_f) \tag{7-9}$$

式中　q——单位时间单位岩石体积流出的流体质量，$kg/(m^3 \cdot s)$；

α——形状因子，m^{-2}。

三、状态方程

假设孔隙介质、裂缝介质或地层流体均被认为是微可压缩的，则裂缝孔隙压缩特性公式为：

$$\phi_f = \phi_{f0} + C_{\phi_f}(p_f - p_i) \tag{7-10}$$

基岩孔隙度 ϕ_m 压缩特性公式是：

$$\phi_m = \phi_{m0} + C_{\phi_m}(p_m - p_i) \tag{7-11}$$

式中 ϕ_{f0}，ϕ_{m0}——裂缝系统、基质系统的初始孔隙度，小数。

对于其中的流体（如原油）则：

$$\rho = \rho_o [1 + C_L(p - p_i)] \tag{7-12}$$

渗流问题中常遇到乘积 $\rho\phi_f$ 和 $\rho\phi_m$ 的压缩特性。由于介质和流体的微可压缩性，舍去高阶无穷小后可得到：

$$\phi_f \rho = \phi_{f0} \rho_o \left[1 + \left(C_L + \frac{C_{\phi_f}}{\phi_{f0}} \right)(p_f - p_i) \right] \tag{7-13}$$

$$\phi_m \rho = \phi_{m0} \rho_o \left[1 + \left(C_L + \frac{C_{\phi_m}}{\phi_{m0}} \right)(p_m - p_i) \right] \tag{7-14}$$

由此得到式(7-13) 和式(7-14) 对时间的导数：

$$\frac{\partial}{\partial t}(\phi_f \rho) = \phi_{f0} \rho_o \left(C_L + \frac{C_{\phi_f}}{\phi_{f0}} \right) \frac{\partial p_f}{\partial t} = \phi_{f0} \rho_o C_f \frac{\partial p_f}{\partial t} \tag{7-15}$$

$$\frac{\partial}{\partial t}(\phi_m \rho) = \phi_{m0} \rho_o \left(C_L + \frac{C_{\phi_m}}{\phi_{m0}} \right) \frac{\partial p_m}{\partial t} = \phi_{m0} \rho_o C_m \frac{\partial p_m}{\partial t} \tag{7-16}$$

其中，$C_f = \left(C_L + \dfrac{C_{\phi_f}}{\phi_{f0}} \right)$，$C_m = \left(C_L + \dfrac{C_{\phi_m}}{\phi_{m0}} \right)$。

四、连续性方程

对于基岩和裂缝可直接写出其表达式为：

裂缝系统

$$\frac{\partial}{\partial t}(\phi_f \rho) + \mathrm{div}(\rho \boldsymbol{v}_f) - q = 0 \tag{7-17}$$

基岩系统

$$\frac{\partial}{\partial t}(\phi_m \rho) + \mathrm{div}(\rho \boldsymbol{v}_m) + q = 0 \tag{7-18}$$

对于均质各向同性地层，上两式中的对流项可以化简为：

$$\mathrm{div}(\rho \boldsymbol{v}_f) = -\frac{K_f}{\mu} \rho_o \mathrm{div}(\mathrm{grad} p_f) \tag{7-19}$$

$$\mathrm{div}(\rho \boldsymbol{v}_m) = -\frac{K_m}{\mu} \rho_o \mathrm{div}(\mathrm{grad} p_m) \tag{7-20}$$

最终可得到：

$$\phi_f C_f \frac{\partial p_f}{\partial t} - \frac{K_f}{\mu} \text{div}(\text{grad} p_f) - \frac{\alpha K_m}{\mu}(p_m - p_f) = 0 \tag{7-21}$$

$$\phi_m C_m \frac{\partial p_m}{\partial t} - \frac{K_m}{\mu} \text{div}(\text{grad} p_m) + \frac{\alpha K_m}{\mu}(p_m - p_f) = 0 \tag{7-22}$$

这就是考虑双重孔隙性和双重渗透性的双重介质渗流的微分方程。要获得上述方程式(7-21)和式(7-22)在各种条件下的精确解是很困难的，因而产生了各种简化模型解。

第三节 双重介质简化渗流模型的无限大地层典型解

一、K_m 和 $\phi_f = 0$ 简化模型的典型解（富媒体 7-6）

在含油气裂缝—孔隙介质中，经常存在这样一类地层，一方面，其裂缝系统的孔隙度比基岩系统的孔隙度小很多（$\phi_f \ll \phi_m$），因而裂缝中流体总量由于压缩性引起的随时间的变化可以忽略不计；而另一方面，在基岩中，由于其渗透性与裂缝相比很小（$K_m \ll K_f$），因而依靠渗流传导而引起的流体质量变化与窜流项和弹性项相比可以忽略不计，则方程式(7-21)中左端第一项和方程式(7-22)中左端第二项可以忽略不计，这样就获得了一个简化方程：

富媒体 7-6 单孔单渗模型的求解（视频）

$$\frac{K_f}{\mu} \text{div}(\text{grad} p_f) + \frac{\alpha K_m}{\mu}(p_m - p_f) = 0 \tag{7-23}$$

$$\phi_m C_m \frac{\partial p_m}{\partial t} + \frac{\alpha K_m}{\mu}(p_m - p_f) = 0 \tag{7-24}$$

这是一个只考虑基岩储容特性和裂缝流动特性的数学模型。对式(7-23)求导，代入式(7-24)并消去压差（$p_m - p_f$）以后可得表达裂缝系统压力变化的偏微分方程如下：

$$C_o \frac{\partial p_f}{\partial t} - \text{div}\left(\frac{K_f}{\mu} \text{grad} p_f + \eta C_o \frac{\partial}{\partial t} \text{grad} p_f\right) = 0 \tag{7-25}$$

$$C_o = \phi_m C_m; \quad \eta = K_f/(\alpha K_m) = r_w^2/\lambda$$

基岩系数 η 具有长度平方的量纲，它可以理解为岩块尺寸的大小，如 η 接近于 0，表示岩石裂缝发育程度增加，岩块几何尺寸变小，窜流速度加快，地层流体可以很快地由基岩流入裂缝，然后按照裂缝系统渗流规律流动。此时式(7-25)退化为单纯裂缝介质不稳定特性渗流方程。

分析式(7-25)可以得出，它相当于一个连续性方程，只不过其中的渗流速度由两部分组成，第一部分是纯裂缝中的渗流速度，第二部分是窜流速度引起的附加渗流速度，即：

$$v = -\frac{K_f}{\mu} \text{grad} p_f - \eta C_0 \frac{\partial}{\partial t} \text{grad} p_f \tag{7-26}$$

在给定初始和边界条件时，式(7-26)是有解的，例如，假设有一等厚无限大地层，被一完善井打开，并设井半径为 0，此处有一点源，其产量为 Q，则流动为平面径向流，流动模型如图 7-6 所示，此时式(7-26)就可以展开为：

$$\frac{\partial p_f}{\partial t} - \eta \frac{\partial}{\partial t}\left[\frac{1}{r}\frac{\partial}{\partial r}\left(r\frac{\partial p_f}{\partial r}\right)\right] = \beta \frac{1}{r} \cdot \frac{1}{r}\frac{\partial}{\partial r}\left(r\frac{\partial p_f}{\partial r}\right) \tag{7-27}$$

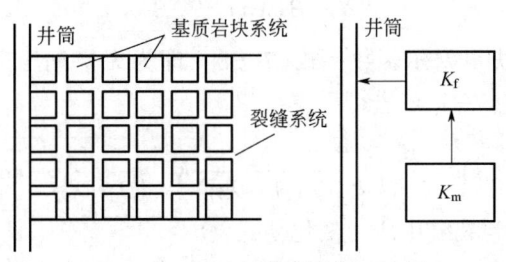

图 7-6 双重介质模型流动示意图

这时初始条件和边界条件如下：

初始条件
$$p_f(r,0)|_{t=0} = p_i \tag{7-28}$$

内边界条件
$$\lim_{r \to 0}\left[\left(r\frac{\partial p_f}{\partial r}\right) + \frac{\eta}{\beta}\frac{\partial}{\partial t}\left(r\frac{\partial p_f}{\partial r}\right)\right] = -\frac{Q\mu}{2\pi K_f h} \tag{7-29}$$

外边界条件
$$\lim_{r \to \infty} p_f(r,t) = p_i \tag{7-30}$$

其中，$\beta = K_f/(\mu C_0) = K_f/(\phi_m \mu C_m)$，是导压系数。

注意到：
$$t=0 \text{ 时}, \lim_{r \to 0}\left(r\frac{\partial p_f}{\partial r}\right) = 0 \tag{7-31}$$

可得新的边界条件为：
$$\lim_{r \to 0}\left(r\frac{\partial p_f}{\partial r}\right) = -\frac{Q\mu}{2\pi K_f h}(1-e^{-\beta t/\eta}) \tag{7-32}$$

为了求解，引入无量纲压力 $U(r,t)$：
$$U(r,t) = \frac{2\pi K_f h}{Q\mu}[p_f(r,t) - p_i] \tag{7-33}$$

这样，式(7-27)及条件式(7-28)、式(7-29)、式(7-30)可以表达为：
$$\frac{\partial U}{\partial t} - \eta \frac{\partial}{\partial t}\left[\frac{1}{r}\frac{\partial}{\partial r}\left(r\frac{\partial U}{\partial r}\right)\right] = \beta \frac{1}{r}\frac{1}{\partial r}\left(r\frac{\partial U}{\partial r}\right) \tag{7-34}$$

$$U(r,0) = 0, \quad U(\infty,t) = 0, \quad \left(r\frac{\partial U}{\partial r}\right)_{r=0} = -(1 - e^{-\frac{\beta t}{\eta}}) \tag{7-35}$$

采用 Laplace 变换方法对式(7-34)求解。经过变换以后，原方程及其边界条件可以表达为常微分方程：
$$\frac{1}{r}\frac{d}{dr}\left(r\frac{d\overline{U}}{dr}\right) - \frac{\lambda}{\beta + \lambda\eta}\overline{U} = 0 \tag{7-36}$$

边界条件：
$$\left(r\frac{d\overline{U}}{dr}\right)_{r=0} = -\frac{\beta}{\lambda(\beta + \lambda\eta)}, \overline{U}(\infty,\lambda) = 0 \tag{7-37}$$

式中 λ——Laplace 变换自变量；

$\overline{U}$——Laplace 空间中无量纲压力 U 的像函数。

在式(7-37)的边界条件下，常微分方程(7-36)的解可表达为：

$$\overline{U}(r,\lambda) = \frac{\beta}{\lambda(\beta+\lambda\eta)} K_0 \sqrt{\frac{\lambda}{\beta+\lambda\eta} \cdot r} \tag{7-38}$$

这里 $K_0(U)$ 是第三类贝塞尔函数，式(7-38)即为无量纲压力 $\overline{U}$ 在像空间 λ 中的解。为了求原函数，需要对式(7-38)进行反演：

$$U(r,t) = \frac{\beta}{2\pi i} \int_{r-i\infty}^{r+i\infty} \frac{e^{\lambda t}}{\lambda(\beta+\lambda\eta)} K_0 \sqrt{\frac{\lambda}{\beta+\lambda\eta} \cdot r} d\lambda \tag{7-39}$$

式(7-39)化简后，就得到裂缝中压力变化公式：

$$p_f(r,t) = p_i + \frac{Q\mu}{2\pi K_f h} \int_0^\infty \frac{J_0(a,r)}{a} \left[1 - \exp\left(-\frac{a^2\beta t}{1+a^2\eta}\right)\right] da \tag{7-40}$$

式中 $J_0(x)$ 是一类零阶贝塞尔函数。分析式(7-40)可以看出，被积函数随自变量 a 的上升是很快递减的，因而积分是收敛的。式(7-40)的主要特点是在指数的分母中出现了考虑窜流大小的量 η，它的值大小直接影响压力分布的特性。当 η 趋近于 0 时，式(7-40)简化为：

$$p(r,t) = p_i + \frac{Q\mu}{2\pi K h} \int_0^\infty \frac{J_0(a,r)}{a}(1-e^{-a^2\beta t}) da \tag{7-41}$$

由积分表得：

$$\int_0^\infty \frac{J_0(a,r)}{a}(1-e^{-a^2\beta t}) da = \frac{1}{2}\left[-\mathrm{Ei}\left(-\frac{r^2}{4\beta t}\right)\right] \tag{7-42}$$

由此可以看出，当 $\eta = 0$，即有充分的窜流时，渗流过程中的压力变化与单一介质中的压力变化完全相同，但当 η 不为 0 时，则式(7-40)中的指数函数不是趋于 0 而是趋于某一定数，即：

$$\exp\left(-\frac{a^2\beta t}{1+a^2\eta}\right) \to \exp\left(-\frac{\beta}{\eta}t\right) > 0 \tag{7-43}$$

由此可知，构成生产压差大小的主要部分[即式(7-40)中方括号的值]不可能等于 1，因而双重介质比单一的孔隙介质中的生产压差要小。图 7-7 为不同 $\sqrt{\eta}$ 值时的井底压力变化曲线。

由图 7-7 可以看出，对于不同 η 值，由于窜流能力的不同，也即是裂缝和孔隙间交换能力不同时，井底压力的变化是不一样的，其中 $\sqrt{\eta} = 0$ 所表达的是在有无限窜流能力时的情况，此时由公式(7-40)可以得到：

$$p(r,t) = p_i + \frac{Q\mu}{4\pi K h} \int_0^\infty \frac{J_0(a,r)}{a}(1-e^{-a^2\beta t}) da$$

$$= p_i + \frac{Q\mu}{4\pi K h}\left[-\mathrm{Ei}\left(-\frac{r^2}{4\beta t}\right)\right] \tag{7-44}$$

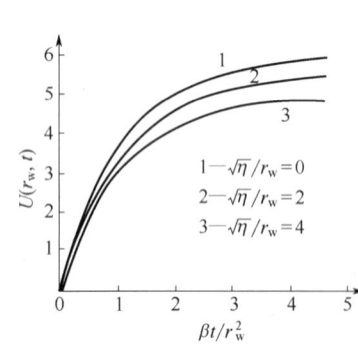

图 7-7 不同 $\sqrt{\eta}$ 值的无量纲井底压力 $U(r_w,t)$ 随时间变化曲线

由此可以看出，这一解和不稳定弹性渗流中的点源解是完全一样的。也即是说当 $\eta = 0$ 时，裂缝中渗流问题的解与单一孔隙介质中的解是完全一样，只不过其中的物理参数如孔隙度、渗透率和压缩系数等要用双重介质的相应参数值来取代。

二、$K_m = 0$ 简化模型无限大地层典型解及其应用（富媒体 7-7）

这一模型中认为基岩渗透率很低，因而其中的流体只能通过窜流作用进入裂缝，而全部流体只有通过裂缝系统才能真正地在地层中渗流。与上述模型不同的是这里考虑了裂缝的孔隙度。所以这种模型称为双孔单渗模型或 Warren-Root 模型，是一类工程常用的模型。

富媒体 7-7 双孔单渗模型的求解（视频）

在基本方程式 (7-21) 和式 (7-22) 中，忽略基岩内部的流动，方程转化为：

$$\phi_f C_f \frac{\partial p_f}{\partial t} = \frac{K_f}{\mu} \frac{1}{r} \frac{\partial}{\partial r}\left(r \frac{\partial p_f}{\partial r}\right) + \frac{\alpha K_m}{\mu}(p_m - p_f) \tag{7-45}$$

$$\phi_m C_m \frac{\partial p_m}{\partial t} + \frac{\alpha K_m}{\mu}(p_m - p_f) = 0 \tag{7-46}$$

初始及边界条件为：

$t = 0$ 时 $\qquad p_f(r, 0) = p_i \tag{7-47}$

$r = r_w$ 时 $\qquad \left(r \frac{\partial p_f}{\partial r}\right)_{r=r_w} = \frac{Q\mu}{2\pi K_f h} \tag{7-48}$

$r \to \infty$ 时 $\qquad p_f(\infty, t) = p_i \tag{7-49}$

对上述问题，Warren 和 Root 给出了解析解，即在 t 充分大时，以定产量 Q 投产时的井底压力的变化的简化公式：

$$p_f(r_w, t) = p_i - \frac{\mu Q}{4\pi K_f h}\left[\ln \frac{\beta t}{r_w^2} + \text{Ei}(-at) - \text{Ei}(-a\omega t) + 0.809\right] \tag{7-50}$$

这里的物理参数 β，a，ω 和 λ 等的表达式如下：

$$\omega = \frac{C_f \phi_f}{C_f \phi_f + C_m \phi_m} \tag{7-51}$$

$$\lambda = \alpha \frac{K_m}{K_f} r_w^2 \tag{7-52}$$

$$\beta = \frac{K_f}{\mu(C_f \phi_f + C_m \phi_m)} \tag{7-53}$$

$$a = \frac{\lambda \theta}{\omega(1-\omega)} = \left[\frac{\alpha K_m r_w^2}{K_f} \frac{1}{\omega(1-\omega)}\right] \frac{\beta}{r_w^2} = \frac{\lambda}{\omega(1-\omega)} \frac{\beta}{r_w^2} \tag{7-54}$$

$$\theta = \frac{\beta}{r_w^2} \tag{7-55}$$

由式 (7-50) 可以看出，当 $\omega = 1$ 时，即只有裂缝弹性容量而孔隙容量 $C_m \phi_m$ 等于 0 时，问题变为纯弹性单一介质中的渗流问题，其中的两个幂积分函数 Ei 大小相等，符号相反而消去。

第四节 双重介质油藏不稳定试井分析

双重介质系统由于存在两种介质共同参与渗流，其压力变化曲线显示出与单重介质不同的特征，下面以 Warren-Root 模型为例，分析双重介质的压力曲线特征及特征参数对压力的影响。

一、无限大油藏的压力降落解

根据式（7-50）可作出如图 7-8 所示的井底压力与时间的关系曲线，从曲线上可以看出，流体在双重介质油藏中的渗流存在早期流动阶段、过渡流动阶段和晚期流动阶段。

Ⅰ为早期流动阶段（裂缝流动段），描述流体在裂缝系统中的流动，流体的产出主要来自裂缝系统，基质岩块尚未向裂缝系统供液。在这一阶段，时间 t 较小，幂积分函数可近似简化为：

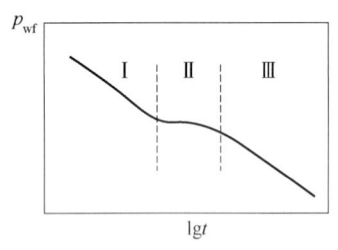

图 7-8 压力降落阶段压力半对数图

$$\text{Ei}(-x) = 0.5772 + \ln x \tag{7-56}$$

将式（7-56）代入式（7-50）得：

$$p_f(r_w, t) = p_i - m\left(\lg\frac{\beta t}{r_w^2} - \lg\omega + 0.9077\right) \tag{7-57}$$

$$m = 0.183\frac{Q\mu}{K_f h} \tag{7-58}$$

由式（7-57）可知，在生产的早期，$p_f(r_w, t)$—$\lg t$ 呈一直线关系，直线的斜率为 m，反映的是流体由裂缝向井的径向流动。

Ⅱ为过渡流动阶段（窜流段），描述的是基质岩块系统向裂缝供液的阶段。在这一阶段，由于基质岩块的供液，裂缝中的压力相对稳定，它的出现及持续时间由特征参数 ω 和 λ 决定。

Ⅲ为晚期流动阶段（总系统流动段），描述的是当生产时间较长时，基质向裂缝的供液达到稳定，基质系统的压力与裂缝系统的压力同步下降。此时井底压力的变化反映的是整个系统即基质和裂缝系统的总特性。在该阶段，式（7-50）中的两个 $\text{Ei}(-x)$ 函数趋近于 0，则：

$$p_f(r_w, t) = p_i - m\left(\ln\frac{\beta t}{r_w^2} + 0.9077\right) \tag{7-59}$$

由式（7-59）可知，在生产时间较长时，$p_f(r_w, t)$—$\lg t$ 仍呈一直线关系，直线斜率为 m，反映流体在由裂缝和基质构成的总系统中的径向流动。

对比式（7-57）、式（7-59）可知，早期段直线与晚期段直线平行，两条直线间的截距为：

$$D_p = m\lg\frac{1}{\omega} \tag{7-60}$$

由于 ω 是裂缝孔隙容量比，因此总是小于 1，而 D_p 恒为正值。由此截距差可以计算出 ω：

$$\omega = e^{-2.303 D_p/m} \tag{7-61}$$

双重介质特征参数 ω 和 λ 将影响井的压力动态。ω 越小，过渡段越长，如图 7-9 所示。从 ω 的定义可知，当 ω 越小时，$\phi_m C_m$ 越大或 $\phi_f C_f$ 越小，说明基质孔隙相对发育而裂缝孔隙发育较差，基质岩块向裂缝供液时，需要较长的时间才能使基质岩块的压力与裂缝的压力达到平衡，所以 ω 越小，过渡段延伸越长；反之，ω 越大，过渡段越短。当 $\omega \to 1$ 时，可认为是单一裂缝介质储层（纯裂缝储层）。

窜流系数 λ 反映了基质中流体向裂缝窜流的能力。λ 越小，过渡段的台阶越低，过渡段出现的时间越晚，如图 7-10 所示。从 λ 的定义分析，λ 越小，K_m 与 K_f 的级差越大，基质和裂缝系统的性质差别越大。因此，在基质岩块与裂缝网络之间需要较大的压差才能发生窜流，在开井生产的过程中，裂缝中的压力就需要较长的时间才能达到基质向裂缝窜流所需要的压差。所以 λ 越小，过渡段出现越晚；反之，λ 越大，过渡段的台阶越高，过渡段出现的时间越早。

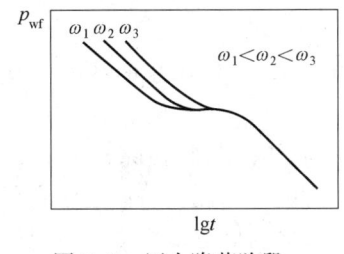

图 7-9　压力降落阶段 ω 对压力的影响

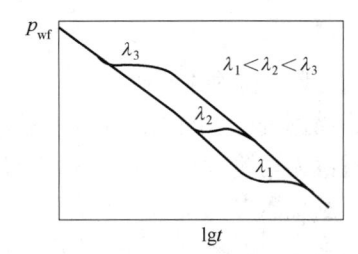

图 7-10　压力降落阶段 λ 对压力的影响

二、无限大油藏的压力恢复解

当一口生产井以定产量 Q 生产 t_p 时间后关井，根据叠加原则，可以认为该井继续以产量 Q 生产，但从关井时刻开始，在该井位置上同时有一口等产量的虚拟井以产量 Q 注入。应用压降叠加原则，该井井底压力的变化具有以下形式：

$$p_i - p_s(r_w, \Delta t) = \frac{Q\mu}{4\pi K_f h}\left\{\ln\frac{\beta(t_p+\Delta t)}{r_w^2} + \mathrm{Ei}[-a(t_p+\Delta t)] - \mathrm{Ei}[-a\omega(t_p+\Delta t)] + 0.809\right\}$$

$$- \frac{Q\mu}{4\pi K_f h}\left[\ln\frac{\beta\Delta t}{r_w^2} + \mathrm{Ei}(-a\Delta t) - \mathrm{Ei}(-a\omega\Delta t) + 0.809\right] \tag{7-62}$$

式 (7-62) 即为定产量生产井关井后的井底压力表达式。若关井前生产时间 t_p 较长，式 (7-62) 中前两项幂积分函数 $\mathrm{Ei}(-x)$ 中 x 值较大，$\mathrm{Ei}(-x) \to 0$。于是可忽略前两项含 $t_p+\Delta t$ 的幂积分函数，从而式 (7-62) 可简化为如下形式：

$$p_s(r_w, \Delta t) = p_i - \frac{Q\mu}{4\pi K_f h}\left[\ln\frac{t_p+\Delta t}{\Delta t} - \mathrm{Ei}(-a\Delta t) + \mathrm{Ei}(-a\omega\Delta t)\right] \tag{7-63}$$

对比式 (7-50) 和式 (7-63) 可知，压力恢复过程的 $p_s(r_w,\Delta t)$-$\lg[\Delta t/(t_p+\Delta t)]$ 曲线与压力降落过程的 $p_f(r_w,t)$-$\lg t$ 曲线具有相似的特征，也可划分为三个阶段，如图 7-11 所示。

Ⅰ 为早期流动阶段（裂缝流动段），反映的是关井初期裂缝系统内的压力恢复情况。当井在开井生产时，渗透性的差异导致裂缝系统及基质系统内压力存在差异，则在关井压力恢复时，离井远处的流体首先由高渗透性的裂缝流向井底，井底附近裂缝系统内压力首先恢

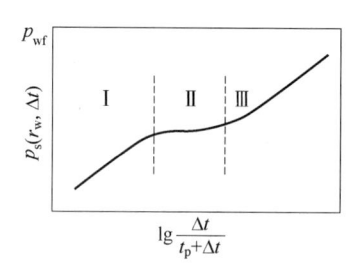

图 7-11 压力恢复阶段压力半对数图

复。在关井的初期，Δt 较小，应用式(7-56)，方程式(7-63) 简化为：

$$p_s(r_w,\Delta t) = p_i + m\left(\lg\frac{\Delta t}{t_p+\Delta t}+\lg\frac{1}{\omega}\right) \quad (7-64)$$

式(7-64) 表明，在关井的初期，$p_s(r_w,\Delta t)$—$\lg[\Delta t/(t_p+\Delta t)]$ 的关系曲线呈一直线，直线斜率为 m，描述裂缝中的流体向井的径向流动。

Ⅱ为过渡流动阶段（窜流段），描述的是裂缝中的流体向基质孔隙补充的过程。一方面，当裂缝系统压力恢复到高于基质系统孔隙压力时，裂缝中的流体将向基质孔隙供液，所以裂缝压力恢复速度减缓；另一方面，由于基质孔隙度较大，储容能力强，所以裂缝压力将保持在某一压力水平上，反映在压力恢复曲线图上为一水平段，其出现的早晚和持续时间仍取决于双重介质特征参数 ω 和 λ。

Ⅲ为晚期流动阶段（总系统流动段），关井晚期，当裂缝系统的压力与基质孔隙系统的压力相同时，裂缝与基质两个系统一起恢复的过程。此时 Δt 较大，式(7-63) 中的两个幂积分函数均趋近于 0，于是得到关井晚期的井底压力表达式：

$$p_s(r_w,\Delta t) = p_i + m\lg\frac{\Delta t}{t_p+\Delta t} \quad (7-65)$$

式(7-65) 表明，在关井晚期，$p_s(r_w,\Delta t)$—$\lg[\Delta t/(t_p+\Delta t)]$ 呈一直线关系，直线斜率为 m，反映关井晚期总系统的径向流动。

对比式(7-64)、式(7-65) 可知，关井早期阶段直线与晚期阶段直线平行，两直线间的截距之差仍为 $m\lg\dfrac{1}{\omega}$。

同压降过程一样，双重介质特征参数 ω 和 λ 将影响井的压力动态。ω 越小，过渡段越长；反之，ω 越大，过渡段越短。当 $\omega\to 0$ 时，可认为是单一孔隙介质储层，而当 $\omega\to 1$ 时，可认为是单一裂缝介质储层，如图7-12 所示。λ 越小，过渡段台阶越高，并且过渡段出现越晚；反之，λ 越大，过渡段台阶越低，过渡段出现越早，如图 7-13 所示。

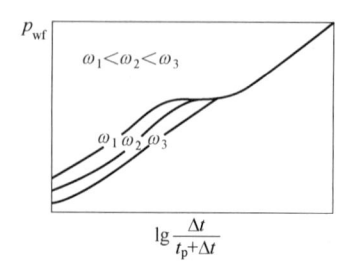

图 7-12 压力恢复阶段 ω 对压力的影响

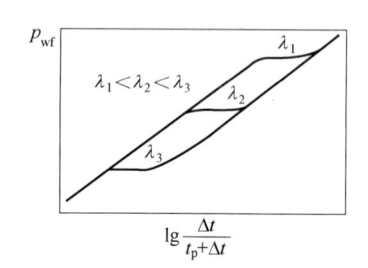

图 7-13 压力恢复阶段 λ 对压力的影响

本章要点

1. 掌握双重介质模型的概念、基质和裂缝在渗流过程中的作用。
2. 掌握目前描述双重介质成型的四种模型：Warren-Root 模型、Kazemi 模型、De Swaan 模型和分形模型。
3. 掌握双重介质模型两个基本参数弹性储容比和窜流系数，以及所代表的物理意义。
4. 了解双重介质中单孔单渗和双孔单渗简化模型的假设性条件，掌握双重介质模型的建立过程。
5. 掌握基质和裂缝之间的窜流方程，分析影响窜流量的主要因素。
6. 了解双重介质中单孔单渗和双孔单渗模型的求解过程。
7. 了解双重介质模型压力降落阶段和压力恢复阶段的试井曲线特征。

练习题

1. 双重介质有几种类型？简述双重介质的渗流特征及裂缝—孔隙介质中地层物性的特点。
2. 写出双重介质的基本微分方程并简述双重介质和单重介质的数学模型的区别与联系。
3. 影响双重介质渗流特征的参数主要有哪些？对压力有什么影响？
4. Warren-Root 模型求解时对介质做了哪些假设条件？
5. 双重介质的压力恢复曲线与孔隙介质的压力恢复曲线有何不同？
6. 如何根据压力恢复曲线求参数及确定所代表介质性质？

第八章
非牛顿流体及物理化学渗流

在地层中参与渗流的流体很多都是非牛顿流体。例如，在提高原油采收率工艺中的聚合物溶液、微乳液及各种压裂液和酸化液均为非牛顿流体。另外，新的驱油方式和驱油剂的采用，如注溶剂、注各种气体、注表面活性剂、注碱液和高分子聚合物等，使得油气田在开发过程中，在地下会出现吸附、扩散等各种物理化学变化，从而影响到渗流过程的本身。对于这些情况在油气田开发过程中，必须考虑渗流过程中的特殊物化现象和其对渗流过程的影响，因此非牛顿流体及物理化学渗流研究对油气田开发决策具有重要的实际意义，也对渗流理论本身的发展具有重要价值。

第一节 非牛顿流体流变特征

物体受到外力作用时发生流动和变形的性质叫流变性。一般来说，全面描述流体运动规律的内容应包括两个方面，一是连续的运动方程，二是物体的流变性方程，即本构方程。本构方程为表示剪切力和剪切速度关系的方程。流变学与流体力学是有区别的，表现为非牛顿流体力学研究的是非牛顿流体的一般流动规律，而流变学研究的非牛顿流体的流动和变形，重点是研究流变状态方程。非牛顿液体与牛顿液体在宏观上明显差异为在不同的剪切作用下黏度不同，且不同非牛顿流体的流变性差异也比较大（富媒体8-1）。

富媒体8-1 非牛顿流体流变特征（视频）

一、牛顿流体

牛顿流体是一种黏性液体，这种液体在黏滞运动时遵循牛顿内摩擦定律：

$$\tau = \mu \dot{\gamma} \tag{8-1}$$

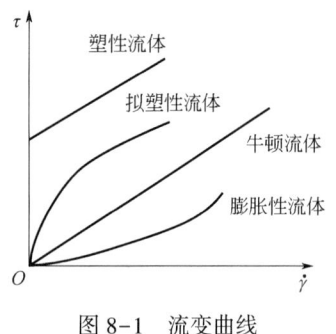

式中 τ——切应力，mPa；

μ——动力黏度，mPa·s；

$\dot{\gamma}$——剪切速率，1/s。

对于一种确定的牛顿流体，它的动力黏度 μ 是常数，其应力与剪切速率之间呈线性本构关系，如图8-1所示。

图8-1 流变曲线

二、非牛顿流体

非牛顿流体可分为三大类：纯黏性非牛顿流体（也称稳态非牛顿流体）、非稳态非牛顿流体和黏弹性流体。由于黏弹性流体流变性和渗流特征比较复杂，本书不做论述。

1. 纯黏性非牛顿流体

根据剪切应力和剪切速率的关系，纯黏性非牛顿流体本构方程的常用形式可分为三种：塑性流体、拟塑性流体和膨胀性流体。

塑性流体也称为宾汉流体。这种流体的特点是当切应力超过某一静态切应力值时，流体才发生流动，此静态切应力称为屈服应力。其本构方程为：

$$\tau = \tau_0 + \mu \dot{\gamma} \tag{8-2}$$

式中　τ_0——屈服应力，mPa。

对于塑性流体，视黏度 μ 为常数。当剪切应力超过屈服应力后，其流变特性与牛顿流体相同。

拟塑性流体也叫幂律流体，其视黏度随剪切速率的增大而减小，这种特性称为剪切变稀，其本构方程为：

$$\tau = H\dot{\gamma}^n \tag{8-3}$$

式中　H——稠度系数，由流变实验测得；

　　　n——幂律指数，$0<n<1$。

膨胀性流体的视黏度随剪切速率的增加而增加，这种特性称为剪切增稠，本构方程为：

$$\tau = H\dot{\gamma}^n \tag{8-4}$$

式中　H——稠度系数，由流变实验测得；

　　　n——幂律指数，$n>1$。

2. 非稳态非牛顿流体

这类流体的本构方程中其剪切应力除了与剪切速率有关外还与作用时间有关，可以一般表述为：

$$\tau = f(\dot{\gamma}, t) \tag{8-5}$$

式中　t——作用时间。

非稳态非牛顿流体（图 8-2）可分为两类：

（1）视黏度随着剪切时间的增加而减少，也称为剪切稀释，流体的这一特性称为触变性或摇溶性。

（2）视黏度随着剪切时间的增加而增加，也称为剪切稠化，流体的这一特性称为震凝性或流凝性。

这里需要注意的是，与剪切时间有关的流体是指在同一个剪切速率下，流体的视黏度随剪切时间减小（剪切稀释）或增加（剪切稠化）；而前面所述的与剪切速率有关的流体是指在不同剪切速率下，流体的视黏度随剪切速率减小或增加。

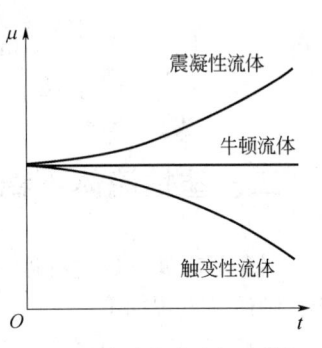

图 8-2　非稳态非牛顿流体视黏度与时间关系曲线

第二节　纯黏性非牛顿流体渗流

为了建立起能预测非牛顿液体在多孔介质中的渗流方程，一般的方法是选定一个渗流的流动方程，式中的黏度是未知的变量，再在黏度计上测定某种类型的非牛顿液体的流变关系，把这关系代入预先选定的流动方程式中去，从而得到近似的非牛顿液体的渗流方程。在这种方法中，既要选定渗流方程，同时又要通过黏度计建立流变参数的关系，这里需要考虑到，渗流流动方程是从多孔介质上建立起来的统计的渗流规律，渗流的通道是复杂且极不规则的，但流变资料是在通道规则的黏度计上得到的，两者之间在液体流动的几何形态上有着差别，因而在两者结合时需要作一近似处理。

一、塑性流体稳定渗流

塑性流体是一种带有屈服应力值的非牛顿流体，其径向稳定渗流方程可表示为：

$$\begin{cases} v = \dfrac{Q}{2\pi rh} = \dfrac{K}{\mu}\left(\dfrac{\mathrm{d}p}{\mathrm{d}r}-\gamma\right) & \left(\dfrac{\mathrm{d}p}{\mathrm{d}r}>\gamma\right) \\ v = 0 & \left(\dfrac{\mathrm{d}p}{\mathrm{d}r}\leqslant\gamma\right) \end{cases} \tag{8-6}$$

式中　γ——流体克服屈服应力时对应的压力梯度，$10^5\mathrm{Pa/cm}$。

由式(8-6)可得到流动区域内沿径向的压降微分式：

$$\mathrm{d}p = \dfrac{Q}{2\pi h}\dfrac{\mu}{K}\dfrac{\mathrm{d}r}{r}+\gamma\mathrm{d}r \tag{8-7}$$

与牛顿流体方程不同，非牛顿塑性流体稳定渗流方程右端出现一个附加项 $\gamma\mathrm{d}r$，表示在 $\mathrm{d}r$ 区间内由于初始剪切速度的影响而引起的附加压力降。假设井底压力为 p_w，对式(8-7)进行积分可得到沿径向分布表达式：

$$p(r) = p_\mathrm{w}+\gamma(r-r_\mathrm{w})+\dfrac{Q\mu}{2\pi Kh}\ln\dfrac{r}{r_\mathrm{w}} \tag{8-8}$$

假设油藏外边界 R_e 处压力为 p_e，其产量公式可表示为：

$$\begin{cases} Q = \dfrac{2\pi Kh}{\mu\ln r/r_\mathrm{w}}[(p_\mathrm{e}-p_\mathrm{w})-\gamma R_\mathrm{e}] & [(p_\mathrm{e}-p_\mathrm{w})>\gamma R_\mathrm{e}] \\ Q = 0 & [(p_\mathrm{e}-p_\mathrm{w})\leqslant\gamma R_\mathrm{e}] \end{cases} \tag{8-9}$$

二、塑性流体不稳定渗流

对于具有屈服应力梯度的塑性流体弹性不稳定径向渗流，假设油井以定产量 Q 进行生产，则运动方程如下：

$$\begin{cases} \dfrac{\mathrm{d}p}{\mathrm{d}r} = \dfrac{\mu}{K}v+\gamma & (v>0) \\ \dfrac{\mathrm{d}p}{\mathrm{d}r} \leqslant \gamma & (v=0) \end{cases} \tag{8-10}$$

将式(8-10)代入径向渗流连续性方程可以得到：

$$\frac{\partial p}{\partial t} = -\frac{K}{\mu C_t} \frac{1}{r} \frac{\partial}{\partial r}\left[r\left(\frac{\partial p}{\partial r} - \gamma\right)\right] \tag{8-11}$$

对于牛顿流体渗流，油井以定产量 Q 生产的内边界条件为：

$$Q = 2\pi r_w h \frac{K}{\mu}\left(\frac{\partial p}{\partial r}\right)_{r=r_w} \tag{8-12}$$

则对于塑性流体渗流，在 $r = r_w$ 时有：

$$r\frac{\partial p}{\partial r} = \frac{Q\mu}{2\pi K h} + \gamma \tag{8-13}$$

对于方程式(8-13) 在流动区域 $r \leq R(t)$ 中压力近似解为如下形式：

$$p(r,t) = A_0 \ln\frac{r}{R(t)} + A_1 + A_2 \frac{r}{R(t)} \tag{8-14}$$

式(8-14) 中的 A_0、A_1 和 A_2 系数需要根据初始条件和内外边界条件确定，而 $R(t)$ 则需要根据积分关系式来确定。

在流动区域的外边界，有：

$$p(r,t) = p_e; \quad \frac{\partial p}{\partial r} = \gamma \quad [r \leq R(t)] \tag{8-15}$$

根据式(8-12) 和式(8-15) 确定式(8-14) 中的 A_0、A_1 和 A_2 系数后，得到压力分布方程：

$$p(r,t) = p_e - \frac{Q\mu}{2\pi K h}\left[\ln\frac{R(t)}{r} + \frac{r}{R(t)} - 1\right] - \gamma[R(t) - r] \tag{8-16}$$

此处的 $R(t)$ 可由物质平衡方程计算。对于定产量生产情况，可写为：

$$Q_t = C_t \pi R^2(t) h (p_e - p_{av}) \tag{8-17}$$

其中，p_{av} 为 $R(t)$ 内平均地层压力，C_t 为综合压缩系数。

对于平均地层压力 p_{av} 存在：

$$p_{av} = \frac{2}{R^2(t)}\int_0^{R(t)} p(r,t) r \, dr \tag{8-18}$$

将式(8-18) 代入式(8-17) 得到：

$$p_{av} = p_e - \frac{Q\mu}{12\pi K h} - \frac{1}{3}\gamma R(t) \tag{8-19}$$

将式(8-19) 代入式(8-17) 得到 $R(t)$ 随时间的变化公式：

$$R^2(t)\left[1 + \frac{4\pi K h}{Q\mu}\gamma R(t)\right] = \frac{12K}{\mu C_t}t \tag{8-20}$$

对于井底处，存在 $r = r_w$，代入式(8-16) 得到井底处压力方程：

$$p(r_w, t) = p_e - \frac{Q\mu}{2\pi K h}\left[\ln\frac{R(t)}{r_w} + \frac{r_w}{R(t)} - 1\right] - \gamma[R(t) - r_w] \tag{8-21}$$

由于 $r_w \ll R(t)$，式(8-21) 近似为：

$$p_w(r_w, t) = p_e - \frac{Q\mu}{2\pi K h}\left[\ln\frac{R(t)}{r_w} - 1\right] - \gamma R(t) \tag{8-22}$$

在 $R(t)$ 较小时，可由式(8-20) 导出：

$$t \ll \frac{\mu C_t}{12K}\left(\frac{Q\mu}{4\pi K h \gamma}\right)^2 \tag{8-23}$$

井底压力变化可写为：

$$p_w(r_w,t) = p_e \frac{Q\mu}{4\pi Kh} \ln \frac{12Kt}{\mu C_t r_w^2} \tag{8-24}$$

当 $R(t)$ 较大时，可由式（8-20）导出：

$$R(t) = \left(\frac{3Q\mu C_t t}{\pi h \gamma K}\right)^{1/3} \tag{8-25}$$

代入井底压力公式（8-21）得到：

$$p_w(r_w,t) = p_e - \frac{Q\mu}{6\pi Kh} \ln \frac{3QC_t t}{\pi h \gamma r_w^3} - \gamma \left(\frac{3QC_t t}{\pi h \gamma}\right)^{1/3} + \frac{Q\mu}{2\pi Kh} \tag{8-26}$$

可由公式（8-21）得出极限状态 $p_w(r_w,t)=0$，$Q=0$ 时，油藏的最大动用半径为 R_m：

$$R_m = \frac{p_e}{\gamma} \tag{8-27}$$

式（8-27）说明对于具有屈服应力梯度的原油，在进行开发时，其极限影响半径是有限的，它与地层原始压力成正比，与屈服应力梯度值成反比，而在极限影响半径之外是原油滞留区。同时，由于非牛顿性的影响，此时的平均地层压力比牛顿流体时的要高。因此可以说，在井底压力降为0时，理论的弹性采收率比牛顿流体的低。这就是开采具有非牛顿性原油时，开发效果往往要差的原因。

三、幂律流体稳定渗流

幂律流体径向稳定渗流公式为：

$$\frac{dp}{dr} = -\frac{\mu}{K} v \tag{8-28}$$

幂律流体黏度与剪切速率关系为：

$$\mu = H \dot{\gamma}^{n-1} \tag{8-29}$$

式中　H——幂律流体剪切速率为 $1s^{-1}$ 时的黏度，$mPa \cdot s$；
　　　n——幂律流体幂律指数。

多孔介质中幂律流体剪切速率 $\dot{\gamma}$ 与渗流速度 v 存在如下关系：

$$\dot{\gamma} = \left[\frac{H}{12}\left(9+\frac{3}{n}\right)^n (150K\phi)^{\frac{1-n}{2}}\right] v \tag{8-30}$$

式中　K——多孔介质渗透率，μm^2；
　　　ϕ——多孔介质孔隙度，小数。

将式（8-29）和式（8-30）代入式（8-28）得到：

$$\frac{dp}{dr} = -\frac{H'}{K} v^n \tag{8-31}$$

$$H' = H\left[\frac{H}{12}\left(9+\frac{3}{n}\right)^n (150K\phi)^{\frac{1-n}{2}}\right]^{n-1}$$

对式（8-31）积分得到：

$$\int_{p_w}^{p_e} dp = -\frac{H'}{K}\left(\frac{Q}{2\pi h}\right)^n \int_{R_w}^{R_e} \frac{dr}{v^n} \tag{8-32}$$

对式(8-32)积分得到幂律流体产量公式：

$$Q = 2\pi h \sqrt[n]{\frac{(n-1)(p_e-p_w)}{\frac{H'}{K}(R_e^{1-n}-R_w^{1-n})}} \tag{8-33}$$

四、幂律流体不稳定渗流

对于幂律流体径向弹性不稳定渗流，假设系统压缩系数为常数，则连续性方程为：

$$\frac{1}{r}\frac{\partial}{\partial r}(r\rho v) = -\frac{\partial}{\partial t}(\phi\rho) \tag{8-34}$$

将幂律流体黏度关系式(8-29)和式(8-30)代入连续性方程式(8-34)得到：

$$\frac{1}{r}\frac{\partial}{\partial r}\left[r\rho\left(-\frac{K}{H'}\frac{\partial p}{\partial r}\right)^{\frac{1}{n}}\right] = -\frac{\partial}{\partial t}(\phi\rho) \tag{8-35}$$

对式(8-35)展开，得：

$$\frac{\rho}{r}\frac{\partial}{\partial r}\left[r\left(-\frac{K}{H'}\frac{\partial p}{\partial r}\right)^{\frac{1}{n}}\right] + \left(-\frac{K}{H'}\frac{\partial p}{\partial r}\right)^{\frac{1}{n}}\frac{\partial \rho}{\partial r} = -\frac{\partial}{\partial t}(\rho\phi) \tag{8-36}$$

由于：

$$\frac{\partial(\rho\phi)}{\partial t} = \rho_a C_t \frac{\partial p}{\partial t}; \quad \frac{\partial \rho}{\partial r} = \rho_a C_L \frac{\partial p}{\partial r} \tag{8-37}$$

代入式(8-36)得：

$$\frac{\partial^2 p}{\partial r^2} + \frac{n}{r}\frac{\partial p}{\partial r} + C_L n\left(-\frac{\partial p}{\partial r}\right)^2 = C_t n\left(\frac{H'}{K}\right)^{\frac{1}{n}}\left(-\frac{\partial p}{\partial r}\right)^{\frac{n-1}{n}}\frac{\partial p}{\partial t} \tag{8-38}$$

当 C_L 很小，且径向压力梯度很小时存在 $C_L n\left(-\frac{\partial p}{\partial r}\right)^2 \to 0$，简化式(8-38)可以得到：

$$\frac{\partial^2 p}{\partial r^2} + \frac{n}{r}\frac{\partial p}{\partial r} = C_t n\left(\frac{H'}{K}\right)^{\frac{1}{n}}\left(-\frac{\partial p}{\partial r}\right)^{\frac{n-1}{n}}\frac{\partial p}{\partial t} \tag{8-39}$$

假设生产井定产量 Q，考虑弹性不稳定渗流，则：

$$\left(-\frac{\partial p}{\partial r}\right)^{\frac{1}{n}} = \left(\frac{H'}{K}\right)^{\frac{1}{n}} v = \left(\frac{H'}{K}\right)^{\frac{1}{n}}\frac{Q}{2\pi h r}\left(1-\frac{r^2}{R_e^2}\right) \tag{8-40}$$

代入微分方程式(8-39)，得幂律流体渗流方程：

$$\frac{\partial^2 p}{\partial r^2} + \frac{n}{r}\frac{\partial p}{\partial r} = Gr^{1-n}\left(1-\frac{r^2}{r_e^2}\right)^{n-1}\frac{\partial p}{\partial t} \tag{8-41}$$

$$G = \frac{nC_tH'}{K}\left(\frac{2\pi h}{Q}\right)^{1-n}$$

为求解式(8-41)引入无量纲形式，定义：

无量纲压力 $$p_D = \frac{p-p_i}{\left(\frac{q}{2\pi h}\right)^n \frac{H' r_w^{1-n}}{K}} \tag{8-42}$$

无量纲时间 $$t_D = \frac{t}{Gr_w^{3-n}}$$ (8-43)

无量纲距离 $$r_D = \frac{r}{r_w}$$ (8-44)

无量纲边界距离 $$r_{eD} = \frac{r_e}{r_w}$$ (8-45)

无量纲探测半径 $$r_{iD} = \frac{r_i}{r_w}$$ (8-46)

将无量纲量代入式(8-41)，得到无量纲渗流方程：

$$\frac{\partial^2 p_D}{\partial r_D^2} + \frac{n}{r_D}\frac{\partial p_D}{\partial r_D} = r_D^{1-n}\left(1 - \frac{r_D^2}{r_{eD}^2}\right)^{n-1}\frac{\partial p_D}{\partial t_D}$$ (8-47)

当生产井定产量 Q 生产，压力波传到边界之前，流动为不稳定渗流，定解条件为：

初始条件 $$t_D = 0, \quad p_D = p_{Di}$$ (8-48)

内边界条件 $$r_D = 1, \quad r_D^n \frac{\partial p_D}{\partial r_D} = -1$$ (8-49)

外边界条件 $$\frac{\partial p_D(r_{iD}, t_D)}{\partial r_D} = 0$$ (8-50)

将边界条件代入无量纲渗流方程（8-42）得到任一点处无量纲压力：

$$p_D(r_D, t_D) = \frac{1}{1-n}(r_{iD}^{1-n} - r_D^{1-n}) - \frac{1}{3-n}\left(r_{iD}^{1-n} - \frac{1}{r_{iD}^2}r_{iD}^{3-n}\right)$$ (8-51)

其中，无量纲探测距离与无量纲时间存在近似关系：

$$t_D \approx \frac{1}{n}\frac{1}{(1-n)(3-n)}r_{iD}^{3-n}$$ (8-52)

当 $r_D = 1$ 时，可以得到无量纲井底压力：

$$p_{wD}(t_D) = \frac{1}{1-n}(r_{iD}^{1-n} - 1) - \frac{1}{3-n}\left(r_{iD}^{1-n} - \frac{1}{r_{iD}^2}\right)$$ (8-53)

当 t_D 较大时，$r_{iD}^{1-n} \gg 1$，式(8-53)可简化为：

$$p_{wD}(t_D) \approx \frac{2r_{iD}^{1-n}}{(1-n)(3-n)}$$ (8-54)

当压力波传到边界后，流动为拟稳态渗流，井底无量纲压力为：

$$p_{wD}(t_D) = \frac{2}{r_{eD}^2}(t_D - t_{D1}) - \frac{2r_{eD}^{1-n}}{(1-n)(3-n)}$$ (8-55)

式中 t_{D1}——压力波传到边界的无量纲时间，可由式(8-52)求得。

第三节　考虑扩散的渗流及典型解

在化学驱提高采收率中，往往会注入一种或几种化学剂，化学剂与注入水形成多组分流体。在多孔介质中多组分流体渗流，受分子运动的作用，会发生扩散现象，其组分浓度变化与达西定律呈现不一样的规律（富媒体8-2）。

一、多孔介质中的扩散现象

对于多组分的流体在多孔介质中渗流时，常常可以发现一种称为"水力弥散"的现象。在组分间出现浓度差异时，其浓度变化并不是完全按照达西定律即宏观渗流规律变化，还受弥散现象的控制。在孔隙介质中的弥散现象由两种扩散现象构成。一种是分子扩散，一种是对流扩散，后者又称为机械扩散。分子扩散完全是因为流体中某些组分分布不均匀，即在空间中存在浓度梯度，导致这些组分依靠分子热运动从高浓度带扩散到低浓度带，最后趋于平衡，这种分子扩散现象当整个流体在宏观上不存在流动时都能观察到。

对流扩散是由孔隙微观结构的不均匀性及其中的流动本身带有非均匀性及分散性引起的。由于多孔介质的存在，液体质点及其中的组分在空间的每一点上其流速和方向在微观上都有变化，因此将引起组分的不断扩散，占据越来越大的空间。对流扩散既可以在层流中观察到，也可以在紊流中观察到。还需要特别指出，扩散现象是多孔介质中的一种自然现象，所以它是一种向整个三维空间的扩散，称为沿程扩散（有时又叫纵向扩散），而且在垂直于流动方向上（宏观流速为0）存在横向扩散，这可以在二维空间中的一维流动上来观察，如图8-3所示为均匀地层中的一个平面平行流动，若从某一初始时刻 $t=0$ 开始，少量而缓慢地从 A 点注入某种溶质（如示踪剂），假如地层中没有扩散现象，而且地层本身又不吸附溶质时，这一组分将在一条流线上不断前移，由 A 到 B、由 B 到 C 等，而一旦离开这条流线就丝毫观察不到这一溶质的存在。但是实际上由于弥散现象的存在，溶质的浓度不但要沿程变化（即向前扩散）而且要向流动方向的两侧扩散，尽管在横向上没有流动速度。它波及的距离越来越远，但浓度值越来越小，这种与流动方向垂直而向流线两侧扩散的现象叫作横向扩散，因此总的扩散系数是一个具有方向性的张量。

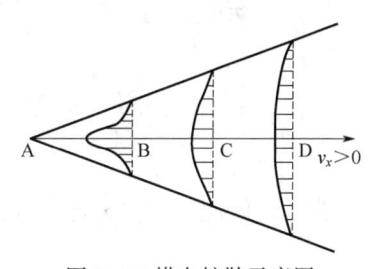

图 8-3 横向扩散示意图

二、带扩散的一维渗流方程及解

扩散方程是描述通过扩散作用而实现物质传递的基本数学表达式。对于理想扩散，即溶质的存在不改变流体的性质并且不与固相起作用，沿流动方向的扩散速度 u 可以由费克定律（Fick）表达：

$$u = -D^* \frac{\partial C}{\partial x} \tag{8-56}$$

式中　u——单位时间单位面积溶质的质量流量，$g/(cm^2 \cdot s)$；

C——溶质的质量浓度，g/cm^3；

D^*——总的扩散系数，cm^2/s。

在考虑扩散和对流传质的情况下，一维渗流问题，带有扩散传质的渗流过程中，某一组分 i 的连续性方程，可根据物质平衡原理推导出来：

$$\frac{\partial C}{\partial t} = -\frac{\partial u}{\partial x} - \bar{v}\frac{\partial C}{\partial x} \tag{8-57}$$

式中 $\bar{v}$——流体真实速度，cm/s。

考虑到 Fick 扩散定律，将式(8-56) 代入式(8-57) 得到孔隙介质中的理想扩散方程：

$$\frac{\partial C}{\partial t} + \bar{v}\frac{\partial C}{\partial x} = D^*\frac{\partial^2 C}{\partial x^2} \tag{8-58}$$

式(8-58) 左端第一项表示的是某一流动单元中浓度的上升速度，称为累积项；第二项表示的由液体流动而带出的浓度变化，称为对流项。右端项则是由扩散引起的浓度变化，称为扩散项。

假设溶液中没有扩散现象，这样组分的传递只能依靠对流而产生，则式(8-58) 变为：

$$\frac{\partial C}{\partial t} + \bar{v}\frac{\partial C}{\partial x} = 0 \tag{8-59}$$

这是一个一维波动方程，它的等浓度点的运动轨迹即特征线是由下式决定的：

$$\frac{dx}{dt} = \bar{v}; \quad x - x_0 = \bar{v}t \tag{8-60}$$

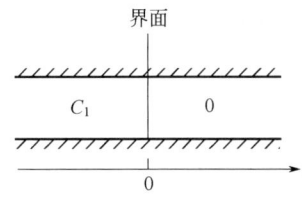

图 8-4 浓度扩散示意图

式(8-60) 表明，从各浓度点出发的特征线均以相同的速度向前移动，其运动速度与真实速度是相同的。如图 8-4 所示，假设初始时刻（$t=0$）组分浓度各不相同的液体的界面位于 $x=0$ 处，在界面的一侧扩散界的浓度为 $C=C_1$，而在另一侧为 0，即：

$$C = C_1 \quad (x<0, t=0)$$
$$C = 0 \quad (x>0, t=0)$$
$$C(\infty, t) = 0, \quad C(-\infty, t) = C_1$$

为了求解此问题，进行变量替换，令：

$$\tau = t; \quad \zeta = x - \bar{v}t \tag{8-61}$$

有如下的基本关系式：

$$\frac{\partial C}{\partial t} = \frac{\partial C}{\partial \tau} - \bar{v}\frac{\partial C}{\partial \zeta}; \quad \frac{\partial C}{\partial x} = \frac{\partial C}{\partial \zeta} \tag{8-62}$$

将式(8-62) 代入基本方程式(8-58)，得：

$$\frac{\partial C}{\partial t} = D^*\frac{\partial^2 C}{\partial \zeta^2} \tag{8-63}$$

式(8-63) 初始条件应为 $\zeta<0$ 时，$C=C_1$，而当 $\zeta<0$ 时，$C=0$，因此式(8-63) 自模解为：

$$C(\zeta, \tau) = \frac{C_1}{2}\left[1 - \operatorname{erf}\left(\frac{\zeta}{2\sqrt{D^*\tau}}\right)\right]$$

或

$$C(x, t) = \frac{C_1}{2}\left[1 - \operatorname{erf}\left(\frac{x - \bar{v}t}{2\sqrt{D^*t}}\right)\right] \tag{8-64}$$

当 $\bar{v}$ 非常小，即在静止流体只存在扩散作用时：

$$C(x, t) = \frac{C_1}{2}\left[1 - \operatorname{erf}\left(\frac{x}{2\sqrt{D^*t}}\right)\right] \tag{8-65}$$

可以看出，当 $x=0$ 时，该点的浓度在任何时刻均为 $0.5C_1$，因此 $0.5C_1$ 是一固定点，而在 $x<0$ 处 $C>0.5C_1$ 并趋近于 1，在 $x>0$ 处 $C(x,t)<0.5C_1$ 并趋近于 0。在图 8-5 的不同时刻 $t_3>t_2>t_1$，其浓度的分布逐渐变平，但始终以 $x=0$ 为交汇点。为了评价不同时刻浓度剖面的分布可以取此时刻浓度分布线在 $x=0$ 处的切线，并以 $C=0$ 和 $C/C_1=1$ 的横线相交。如图中虚线 AA′ 即为 $t=t_3$ 时刻的浓度分布线的切线，其横坐标之差值取为 $2L_0$，表示溶液中该组分混合带的长度。由误差函数定义：

$$\operatorname{erf}(\zeta) = \frac{2}{\sqrt{\pi}} \int_0^\zeta e^{-\zeta^2} \mathrm{d}\zeta \tag{8-66}$$

当 $\zeta \to 0$ 时存在：

$$\operatorname{erf}(\zeta \to 0) = \frac{2}{\sqrt{\pi}} \zeta \tag{8-67}$$

故式(8-65)中浓度 C 在 $x=0$ 处的切线方程为：

$$\frac{C}{C_1} = \operatorname{erf}(\zeta \to 0) = \frac{1}{2}\left(1 - \frac{x}{\sqrt{\pi D^* t}}\right) \tag{8-68}$$

由式(8-68)可以得到混合带的半长为：

$$L_0 = \sqrt{\pi D^* t} = 1.772\sqrt{D^* t} \tag{8-69}$$

对于混合带半长，式(8-69)仅为近似式，利用切线与 x 轴交点的距离来近似表征，另外对于混合带半长还有不同的近似手段和表达式，可根据求解渗流实际精度要求来选取。

当考虑对流时，对于式(8-64)，当 $\bar{v}$ 不等于 0 时，对流现象的解式(8-64)比无对流解多出一个流动项 $\bar{v}t$，因此不同时刻的 0.5 相对浓度点停留在 $x(C/C_1=0.5,t)=\bar{v}t$。这说明 0.5 相对浓度点是以速度 $\bar{v}$ 向前移动的，即将图 8-5 上不同时刻 t_1、t_2、t_3 的分布曲线向右分别平移距离 $\bar{v}t_1$、$\bar{v}t_2$、$\bar{v}t_3$。设此距离为 $L_{0.5}$，有：

$$\frac{L_0}{L_{0.5}} = \frac{\sqrt{\pi D^* t}}{\bar{v}t} = \frac{\sqrt{\pi D^*}}{\bar{v}\sqrt{t}} \tag{8-70}$$

上面这一数值表示的是过渡带半长度与前沿距离之比，由式(8-70)可以看出，在初始时刻 $t \to 0$，这一比值趋近于无限大，即扩散起主要作用，而当时间充分大以后，过渡带长度只占整个流动距离的较小的一部分，这可以由图 8-6 上两个不同时刻 t_1、t_2 的浓度分布曲线看出。在某一时刻 t 的 0.5 浓度点的距离为 $L_{0.5}$，而当时的混合半场为 L_0，经过一段时间以后，混合带半长变为 L_0'。前沿的点 $C/C_1=0.5$ 移至 $L_{0.5}'$，这时的混合带比前沿距离之比 $L_0'/L_{0.5}'$ 将比过去的小，即此时的扩散速度与对流速度相比已大大减小。

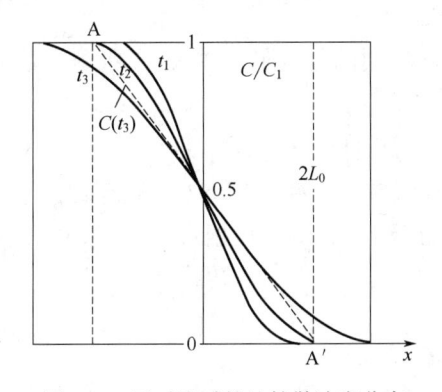

图 8-5 无对流时的纯扩散浓度分布

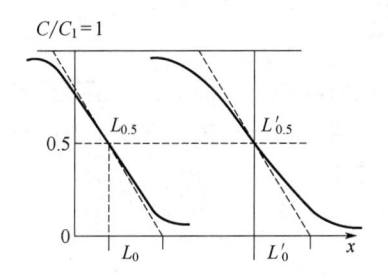

图 8-6 带对流扩散作用的一维浓度分布曲线

第四节　带吸附和扩散的渗流及典型解

一、多孔介质中的吸附现象

化学剂在多孔介质中渗流时，由于分子力的作用或静电场的作用会吸附在岩石固体颗粒的表面上，形成一层稳定的吸附层，此吸附层上的浓度可以在最后达到一个极限吸附浓度，这一极限吸附浓度与溶液中该组分（或溶质）的浓度成平衡。通常情况下，吸附过程是一个平衡到另一平衡的非稳定过程。假定在初始时刻，溶液中某一组分的浓度为 C 而岩石表面不含有此组分，则瞬时吸附浓度为 0，此时的吸附速度很高，表面上的吸附浓度达到一定数值以后，吸附速度就逐渐变小，而当表面上的组分浓度达到某一临界值 C_r^* 以后，吸附速度就等于 0，所以对于单一的吸附现象可以写出其吸附速度的变化公式：

$$\frac{dC_r}{dt} = K_1 \left(1 - \frac{C_r}{C_r^*}\right) C \tag{8-71}$$

式中　K_1——吸附常数，s^{-1}。

另外，相对于吸附过程，吸附在岩石表面上的溶质还会发生脱附现象，脱附与吸附是一个动平衡过程。脱附的速度与表面上被吸附的溶质的浓度有关的，此速度可写为：

$$\left(\frac{dC_r}{dt}\right)_d = -K_2 \left(\frac{C_r}{C_r^*}\right) \tag{8-72}$$

式中　K_2——脱附常数，s^{-1}。

由此可得总的吸附浓度随时间变化的关系式为：

$$\frac{dC_r}{dt} = K_1 \left(1 - \frac{C_r}{C_r^*}\right) C - K_2 \left(\frac{C_r}{C_r^*}\right) \tag{8-73}$$

式（8-73）是一个一阶线性常微分方程，当溶液浓度恒定为 C，并且在初始时刻 $t = 0$ 时，$C_r = 0$，则可获得此方程的解为：

$$C_r(t) = \frac{K_1 C_r^* \left[1 - \exp\left(-\frac{CK_1 + K_2}{C_r^*} t\right)\right]}{CK_1 + K_2} C \tag{8-74}$$

在式（8-74）中存在一个与时间 t 有关的项，其中起作用的是吸附常数 K_1 和脱附常数 K_2，在 K_2 为 0 时，即吸附是不可逆的，由式（8-74）可以得到：

$$C_r(t) = [1 - \exp(-CK_1 t/C_r^*)] C_r^* \tag{8-75}$$

当时间趋于无穷时，平衡吸附浓度等于极限吸附浓度 C_r^*，也就是只有在无脱附时，吸附量才可能达到极限情况，而在 $K_2 \neq 0$ 时，在时间趋于无穷以后，根据式（8-75）可以得到平衡浓度 C_r 为：

$$C_r(\infty) = \frac{aC}{1 + bC} \tag{8-76}$$

其中　　　　　　　　　　　　　$a = K_1 C_r^* / K_2; \quad b = K_1 / K_2$

式(8-76)就是真实平衡吸附浓度公式，又称为兰格缪尔等温吸附线。在研究吸附问题时重要的是确定参数 a 和 b 的值，在一般情况下是与温度和压力有关的常数。

二、具有吸附作用的单相渗流问题

在孔隙度为 ϕ 的单位体积岩石中，颗粒所占的体积为 $1-\phi$，而与此体积成比例的某一部分体积 S_r 为吸附区，则吸附区在单位体积岩石中所占的体积为 $(1-\phi)S_r$，则在单位孔隙体积的岩石中吸附体积应为 $(1-\phi)S_r/\phi$，因此区域内吸附剂的浓度为 C_r，则吸附剂的含量应为 $(1-\phi)S_rC_r/\phi$，把它对时间求导数，就得到孔隙中吸附量的增长速度。带吸附和扩散的浓度方程可写成：

$$D^* \frac{\partial^2 C}{\partial x^2} - v \frac{\partial C}{\partial x} = \frac{\partial C}{\partial t} + \frac{1-\phi}{\phi} S_r \frac{\partial C_r}{\partial t} \tag{8-77}$$

可以认为吸附层上的浓度为 C_r，达到平衡所需的时间比渗流过程中浓度变化所需要的时间要短许多，因而可以认为吸附是瞬间达到平衡的，这样就可以采用平衡吸附公式(8-76)确定吸附浓度 C_r：

$$C_r = \frac{a}{1+bC} C$$

而其导数 dC_r/dC 为：

$$\frac{dC_r}{dC} = \frac{a}{(1+bc)^2} > 0 \tag{8-78}$$

把式(8-78)代入微分方程式(8-77)就得到带吸附和扩散作用的浓度方程：

$$D^* \frac{\partial^2 C}{\partial x^2} - v \frac{\partial C}{\partial x} = \left[1 + \frac{(1-\phi)S_r a}{\phi(1+bC)^2}\right] \frac{\partial C}{\partial t} \tag{8-79}$$

式(8-79)即为带吸附和扩散作用的浓度方程，它是一个二阶变系数非线性的偏微分方程，由于在右端的方括号中出现了与状态变量 C 有关的项，因而求解是很困难的。此类方程，对于 $v=0$（无渗流速度），$D^*=0$（无扩散作用）和 $b=0$（特定的吸附方程）等条件下才可能获得自模解。

在求解某些具体的边值问题以前，有必要对式(8-79)先进行某些粗略的分析，例如，可以认为在扩散作用很小时，可以忽略扩散作用，则变为纯吸附方程：

$$-v \frac{\partial C}{\partial x} = \left[1 + \frac{(1-\phi)S_r a}{\phi(1+bC)^2}\right] \frac{\partial C}{\partial t} \tag{8-80}$$

这一方程类似于水驱油过程中的饱和度分布方程，它可以通过特征线法求解，此时等浓度点的移动速度 dx/dt 为：

$$\frac{dx}{dt} = v \bigg/ \left[1 + \frac{(1-\phi)S_r a}{\phi(1+bC)^2}\right] \tag{8-81}$$

它说明，由于吸附作用的影响，等浓度点的移动速度小于流体的真实速度，这是由于方括号内的值总是大于 1.0 的缘故，使移动速度变小，出现驱替前沿稀释的现象，或者说是渗流现象。对于不同的吸附剂其吸附能力不同，即其 a 和 b 值不一样，因此浓度剖面的变化各不相同，从而出现多组分流体在渗流过程中的吸附色谱分离现象。

第九章 天然气渗流理论基础

天然气是重要的能源及化工原料（富媒体 9-1），它是由各种碳氢化合物及其他成分组成的混合物，主要含有甲烷、乙烷及正丙烷等烃类，其中甲烷含量最高，除了碳氢化合物外还含有少量的其他成分，如一氧化碳、二氧化碳及硫化氢等。不同的气藏，天然气的成分及其含量不同。

富媒体 9-1　天然气工业发展历程

天然气的主要特点是压缩性大，气体的体积随温度和压力而变化。一般以 20℃ 及 760mmHg（0.101MPa）为标准条件。

第一节　天然气渗流的基本微分方程

气体和液体的相态不同，但都是流体。只是气体比液体的压缩性大，因此，研究气体渗流规律时根据这一特点引入一些新的变量，依照液体渗流规律的研究方法得出气体渗流方程。

一、连续性方程

假定所研究的气藏是均质的。在这样的气藏中取一微小六面体单元，其中一点的质量渗流速度在各坐标上的分量分别为 $\rho_g v_x$、$\rho_g v_y$ 和 $\rho_g v_z$。ρ_g 是天然气的密度，它是压力的函数。

根据质量守恒原理可以得到气体的连续性方程为：

$$-\left[\frac{\partial(\rho_g v_x)}{\partial x}+\frac{\partial(\rho_g v_y)}{\partial y}+\frac{\partial(\rho_g v_z)}{\partial z}\right]=\frac{\partial(\phi\rho_g)}{\partial t} \tag{9-1}$$

二、运动方程

若气体在地下服从线性渗流规律，其运动方程为：

$$\begin{cases} v_x = -\dfrac{K}{\mu}\dfrac{\partial p}{\partial x} \\[4pt] v_y = -\dfrac{K}{\mu}\dfrac{\partial p}{\partial y} \\[4pt] v_z = -\dfrac{K}{\mu}\dfrac{\partial p}{\partial z} \end{cases} \tag{9-2}$$

三、状态方程

如果气体分子之间没有吸引力，并且本身体积为无限小，这种气体叫作理想气体。理想气体的体积、压力和温度之间的关系式为：

$$pV = nRT$$

或

$$\rho_g = \frac{pM}{RT} \tag{9-3}$$

式中 p——压力，MPa；
  V——体积，m³；
  n——气体摩尔质量，mol；
  R——气体常数，Pa·m³/(mol·K)；
  T——温度，K；
  M——气体分子量，kg/mol。

在实践中发现，理想气体状态方程不适用于真实气体。这是因为真实气体的体积不能忽略不计，而且分子之间也存在相互作用力。当压力增高时，分子之间产生斥力，使得真实气体与理想气体之间偏差加大。因此真实气体的状态方程应写为：

$$pV = nZRT$$

式中 Z——气体压缩因子，无量纲。

其中压缩因子 Z 的物理意义是在相同条件下真实气体与理想气体之间的偏差程度。它是压力和温度的函数，可在有关书中查出。在等温条件下天然气的密度为：

$$\rho_g = \frac{pM}{RTZ} \tag{9-4}$$

同理可得在标准条件下天然气的密度为：

$$\rho_{gsc} = \frac{p_{sc}M}{RT_{sc}Z_{sc}} \tag{9-5}$$

由式(9-4)、式(9-5) 可得出：

$$\rho_g = \frac{T_{sc}Z_{sc}\rho_{gsc}}{p_{sc}} \frac{p}{TZ} \tag{9-6}$$

若气层的温度不变，可得气体的等温压缩系数为：

$$C(p) = \frac{-\frac{dV}{V}}{dp} = -\frac{1}{V}\frac{dV}{dp}\bigg|_{T=C} = \frac{1}{p} - \frac{1}{Z}\frac{dZ}{dp}\bigg|_{T=C}$$

$C(p)$ 是气体的等温压缩系数。对于理想气体，$Z=1$，$C(p)=1/p$。

四、基本微分方程

把运动方程和理想气体状态方程代入连续性方程中可得理想气体的基本微分方程为：

$$\frac{\partial^2 p^2}{\partial x^2}+\frac{\partial^2 p^2}{\partial y^2}+\frac{\partial^2 p^2}{\partial z^2}=\frac{\phi\mu(p)}{Kp}\frac{\partial p^2}{\partial t}$$

若认为地层压力为地层平均压力，即 $p=\bar{p}_R$，并且定义气体的导压系数为：

$$\eta=\frac{K\overline{p_R}}{\phi\mu}$$

由此可得理想气体的基本微分方程为：

$$\nabla^2 p^2=\frac{1}{\eta}\frac{\partial p^2}{\partial t} \tag{9-7}$$

把运动方程和真实气体状态方程代入连续性方程中，并考虑到真实气体的黏度和压缩因子是压力的函数，则：

$$\frac{\partial}{\partial x}\left[\frac{p}{\mu(p)Z(p)}\frac{\partial p}{\partial x}\right]+\frac{\partial}{\partial y}\left[\frac{p}{\mu(p)Z(p)}\frac{\partial p}{\partial y}\right]+\frac{\partial}{\partial z}\left[\frac{p}{\mu(p)Z(p)}\frac{\partial p}{\partial z}\right]=\frac{\phi}{K}\frac{\partial}{\partial t}\frac{p}{[Z(p)]} \tag{9-8}$$

式(9-8)右边：

$$\frac{\partial}{\partial t}\left[\frac{p}{Z(p)}\right]=\left[\frac{1}{p}-\frac{1}{Z(p)}\frac{\partial p}{\partial Z(p)}\right]\cdot\frac{p}{Z(p)}\frac{\partial p}{\partial t}=C(p)\frac{p}{Z(p)}\frac{\partial p}{\partial t} \tag{9-9}$$

将式(9-9)代入式(9-8)中，经过整理可得：

$$\nabla\left[\frac{p}{\mu(p)Z(p)}\nabla p\right]=\frac{\phi\mu(p)C(p)}{K}\left[\frac{p}{\mu(p)Z(p)}\frac{\partial p}{\partial t}\right] \tag{9-10}$$

为使气体的基本微分方程与液体基本微分方程相似，引入拟压力函数 m^*，并定义如下：

$$m^*=2\int_{p_a}^{p}\frac{p}{\mu(p)Z(p)}\mathrm{d}p \tag{9-11}$$

式中 p_a 为某一已知压力，$\mu(p)Z(p)$ 是压力和温度的函数。在实际应用时，为了简化方程，认为气层中温度不变，μZ 近似等于平均压力下对应的 μZ 值。那么积分式(9-11)为：

$$m_1^*-m_2^*=\frac{1}{\overline{\mu Z}}(p_1^2-p_2^2) \tag{9-12}$$

由式(9-12)看出，气层中任意两点间拟压力差值与其压力平方差值对应。将式(9-11)代入(9-10)可得用拟压力表示的天然气渗流的基本微分方程，即：

$$\nabla^2 m^*=\frac{\phi\mu(p)C(p)}{K}\frac{\partial m^*}{\partial t}$$

由实践经验知，$\mu(p_1)C(p_1)\approx\mu(p_2)C(p_2)\approx\mu(\bar{p})C(\bar{p})$。

定义气体导压系数为：

$$\eta=\frac{K}{\phi\mu(\bar{p})C(\bar{p})}$$

由此可得天然气基本微分方程为：

$$\nabla^2 m^*=\frac{1}{\eta}\frac{\partial m^*}{\partial t} \tag{9-13}$$

由式(9-13)看出：引入拟压力函数后，真实气体基本微分方程与液体的基本微分方程形式相同，只是这里用拟压力函数。因此，在研究气体渗流规律时可用求解液体基本微分方程的方法求解气体的基本微分方程。

另外，几种典型非常规气藏的渗流模型参见富媒体9-2。

第二节 天然气的稳定渗流

在边底水供应充足的气藏或注水开发气藏中，气层的压力保持不变，气体向井中流动呈径向稳定渗流。对于封闭气藏，开发过程中气层压力不断下降，气体呈不稳定渗流。气体呈稳定渗流时渗流的基本微分方程为：

$$\nabla^2 m^* = 0$$

富媒体9-2 几种典型非常规气藏渗流模型简介

对于均质、等厚、圆形气层中心有一口完善井以恒定产量生产时，基本微分方程式为：

$$\frac{d^2 m^*}{dr^2} + \frac{1}{r}\frac{dm^*}{dr} = 0 \tag{9-14}$$

这是一个二阶常微分方程，其通解为：

$$m^* = C_1 \ln r + C_2 \tag{9-15}$$

已知边界条件为：

$p = p_{wf}$ 时 $r = r_w$， $m^* = m_{wf}^*$

$p = p_e$ 时 $r = r_e$ $m^* = m_e^*$

将边界条件代入式(9-15)中，可得气层中任一点拟压力函数表达式为：

$$m^* = m_e^* - \frac{m_e^* - m_{wf}^*}{\ln \frac{r_e}{r_w}} \ln \frac{r_e}{r} \tag{9-16}$$

在实际生产地层中的能量是用压力来表示的，由式(9-12)可得出气层拟压力函数与井底拟压力函数差值，即：

$$m_e^* - m_{wf}^* = \frac{1}{\overline{\mu Z}}(p_1^2 - p_2^2) \tag{9-17}$$

同理，可以得到气藏边界拟压力函数与气藏内任一点拟压力函数差值为：

$$m_e^* - m^* = \frac{1}{\overline{\mu Z}}(p_1^2 - p^2) \tag{9-18}$$

将式(9-17)和式(9-18)代入式(9-16)中，可以得到气藏内任一点压力平方为：

$$p^2 = p_e^2 - \frac{p_e^2 - p_{wf}^2}{\ln \frac{r_e}{r_w}} \ln \frac{r_e}{r} \tag{9-19}$$

天然气的体积流量是随压力发生变化的，在稳定渗流条件下，其质量流量不变化，由达西定律得出气体的质量流量为：

$$q_m = \frac{2\pi K h}{\mu} r \frac{dp}{dr} \rho_g \tag{9-20}$$

将式(9-6)代入式(9-20)，可得质量流量表达式，即：

$$q_{\mathrm{m}} = \frac{2\pi Kh}{\mu} \frac{T_{\mathrm{sc}} Z_{\mathrm{sc}} \rho_{\mathrm{gsc}}}{p_{\mathrm{sc}}} \frac{p}{TZ} r \frac{\mathrm{d}p}{\mathrm{d}r}$$

根据拟压力函数定义又可得出：

$$q_{\mathrm{m}} = \frac{\pi Kh Z_{\mathrm{sc}} T_{\mathrm{sc}} \rho_{\mathrm{gsc}}}{p_{\mathrm{sc}} T} r \frac{\mathrm{d}m^*}{\mathrm{d}r}$$

分离变量后进行积分，得出气井的质量流量表达式，即：

$$q_{\mathrm{m}} = \frac{\pi Kh Z_{\mathrm{sc}} T_{\mathrm{sc}} \rho_{\mathrm{gsc}}}{p_{\mathrm{sc}} T} \frac{m_{\mathrm{e}}^* - m_{\mathrm{wf}}^*}{\ln \frac{r_{\mathrm{e}}}{r_{\mathrm{w}}}} \tag{9-21}$$

将式(9-17)代入式(9-21)，经过整理可得气体的体积流量表达式，即：

$$q_{\mathrm{sc}} = \frac{\pi Kh Z_{\mathrm{sc}} T_{\mathrm{sc}}}{p_{\mathrm{sc}} T \bar{\mu} \bar{Z}} \frac{p_{\mathrm{e}}^2 - p_{\mathrm{wf}}^2}{\ln \frac{r_{\mathrm{e}}}{r_{\mathrm{w}}}} \tag{9-22}$$

式中 q_{sc}——标准条件下气井流量，m^3/s；

K——气层渗透率，μm^2；

h——气层厚度，m；

$\bar{\mu}$——平均压力下气体黏度，$Pa \cdot s$；

Z_{sc}——标准条件下气体压缩因子，无量纲；

T_{sc}——标准状态下温度，K；

p_{sc}——标准压力，Pa；

T——气层温度，K；

$\bar{Z}$——平均压力下气体的压缩因子，无量纲；

p_{e}——边界压力，Pa；

p_{wf}——井底压力，Pa；

r_{e}——边界半径，m；

r_{w}——井底半径，m。

对式(9-19)微分可以得到气层任一点压力梯度为：

$$\frac{\mathrm{d}p}{\mathrm{d}r} = \frac{p_{\mathrm{e}}^2 - p_{\mathrm{wf}}^2}{\ln \frac{r_{\mathrm{e}}}{r_{\mathrm{w}}}} \frac{1}{2pr} \tag{9-23}$$

由达西公式可以得出气层中任一点渗流速度为：

$$v = \frac{K}{\mu} \frac{p_{\mathrm{e}}^2 - p_{\mathrm{wf}}^2}{\ln \frac{r_{\mathrm{e}}}{r_{\mathrm{w}}}} \frac{1}{2pr} \tag{9-24}$$

式(9-19)、式(9-22)、式(9-23)、式(9-24)为气体服从线性渗流规律时平面径向稳定渗流基本公式。

由式(9-22)看出：气体体积流量 q_{sc} 与压力平方差呈线性关系。若以 q_{sc} 为横坐标，以 $(p_{\mathrm{e}}^2 - p_{\mathrm{wf}}^2)$ 为纵坐标可得一直线，如图9-1所示。

由式(9-19)看出：气体径向渗流时，压力平方分布公式与液体径向压力分布公式形式相同，都是对数形式的表达式。当 r 为某一数值时，相对应的压力值也是一个定值。因此，气体平面径向流的等压线也是一组与井同心的圆。

从式(9-23)可以看出：气体向井底渗流过程中单位长度所消耗的能量，即压力梯度与 r 成反比。这就表明越靠近井底压力梯度越大，流场图中等压线越密。在相同压差条件下，气井井底附近的压力梯度比油井井底附近压力梯度大。因此，气体平面径向流的压力分布曲线位于相同条件下液体压力分布曲线之上。即在井底附近气井的压降漏斗比油井的陡，如图9-2所示。其流场图如图9-3所示。由此看出，气层的能量绝大部分消耗在井底附近几米范围内。因此，气层的平均压力接近于边界压力，一般采用 $\bar{p}_R = p_e$。

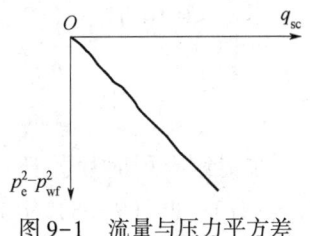

图 9-1 流量与压力平方差关系曲线

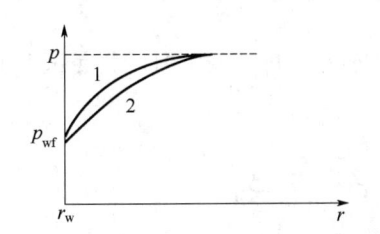

图 9-2 气井与油井压力分布曲线比较
1—气体；2—不可压缩流体

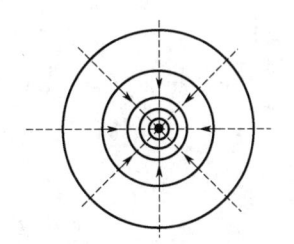

图 9-3 气体平面径向流流场图

第三节 天然气的不稳定渗流

由第一节可知拟压力形式表示的真实气体不稳定渗流基本微分方程为：

$$\nabla^2 m^* = \frac{1}{\eta} \frac{\partial m^*}{\partial t} \tag{9-25}$$

对于圆形气藏中心一口井的情况下，式(9-25)可写成如下形式：

$$\frac{\partial^2 m^*}{\partial r^2} + \frac{1}{r} \frac{\partial m^*}{\partial r} = \frac{1}{\eta} \frac{\partial m^*}{\partial t} \tag{9-26}$$

式(9-25)和式(9-26)与第五章描述液体不稳定渗流的微分方程形式一致。只是在液体微分方程的解中压力 p 用拟压力函数 m^*，流量 q 改用 q_m。

如果气井具有某一恒定的质量流量时，其定解条件如下：

初始条件：　　　　　$t=0$，$r=r$，$m^*=m_i^*$ ($p=p_i$)

边界条件：　　　　　$r=0$，$t=t$，$r\frac{\partial m^*}{\partial r} = \frac{q_m T}{\pi Kh} \frac{p_{sc}}{Z_{sc} T_{sc} \rho_{gsc}}$

$r \to \infty$，$t=t$，$m^* = m_i^*$ ($p=p_i$)

在上述条件下得到式(9-26)的解为：

$$m_i^* - m^* = \frac{q_m}{2\pi Kh} \frac{p_{sc} T}{Z_{sc} T_{sc} \rho_{gsc}} \left[-\text{Ei}\left(-\frac{r^2}{4\eta t}\right) \right] \tag{9-27}$$

当 $\dfrac{r^2}{4\eta t}<0.01$ 时，式(9-27) 可近似为：

$$m_i^* - m^* = \dfrac{q_m}{2\pi Kh} \dfrac{p_{sc}T}{Z_{sc}T_{sc}\rho_{gsc}} \ln \dfrac{2.25\eta t}{r^2} \tag{9-28}$$

在实际应用时用拟压力函数较麻烦，当压力不太高时可以把拟压力换成压力，把式(9-27) 和式(9-28) 中的质量流量换成体积流量，于是可得：

$$p_i^2 - p^2 = \dfrac{q_{sc}\bar{\mu}}{2\pi Kh} \dfrac{p_{sc}\bar{Z}T}{Z_{sc}T_{sc}} \left[-\mathrm{Ei}\left(-\dfrac{r^2}{4\eta t}\right) \right] \tag{9-29}$$

式(9-29) 可以近似地表示为

$$p_i^2 - p^2 = \dfrac{q_{sc}\bar{\mu}}{2\pi Kh} \dfrac{p_{sc}\bar{Z}T}{Z_{sc}T_{sc}} \ln \dfrac{2.25\eta t}{r^2} \tag{9-30}$$

在计算井底压力时，$r=r_w$，井半径相对来讲较小，即 $\dfrac{r_w^2}{4\eta t}<0.01$。井底压力平方计算公式可写为：

$$p_{wf}^2 = p_i^2 - \dfrac{q_{sc}\bar{\mu}}{2\pi Kh} \dfrac{p_{sc}\bar{Z}T}{Z_{sc}T_{sc}} \ln \dfrac{2.25\eta t}{r_w^2} \tag{9-31}$$

本章要点

1. 掌握天然气渗流的基本知识和规律（四类方程：连续性、运动、状态、基本微分方程）。
2. 掌握天然气两类渗流（稳定、不稳定渗流）模型的建立过程和数学求解方法。
3. 理解天然气与液体渗流的联系与区别，理解引入拟压力函数这一新变量的意义。
4. 了解天然气渗流流量及压力分布曲线的意义及应用。

练习题

1. 何谓天然气渗流的基本微分方程？它与液体渗流的基本微分方程有何区别？
2. 何谓拟压力函数？它的基本形式和物理意义是什么？
3. 天然气的稳定和不稳定渗流分别对应油藏什么样的开发状态？两者的区别及模型的压力求解表达式是什么？

第十章

非常规油气藏渗流理论基础

全球新增油气储量中非常规油气藏占大多数，是重要的接替能源，是我国油气上产和稳产的重要保障。近十年来，致密油、页岩气等非常规油气得到大规模的动用和开发，其渗流机理和规律与常规油气藏差异较大，常规渗流理论不再适用。由于非常规油气藏渗流理论还在不断完善和发展，本章主要介绍低渗透油藏、致密油、页岩气、天然气水合物的渗流基础理论，供读者参考。

第一节 低渗透油藏非线性渗流模型

低渗透油藏是指孔隙度较低、渗透性很差的原油储层。流体在低渗透油藏中的流动明显区别于中高渗油藏中的渗流，最本质也是最明显的一点就是由于流体在渗流过程中受到的固壁作用影响很大，其流动规律不再符合经典的渗流规律（富媒体10-1）。

富媒体 10-1 超低渗透—致密—页岩油藏渗流特征（视频）

一、考虑启动压力梯度的低渗透油藏非线性渗流模型

当低渗透油藏渗透率低于某一界限（与油藏孔喉结构、流体有关），驱动压力梯度大于一定值（启动压力梯度）时，流体才能发生流动，最典型的特征是压力梯度—流速曲线为一曲线段和不经过原点的直线段的组合。假设不考虑曲线段，只考察直线段，图10-1中点c表示拟启动压力梯度。如果忽略曲线段，仅表征直线段的渗流规律，习惯上也称c为启动压力梯度。

考虑启动压力梯度的运动方程为：

$$v = -\frac{K_0}{\mu}\left(\frac{\mathrm{d}p}{\mathrm{d}r} - G\right) \quad (10-1)$$

式中 v——渗流速度，10^{-3} m/s；
　　　K_0——有效渗透率，μm^2；
　　　μ——流体黏度，$mPa \cdot s$；
　　　p——地层压力，MPa；
　　　r——地层半径，m；
　　　G——启动压力梯度，MPa/m。

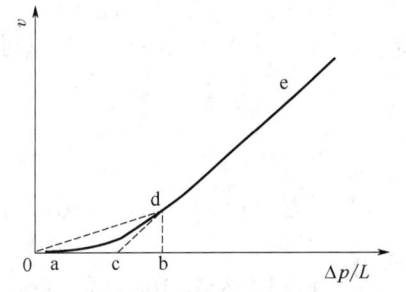

图 10-1 低渗岩心典型渗流曲线示意图

均质、等厚、无穷大地层中心一口生产井以定产量生产，流体单相弱可压缩，渗流满足低速非达西定律，忽略重力及毛管力作用，流动为等温过程。渗流控制方程、初始条件及边界条件分别为：

$$\frac{\partial^2 p}{\partial r^2}+\frac{1}{r}\left(\frac{\partial p}{\partial r}-G\right)=\frac{1}{\eta}\frac{\partial p}{\partial t} \tag{10-2}$$

$$p(r,0)=p_e \tag{10-3}$$

$$\left(\frac{\partial p}{\partial r}-G\right)\bigg|_{r=r_w}=\frac{Q\mu B}{2\pi K_0 h r_w} \tag{10-4}$$

$$\left(\frac{\partial p}{\partial r}-G\right)\bigg|_{r=R(t)}=0 \tag{10-5}$$

$$p=p_e\left[r\geqslant R(t)\right] \tag{10-6}$$

其中

$$\eta=\frac{K_0}{\phi\mu C_t}$$

式中　ϕ——孔隙度，小数；
　　　C_t——综合压缩系数，MPa^{-1}；
　　　$R(t)$——t 时刻激动区外边界，m。

令 $\psi=p-G(r-r_w)$，式（10-2）可以变形为：

$$\frac{\partial^2\psi}{\partial r^2}+\frac{1}{r}\frac{\partial\psi}{\partial r}=\frac{1}{\eta}\frac{\partial\psi}{\partial t} \tag{10-7}$$

引入中间函数 ξ，令 $\xi=\frac{r^2}{\eta t}$，式（10-7）可化为：

$$\frac{\partial^2\psi}{\partial\xi^2}+\left(\frac{1}{4}+\frac{1}{\xi}\right)\frac{\partial\psi}{\partial\xi}=0 \tag{10-8}$$

式（10-8）的解为

$$\xi\frac{\partial\psi}{\partial\xi}=C_1\cdot e^{-\frac{1}{4}\xi} \tag{10-9}$$

将引入的参数 ψ 和 ξ 代入式（10-4），同时联立式（10-9），可以确定待定系数 C_1：

$$C_1=\frac{Q\mu B}{4\pi Kh}e^{\frac{r_w^2}{4\eta t}} \tag{10-10}$$

式（10-10）代入式（10-9），可以得到：

$$\frac{\partial\psi}{\partial\xi}=\frac{Q\mu B}{4\pi Kh}e^{\frac{r_w^2}{\eta t}}\cdot\frac{e^{-\frac{1}{4}\xi}}{\xi} \tag{10-11}$$

又因为当 $r=r$ 时，$\psi=p-G(r-r_w)$，$\xi=\frac{r^2}{\eta t}$；当 $r=R(t)$ 时，$\psi=p_e-G[R(t)-r_w]$，$\xi=\frac{R^2(t)}{\eta t}$。将其代入式（10-11），并在 $[r,R(t)]$ 区间积分：

$$\int_{p-G(r-r_w)}^{p_e-G[R(t)-r_w]}d\psi=\int_{\frac{r^2}{\eta t}}^{\frac{R^2(t)}{\eta t}}\frac{Q\mu B}{4\pi Kh}e^{\frac{r_w^2}{4\eta t}}\cdot\frac{e^{-\frac{1}{4}\xi}}{\xi}d\xi \tag{10-12}$$

注意到：

$$\int_x^\infty \frac{e^{-u}}{u} du = -\text{Ei}(-x)$$

最终，可以得到无穷大地层任一时刻地层压力分布：

$$p = p_e - \frac{Q\mu B}{4\pi Kh} e^{\frac{r_w^2}{\eta t}} \left\{ -\text{Ei}\left(-\frac{r^2}{4\eta t}\right) + \text{Ei}\left[-\frac{R^2(t)}{4\eta t}\right] \right\} - G[R(t) - r]$$

$$\approx p_e - \frac{Q\mu B}{4\pi Kh} \left\{ -\text{Ei}\left(-\frac{r^2}{4\eta t}\right) + \text{Ei}\left[-\frac{R^2(t)}{4\eta t}\right] \right\} - G[R(t) - r] \tag{10-13}$$

将 $-\text{Ei}(-x)$ 展开，代入 p 的解析解，根据物质平衡方程可以确定动边界随时间的变化：

$$Qt = \pi(R^2(t) - r_w^2) \phi h C_t \cdot \overline{Y} \tag{10-14}$$

$$\overline{Y} = \frac{Q\mu B}{2\pi KhR^2(t)} \int_{r_w}^{R(t)} \left[a_0 + a_1 \frac{r^2}{4\eta t} + a_2 \left(\frac{r^2}{4\eta t}\right)^2 + a_3 \left(\frac{r^2}{4\eta t}\right)^3 + a_4 \left(\frac{r^2}{4\eta t}\right)^4 + a_5 \left(\frac{r^2}{4\eta t}\right)^5 + a_6 \ln\left(\frac{r^2}{4\eta t}\right) \right] r \cdot dr$$

$$- \frac{Q\mu B}{2\pi Kh} \left\{ a_0' + a_1' \frac{R^2(t)}{4\eta t} + a_2' \left[\frac{R^2(t)}{4\eta t}\right]^2 + a_3' \left[\frac{R^2(t)}{4\eta t}\right]^3 + a_4' \left[\frac{R^2(t)}{4\eta t}\right]^4 + a_5' \left[\frac{R^2(t)}{4\eta t}\right]^5 + a_6' \ln\left[\frac{R^2(t)}{4\eta t}\right] \right\}$$

$$+ \frac{1}{3} R(t) G$$

其中，$a_0 \sim a_6$，$a_0' \sim a_6'$ 分别是与 $x = \frac{r^2}{4\eta t}$ 和 $\frac{R^2(t)}{4\eta t}$ 有关的系数。

二、考虑渗透率应力敏感的低渗透油藏非线性渗流模型

由于低渗透油藏孔喉细微，在开发过程中如果地层压力下降，岩石有效应力发生变化，会发生介质变形，孔隙度、渗透率等会发生一定变化。低渗透油藏基质渗透率越低，这种效应越明显。渗透率与有效应力关系式为以下乘幂式形式：

$$\frac{K}{K_0} = a\left(\frac{\sigma}{\sigma_0}\right)^{-b} \tag{10-15}$$

当 $\sigma = \sigma_0$ 时，有 $K = K_0$，根据此关系，可得出式（10-15）中 a 的值为1。则式（10-15）成为 $\frac{K}{K_0} = \left(\frac{\sigma}{\sigma_0}\right)^{-b}$，对此式两边取常用对数，得：

$$\lg \frac{K}{K_0} = -b \lg \frac{\sigma}{\sigma_0} \tag{10-16}$$

从式（10-16）可知 $\frac{K}{K_0} - \frac{\sigma}{\sigma_0}$ 在双对数坐标下是一条通过 (1,1) 点、斜率为 $-b$ 的直线。

定义应力敏感系数为：

$$S = -\lg \frac{K}{K_0} \bigg/ \lg \frac{\sigma}{\sigma_0} \tag{10-17}$$

有运动方程为：

$$v = -\frac{K_0}{\mu} \left(\frac{p_c - p}{\sigma_0}\right)^{-S} \cdot \frac{dp}{dr} \tag{10-18}$$

式中 p_c——上覆岩层压力，Pa；

S——应力敏感系数；

σ_0——初始有效覆压，实验研究中取值 $2\times10^6\mathrm{Pa}$。

连续性方程及边界条件同式(10-2)至式(10-6)。

由以上条件可以解出变形介质平面径向稳定渗流产能公式为：

$$Q=\frac{2\pi K_0 h}{\mu B \sigma_0^{-S}}\cdot\frac{(p_c-p_w)^{1-S}-(p_c-p_e)^{1-S}}{(1-S)\ln\dfrac{r_e}{r_w}} \tag{10-19}$$

压力分布公式为：

$$\begin{aligned}p&=p_c-\left[\frac{Q\mu B(1-S)\sigma_0^{-S}\ln\dfrac{r_e}{r}}{2\pi K_0 h}+(p_c-p_e)^{\frac{1}{1-S}}\right]^{\frac{1}{1-S}}\\ &=p_c-\left[\frac{(p_c-p_w)^{1-S}-(p_c-p_e)^{1-S}}{\ln\dfrac{r_e}{r_w}}\ln\dfrac{r_e}{r}+(p_c-p_e)^{1-S}\right]^{\frac{1}{1-S}}\end{aligned} \tag{10-20}$$

下面讨论考虑介质变形的拟稳定渗流产能及压力分布模型。

对于圆形封闭油层中心一口井，设供油区内原始地层压力为 p_e，油井投产 t 时间后供油区内平均地层压力为 $\bar{p}_R$。由于地层是封闭的，油井的产量将完全依靠地层压力下降而使液体体积膨胀和孔隙体积缩小而获得，根据综合压缩系数 C_t 的物理意义，供油区内依靠弹性能排出的液体总体积为：

$$V=C_t V_f (p_e-\bar{p}_R) \tag{10-21}$$

其中
$$V_f=\pi(r_e^2-r_w^2)h$$

式中 V_f——供油区的岩石体积，m^3。

油井产量为：

$$Q=\frac{\mathrm{d}V}{\mathrm{d}t}=-C_t\pi(r_e^2-r_w^2)h\frac{\mathrm{d}\bar{p}_R}{\mathrm{d}t} \tag{10-22}$$

由于处于拟稳定阶段，地层各点压降速度 $\dfrac{\mathrm{d}p}{\mathrm{d}t}$ 应相等，通过任一半径 r 断面的流量为：

$$q_r=-C_t\pi(r_e^2-r^2)h\frac{\mathrm{d}\bar{p}_R}{\mathrm{d}t} \tag{10-23}$$

由式(10-22)和式(10-23)得到：

$$\frac{q_r}{Q}=\frac{r_e^2-r^2}{r_e^2-r_w^2} \tag{10-24}$$

由于 $r_w^2\ll r_e^2$，则 $r_e^2-r_w^2\approx r_e^2$，上式简化为：

$$q_r=\left(1-\frac{r^2}{r_e^2}\right)Q \tag{10-25}$$

任意断面 r 处的渗流速度为：

$$v_r=\frac{q_r}{2\pi rh}=\frac{1}{2\pi rh}\left(1-\frac{r^2}{r_e^2}\right)Q=\frac{Q}{2\pi r_e h}\left(\frac{r_e}{r}-\frac{r}{r_e}\right)=\frac{K}{\mu}\frac{\mathrm{d}p}{\mathrm{d}r} \tag{10-26}$$

考虑渗透率变异时，渗透率是有效覆压的函数，同时考虑流体体积系数，将式(10-26)进行分离变量积分，积分区间：$r \to r_e$，$p \to p_e(t)$，有：

$$\int_{p(r,t)}^{p_e(t)} \frac{K_0}{\mu B}\left(\frac{p_c - p}{\sigma_0}\right)^{-S} \mathrm{d}p = \frac{Q}{2\pi r_e h}\int_r^{r_e}\left(\frac{r_e}{r} - \frac{r}{r_e}\right)\mathrm{d}r \tag{10-27}$$

得到地层中任一点压力为：

$$p(r,t) = p_c - \left\{\frac{Q\mu B \sigma_0^{-S}(1-S)}{2\pi K_0 h}\left[\ln\frac{r_e}{r} - \frac{1}{2}\left(1 - \frac{r^2}{r_e^2}\right)\right] + [p_c - p_e(t)]^{1-S}\right\}^{\frac{1}{1-S}} \tag{10-28}$$

当 $r = r_w$ 时，$p(r,t) = p_{wf}(t)$，由于 $r_w^2 \ll r_e^2$，略去 $\dfrac{r_w^2}{r_e^2}$ 项，得到任一时刻 t 时井底压力为：

$$p_{wf}(t) = p_c - \left\{\frac{Q\mu B \sigma_0^{-S}(1-S)}{2\pi K_0 h}\left[\ln\frac{r_e}{r_w} - \frac{1}{2}\right] + [p_c - p_e(t)]^{1-S}\right\}^{\frac{1}{1-S}} \tag{10-29}$$

产能公式为：

$$Q = \frac{2\pi K_0 h}{\mu B \sigma_0^{-S}} \cdot \frac{[p_c - p_{wf}(t)]^{1-S} - [p_c - p_e(t)]^{1-S}}{(1-S)\left(\ln\dfrac{r_e}{r_w} - \dfrac{1}{2}\right)} \tag{10-30}$$

式中 p_e——原始地层压力，Pa；

$p_e(t)$——任意时刻 t 时边界上压力，Pa；

$\bar{p}_R$——油井投产 t 时间后供油区内平均地层压力，Pa；

$p_{wf}(t)$——任意时刻 t 时的井底流压，Pa；

$p(r,t)$——任意时刻 t 时距井 r 处压力，Pa。

第二节　致密油基质非线性渗流基础

致密油主要是指与生油岩互层、紧邻的致密砂岩、致密碳酸盐岩等储集岩中，未经过大规模长距离运移的石油聚集。致密油的成藏机理与富集规律，与常规油气有较大的区别。根据现行的储层分类标准和国内外勘探开发实践，在一般情况下，致密油储层孔隙度小于10%，基质覆压渗透率小于 0.1×10^{-3} μm²，单井无自然工业产能。致密油成为非常规油气勘探开发领域的新热点。致密油藏是岩性致密、孔隙尺度达到微纳米级别，流体与岩石之间相互作用较强且微尺度效应明显的一类非常规油藏（图10-2）。本节针对致密油储层基质孔隙，讲述考虑流固作用下致密孔渗参数的变化，揭示致密孔隙非线性产生的机理，建立致密油藏非线性渗流数学模型（图10-3）。

致密油藏的孔喉比大，纳米喉道成为制约流体流动的主要因素。边界层主要是指致密油储层中由于原油与孔隙表面长期接触而产生一薄层流体吸附在孔喉表面形成难以流动的、性质不同于体相液体的吸附层，这种由原油中的极性物质组成的吸附层称为边界层。边界层产生的理论依据主要是致密油储层微纳米孔喉中的流体与固体喉道壁面发生的强相互作用。由于微纳米孔喉中边界层的存在，导致流体在致密储层中真实的流动半径要小于油藏原始喉道半径。

有效喉道半径指原始喉道半径扣除边界层厚度后的喉道半径：

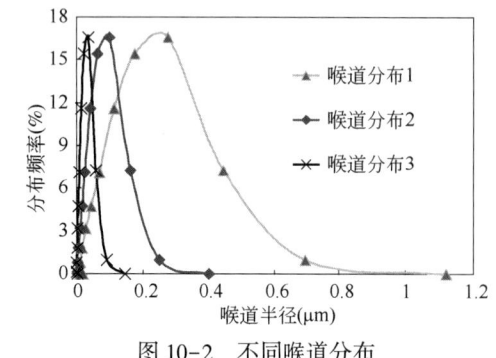

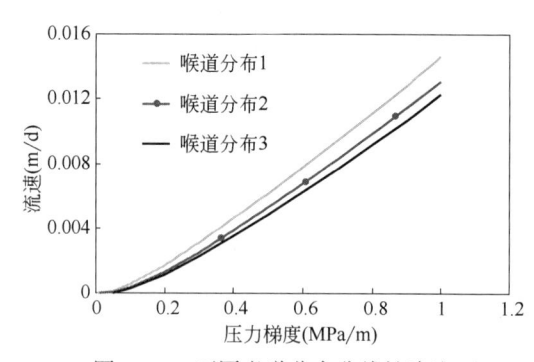

图 10-2　不同喉道分布　　　　　图 10-3　不同喉道分布非线性渗流

$$r_{eff}=r_o-h \tag{10-31}$$

式中　r_{eff}——有效喉道半径，μm；
　　　r_o——原始喉道半径，μm；
　　　h——边界层厚度，μm。

致密油储层微纳米喉道中由于边界层的影响，流体的有效喉道半径小于喉道半径，导致渗流规律偏离达西定律。考虑边界层的圆管中层流的平均流速表达式为：

$$\bar{\nu}=\frac{(r-h)^2 \nabla p}{8\mu} \tag{10-32}$$

考虑边界层与喉道分布、迂曲度影响的渗透率模型为：

$$K_{eff}=\frac{\tau \cdot \phi \cdot (\sigma_{Hg} \cdot \cos\theta_{Hg})^2}{2} \cdot \int_0^{1-S_s} \frac{(1-h/r)^2}{(p'_{cHg})^2} dS_{Hg} \tag{10-33}$$

其中　　　　　$S_s = \sum_{r_e}^{r_{max}} \left[\left(\frac{h_i}{r_i}\right)^2 \cdot S_i \right] + \sum_0^{r_c} S_i + (1-S_{Hgmax})$

式中　S_s——不可动流体饱和度，小数；
　　　p'_{cHg}——原始半径为 r_i 的喉道的汞气毛细管力，MPa。
　　　σ——表面张力，N/m；
　　　ϕ——孔隙度；
　　　r——毛细管半径，μm；
　　　σ_{Hg}——汞气表面张力，N/m；
　　　θ_{Hg}——汞气接触角，(°)；
　　　S_{Hgmax}——最大进汞饱和度；
　　　r_c，r_{max}——最小和最大毛细管半径，μm；
　　　h_i——边界层厚度；
　　　S_i——半径为 r_i 的喉道进汞饱和度。

基于表征致密油藏渗流能力的有效渗透率参数，进一步推导得到了致密油藏多孔介质中的运动方程：

$$v=\frac{\tau \cdot \phi \cdot (\sigma_{Hg} \cdot \cos\theta_{Hg})^2}{2\mu} \cdot \nabla p \cdot \int_0^{1-S_s} \frac{(1-h/r)^2}{(p'_{cHg})^2} dS_{Hg} \tag{10-34}$$

式中　v——多孔介质中的平均流速，mm/s。

第三节 页岩气基质渗流模型

页岩气藏是以富有机质页岩为气源岩、储层或盖层，在页岩地层中不间断供气、连续聚集而成的一种非常规气藏，具有自生、自储、自封闭的成藏特点。页岩气储层中发育有大量的微纳米级孔隙和天然裂缝，作为气体的储集空间具有多尺度性，这也决定了气体储层中的运移过程为吸附—解吸、扩散、渗流等多重机制耦合的结果。因此，基于常规气藏渗流理论的认识和技术往往无法对页岩气藏的开发动态作出准确预测，也无法指导压裂设计等工作。本节对页岩气赋存状态、运移及产气机理进行了系统、深入的研究，主要内容包括：(1) 页岩气在储层中的多尺度流动、微观运移特征；(2) 页岩气在微孔隙及裂缝中的 Darcy 渗流、非线性渗流机理；(3) 页岩气在有机质表面的吸附—解吸机理；(4) 页岩气的产出过程。本节的研究认识可以为后续建立符合页岩气渗流特征的数学模型奠定理论基础。

一、页岩气渗流机理

页岩气藏自生、自储、自封闭的成藏特点，使得页岩既是生气岩，也是气体的储存空间和流动场所。泥页岩的基岩孔径比普通砂岩细小得多，国内外实验测试结果主要集中于 5~15nm 之间，属于微纳米级有机质类别孔隙。这种特殊的气体赋存空间决定了页岩气藏的开采机理与常规油气藏有着很大的差异。

目前，国内外学者对于页岩气藏储存机理的普遍认识为：在原始状态下，页岩气以游离状态、吸附状态和溶解状态存在于页岩微孔隙中。一部分气体在压力作用下以游离状态在基质孔隙中自由流动，即游离状态的页岩气；一部分气体吸附在有机质的内表面上，即吸附状态的页岩气；还有极少部分的气体溶解于干酪根、沥青质、液态烃类及残余水中，即溶解状态的页岩气。页岩储层中不同赋存状态的气体在压力作用下处于一个动态可逆平衡过程中，动态可逆平衡机理如图 10-4 所示。页岩储层中发育有大量的基质孔隙和天然裂缝，不同赋存状态气体在页岩储层中的分布如图 10-5 所示。

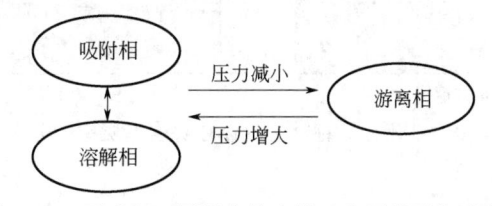

图 10-4 页岩气不同赋存状态的动态可逆平衡示意图

气体的不同赋存状态影响着页岩气井的初期产能与开采周期。页岩气藏开发初期，井筒中采出的天然气以孔隙、裂缝中的游离气为主，随着开采的进行，地层压力下降至一定程度时，吸附状态的页岩气开始从有机质表面解吸附到孔道中被采出，因此在开发后期采出的天然气以吸附气为主。由于溶解气占采出量的比例极小，往往忽略不计。

页岩气运移产出机理包括：微观运移机理、有机质表面解吸、纳米级孔隙扩散、微孔隙及裂缝渗流、页岩气产出过程。

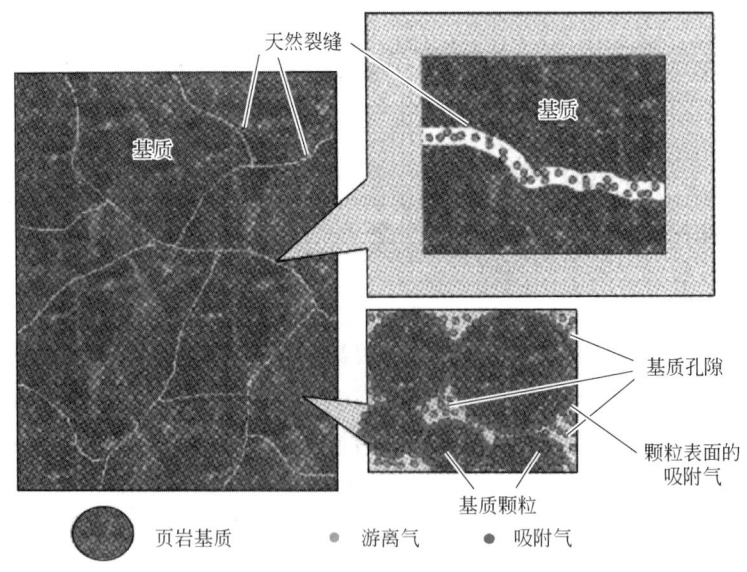

图 10-5 不同赋存状态气体在页岩储层中的分布

1. 微观运移机理

页岩气在微观尺度下的运移过程包括有：干酪根内部的溶解气向其表面扩散；赋存于干酪根内表面上的吸附气解吸、扩散；纳米孔隙中的气体扩散；自由气体在微孔隙中的扩散或渗流。因此，页岩气的微观运移系统是解吸、扩散、渗流三者相互联系、相互影响的复杂流场。Kang 等对微观尺度下页岩气在干酪根（有机物基质）、无机物基质、裂缝（大孔隙）中的运移过程，提出了两种不同的连接模式：（1）干酪根、无机质和裂缝串联，如图 10-6(a) 所示；（2）干酪根、无机质和裂缝并联，如图 10-6(b) 所示。

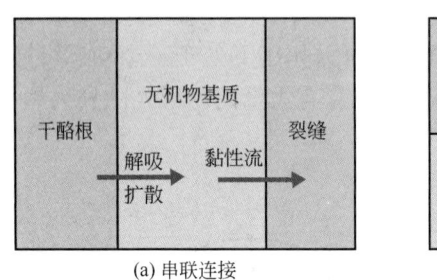

图 10-6 不同赋存状态气体在页岩储层中的分布

2. 有机质表面解吸

在两相界面处，由于分子间力的不平衡会产生自由表面能，自由表面能降低的过程为吸附，自由表面能增高的过程为解吸。物理吸附具有还原性，吸附状态的页岩气脱离有机质表面变为自由气体，该过程即为页岩气的解吸。吸附和解吸构成一组可逆的动态平衡，因此页岩气的等温解吸曲线与等温吸附曲线完全相同，页岩气的解吸过程也可用 Langmuir 等温吸附模型描述，即在储层压力下降到某一程度时，气藏初始状态下的平衡被打破，吸附气开始解吸为游离气储集在微孔隙及裂缝空间内直至被采出。页岩气出现解吸现象时的压力值被称为临界解吸压力。

3. 纳米级孔隙扩散

泥页岩的基岩孔径比普通砂岩小得多，国内外实验测试结果主要集中于 5~15nm 之间，属于微观纳米级有机质类别孔隙，气体在这种纳米尺度下多孔介质中的运移机理以扩散为主。不同于对流，扩散以浓度梯度为驱动力，主要属于传质学研究领域。根据页岩纳米孔隙的孔径与气体分子平均自由程的大小关系，可将气体的扩散机理分为以下四类（图 10-7）。

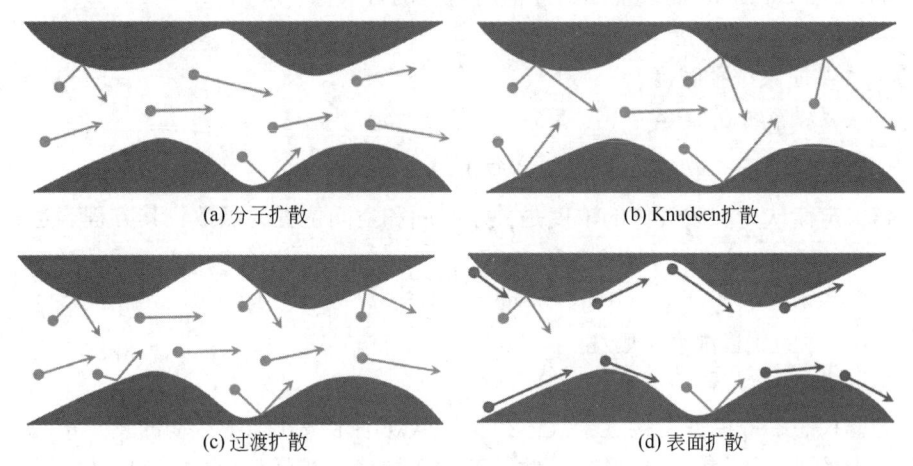

图 10-7 四种扩散机理示意图

当页岩纳米孔隙的孔径远大于气体分子平均自由程（$r \gg \lambda$），此时气体的扩散类型属于分子扩散。分子扩散的特征在于大孔道中，气体的传输以分子与分子间的碰撞为主，气体分子与固体表面分子几乎不碰撞，因此分子扩散也被称为容积扩散。气体在小孔道中的扩散属于 Knudsen 扩散，气体的传输以气体分子与固体表面分子之间的激烈碰撞为主，气体分子之间碰撞较少。介于分子扩散与 Knudsen 扩散之间的为过渡扩散。当页岩纳米孔隙的孔径小到一定程度时，此时固体的表面能极强，气体分子被吸附于孔隙表面，此时产生表面扩散。

目前国内外学者主要采用分子扩散描述气体在页岩纳米孔隙中的流动，根据气体的流动状态，可划分为拟稳态扩散和非稳态扩散，分别用 Fick 第一定律和 Fick 第二定律进行表征。

1）气体的拟稳态扩散（Fick 第一定律）

Fick 第一定律，即在单位时间内通过垂直于扩散方向的单位截面积的扩散物质流量与该截面处的浓度梯度成正比，方程表达式为：

$$J = \frac{\mathrm{d}m}{A\mathrm{d}t} = -D\left(\frac{\partial C}{\partial X}\right) \tag{10-35}$$

对式（10-35）变形，可得：

$$Q_\mathrm{m} = V_\mathrm{m} D \sigma [C - C(p)] \tag{10-36}$$

其中

$$V_\mathrm{m} = V(1 - \phi_\mathrm{m} - \phi_\mathrm{f}) \tag{10-37}$$

式中　J——扩散通量，m^3/d；

t——时间，d；

m——扩散物质流量，m^3；

A——垂直于扩散方向的截面积，m^2；

D——扩散系数，m^3/s；

Q_m——基岩表面解吸扩散的气量，m^3/d；

V_m——基岩的骨架体积，m^3；

σ——基质单元形状因子，取决于基质单元的形状和大小；

C——基质系统中气体的平均浓度，m^3/t；

$C(p)$——Langmuir 曲线上压力 p 值所对应的含气量，m^3/t；

V——基岩总体积，m^3；

ϕ_m——基质系统孔隙度；

ϕ_f——裂缝系统孔隙度。

2）气体的非稳态扩散（Fick 第二定律）

Fick 第二定律认为扩散气体的浓度是关于时间和空间位置的函数，其方程表达式为：

$$\frac{\partial C}{\partial t} = D \frac{\partial^2 C}{\partial x^2} \quad (10\text{-}38)$$

式中 C——气体的质量浓度，kg/m^3；

t——时间，s。

气体的非稳态扩散模型更接近于气体在页岩微观纳米级孔隙中流动的真实情况，但同时也存在计算上的难点。气体的非稳态扩散模型是在拟稳态扩散模型的基础上做推导得到的，拟稳态扩散模型是非稳态扩散模型的简化。

4. 微孔隙及裂缝渗流

1）达西渗流机理

气体在基岩微孔隙、天然裂缝及人工网状裂缝系统中的流动，均可以考虑为气体在多孔介质中的对流，通常用 Darcy 定律进行描述，Darcy 定律的微分表达式为：

$$v = -\frac{K}{\mu} \nabla p \quad (10\text{-}39)$$

式中 v——气体速度，$10^{-3} m/s$；

μ——气体黏度，$mPa \cdot s$；

K——气相有效渗透率，μm^2。

2）非达西渗流机理

高速非达西流动方程（Forchheimer 公式，或称二次方程），是指当地下流体在多孔介质中的渗流速度较大时，雷诺数超过一定界限（$1<Re<150$），惯性力与黏滞力二者作用大体相当，此时流体的运动规律不满足传统的 Darcy 定律，需要在 Darcy 方程中添加速度修正项描述这一非线性渗流现象。体积改造后的页岩储层，气体在渗透率较高的诱导裂缝中受惯性作用作高速运动，该运动过程可用 Forchheimer 方程进行描述：

$$-\nabla p = \frac{\mu}{K} v + \beta \rho v^2 \quad (10\text{-}40)$$

式中 v——气体速度，m/s；

μ——气体黏度，$Pa \cdot s$；

ρ——气体密度，kg/m^3；

β——Forchheimer 系数，m^{-1}。

5. 页岩气产出过程

页岩气的产出过程是一个气体从微纳米级孔隙流入天然裂缝，再到人工裂缝网络，最终流向井筒的多尺度、多重机制的复杂流动系统。从页岩气采出的角度，可将其划分为以下几个流动阶段（图10-8）：

（1）气体分子在压力梯度作用下向低压区域流动，裂缝及大孔隙中的游离态气体率先被采出，表现为多孔介质中的渗流；

（2）较小孔径的微孔隙中的自由气体被采出；

（3）在储层能量衰竭过程中，由于热力学平衡发生改变，吸附气从干酪根或黏土表面解吸、扩散至孔隙中；

（4）微孔隙及裂缝空间内解吸气与游离气一并被采出。

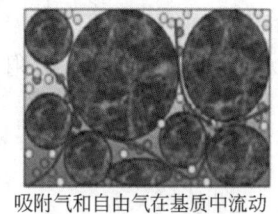

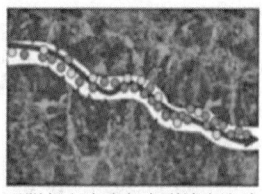

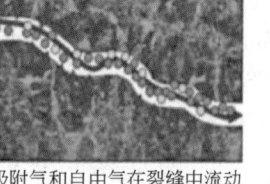

图 10-8　页岩气产出机理示意图

气体在页岩储层中的流动可划分为宏观尺度、中尺度、微米尺度、纳米尺度、分子尺度等5个尺度。页岩气在不同尺度下对应不同的流动状态，是多重运移机制相互联系、相互影响的结果。页岩气从微观尺度到宏观尺度的产出过程如图10-9所示。

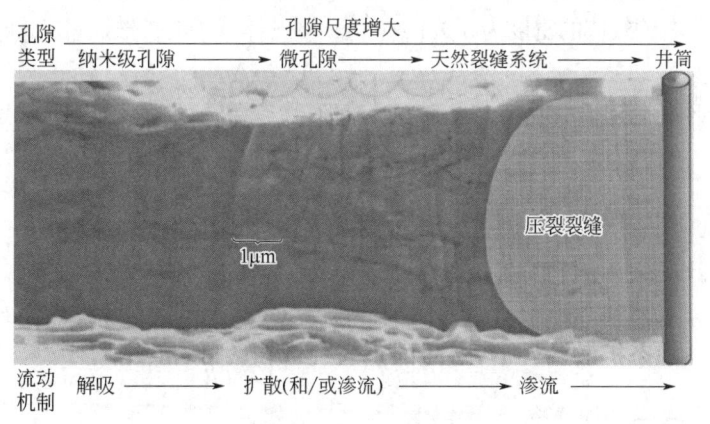

图 10-9　页岩气多尺度产出过程示意图

二、渗流数学模型

一般情况下，水不能进入基质块中的微小孔隙，认为页岩基质块中只含气相，由微孔隙中的游离气和孔隙内壁表面的吸附气两部分组成。现定义浓度为每立方米页岩基质块所含的气体质量的千克数，气体密度是每立方米孔隙空间所含的气体质量的千克数，所以游离气的浓度等于游离气的密度 ρ_1 与孔隙度 ϕ_m 的乘积，并代入气体状态方程 $p\dfrac{M}{\rho}=RTZ$ 可得页岩基质块中所含的游离气浓度为：

$$c_1=\rho_1\phi_m=\frac{Mp_m\phi_m}{RTZ} \tag{10-41}$$

式中　ρ_1——游离气密度，kg/m³；
　　　c_1——基于页岩基质块整体体积的游离气浓度，kg/m³；
　　　p_m——基质压力，Pa；
　　　T——温度，K；
　　　R——通用气体常数，8.314Pa·m³/(mol·K)；
　　　Z——气体的偏差因子；
　　　M——气体摩尔质量，kg/mol；

根据 Langmuir 等温吸附方程，每立方米页岩基质块所吸附的气体质量为 $\rho_g V_m p_m/(p_L+p_m)$，所以吸附气浓度为：

$$c_2=\frac{V_m p_m}{p_L+p_m} \tag{10-42}$$

式中　V_m——极限吸附量，其单位用每立方米页岩基质块所含气体千克数表示；
　　　p_L——Langmuir 吸附压力常数（吸附量达到极限吸附量的 50% 时的压力），Pa。

下标 m 表示基质块中的量，所以基质块中基于整个体积的页岩气总浓度 $c_m(c_1+c_2)$ 为：

$$c_m=\frac{Mp_m\phi_m}{RTZ}+\frac{V_m p_m}{p_L+p_m} \tag{10-43}$$

将页岩孔隙假设为长直圆管，直径为 d，气体由圆管左侧向右侧扩散。令圆管左侧气体的密度为 ρ_{N1}(kg/m³)，右侧气体的密度为 ρ_{N2}(kg/m³)，则气体分子的扩散通量 J_k[kg/(m²·s)] 为：

$$J_k=\alpha\bar{v}(\rho_{N1}-\rho_{N2})=\alpha\bar{v}\Delta\rho \tag{10-44}$$

式中，α 为无量纲概率因子，其值与孔隙的几何形状有关，对于直径 d、长度 $L(L\gg d)$ 的长直圆管，可取

$$\alpha=\frac{d}{3L} \tag{10-45}$$

$\bar{v}$ 为气体分子平均速率（m/s），根据分子动理论可知，麦克斯韦速率分布式为

$$f(v)dv=4\pi\left(\frac{m}{2\pi kT}\right)^{\frac{3}{2}}\cdot\exp\left(\frac{mv^2}{2kT}\right)\cdot v^2 dv \tag{10-46}$$

利用式（10-46），求得平均速率：

$$\bar{v}=\int_0^\infty vf(v)dv=\int_0^\infty 4\pi\left(\frac{m}{2\pi kT}\right)^{\frac{3}{2}}\cdot\exp\left(\frac{mv^2}{2kT}\right)\cdot v^2 dv \tag{10-47}$$

因 $\int_0^\infty x^3\cdot\exp(-\beta x^2)dx=\dfrac{1}{2\beta^2}$，令 $\beta=\dfrac{m}{2kT}$，则平均速率为：

$$\bar{v}4\pi\left(\frac{m}{2\pi kT}\right)^{\frac{3}{2}}\cdot\frac{1}{2}\left(\frac{2kT}{m}\right)^2=\sqrt{\frac{8kT}{\pi m}}=\sqrt{\frac{8RT}{\pi M}} \tag{10-48}$$

式中　m——气体分子量，kg；

k——玻耳兹曼常数，$1.38\times10^{-23}\mathrm{Pa\cdot m^3/K}$。

将式(10-45)、式(10-48)代入式(10-44)，得

$$J_k = \frac{d}{3L}\sqrt{\frac{8RT}{\pi M}}\Delta p \tag{10-49}$$

写成微分形式(沿长直圆管的方向为 x 轴)，则由高浓度向低浓度扩散的 Knudsen 扩散通量为：

$$J_k = \frac{d}{3}\sqrt{\frac{8RT}{\pi M}}\Delta p \tag{10-50}$$

Knudsen 扩散系数为：

$$D_k = \frac{d}{3}\sqrt{\frac{8RT}{\pi M}} \tag{10-51}$$

其值取决于圆管直径、温度和气体摩尔质量。

在形状复杂的页岩基质孔隙中，气体只能在互相连通的有效孔隙中扩散，且气体扩散的距离大于孔隙介质外形几何长度。所以在页岩基质孔隙中，Knudsen 扩散系数应在长直圆管扩散系数基础上加以修正：

$$D_{k,p_m} = \frac{\phi}{\tau}D_k \tag{10-52}$$

式中　ϕ——孔隙度；

　　　τ——迂曲度。

引入气体状态方程 $p\dfrac{M}{\rho}=RTZ$，则页岩基质孔隙中的 Knudsen 扩散通量为：

$$J_k = -D_{k,p_m}\left(\frac{\mathrm{d}\rho_N}{\mathrm{d}x}\right) = -\frac{MD_{k,p_m}}{RTZ}\nabla p \tag{10-53}$$

则页岩气在基质系统中的运移通量为：

$$J = J_k + J_0 = -\left[\frac{MD_{k,p_m}}{RTZ} + \frac{\pi r\rho}{8p_m}\left(\frac{2}{f}-1\right)\sqrt{\frac{8RT}{\pi M}}\right]\nabla p \tag{10-54}$$

式中　J_0——页岩基孔隙中的吸附通量；

　　　r——基质块内径向坐标；

　　　f——关于气体平均速率的函数。

根据质量守恒方程有：

$$\frac{\partial\rho\phi}{\partial t} + \nabla\cdot(\rho V) = q \tag{10-55}$$

式中　q——源汇强度。

针对页岩气藏，因页岩基质块中不存在源汇相，所以 $q=0$，将式(10-53)、式(10-54)代入式(10-55)得页岩气藏基质系统气相非稳态渗流方程：

$$\frac{\partial}{\partial t}\left(\frac{Mp_m\phi_m}{RTZ} + \frac{V_m p_m}{p_L+p_m}\right) = \nabla\cdot\left\{\left[\frac{MD_{k,p_m}}{RTZ} + \frac{\pi r\rho}{8p}\left(\frac{2}{f}-1\right)\sqrt{\frac{8RT}{\pi M}}\right]\nabla p\right\} \tag{10-56}$$

对于圆球形的基质块，式(10-56)可以进一步改写成：

$$\frac{\partial}{\partial t}\left(\frac{Mp_m\phi_m}{RTZ} + \frac{V_m p_m}{p_L+p_m}\right) = \frac{1}{r^2}\frac{\partial}{\partial r}\left\{r^2\left[\frac{MD_{k,p_m}}{RTZ} + \frac{\pi r\rho}{8p}\left(\frac{2}{f}-1\right)\sqrt{\frac{8RT}{\pi M}}\right]\frac{\partial p}{\partial r}\right\} \tag{10-57}$$

其中，基质块内径向坐标 r 小于基质块半径 r_1。

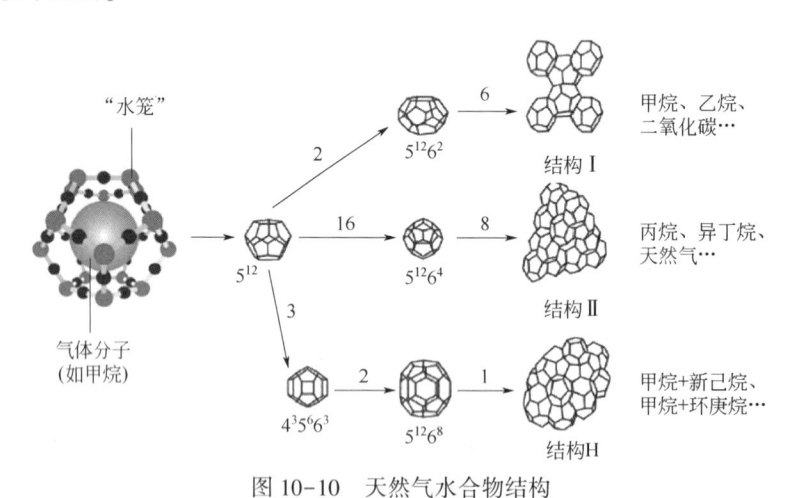

第四节 天然气水合物渗流模型

天然气水合物也被称作可燃冰,是天然气和水在特定条件下形成的一种结晶状固态物质,类似于固体酒精,主要存在于世界各处的永久冻土带或海洋,绝大部分分布在海洋里,其资源量是陆地的 100 倍以上。由于含有大量的甲烷分子(天然气),天然气水合物可以被直接点燃,不仅不产生有害污染气体,并且能量密度极高,在标况下,$1m^3$ 可燃冰可转化为 $164m^3$ 的天然气,并且其能量相当于 0.164t 石油或 0.328t 标准煤的能量。

天然气水合物的化学结构类似于水分子以笼子的形态形成的多面体格架,以甲烷为主的气体分子被包围在笼形格架中,不同的条件会形成不同类型的多面体格架。天然气水合物根据其组合不同常被划分为三种不同的类型,分别为 I 型(sI)、II 型(sII)和 H 型(sH),其中 I 型水合物是体心立方结构,由 2 个 5^{12} 笼形结构和 6 个 $5^{12}6^2$ 笼形结构组成;II 型水合物是面心立方结构,由 16 个 5^{12} 笼形结构和 8 个 $5^{12}6^4$ 笼形结构组成;H 型水合物是六方结构,由 3 个 5^{12} 笼形结构、2 个 $4^35^66^3$ 笼形结构和 1 个 $5^{12}6^8$ 笼形结构组成(图 10-10)。sI 结构和 sII 结构最初由 von Stackelberg、Claussen 和 Pauling、Marsh 通过晶体学提出,sH 结构最初由 Ripmeester 发现。气体混合物的组成决定了天然气水合物属于哪种构型:纯的甲烷和乙烷可以形成 I 型水合物,摩尔质量大于乙烷的组分(如丙烷、丁烷)形成 II 型水合物,H 型水合物可以容纳更大的气体分子,如异戊烷与 $C_1 \sim C_4$ 的结合体。I 型水合物是在自然界中最常见的水合物类型,其次是 II 型水合物,H 型水合物发现时间最晚而且也是比较罕见的。

图 10-10 天然气水合物结构

一、天然气水合物渗流特征

与天然气藏不同,天然气水合物开采过程中涉及以下三个关键问题,在建立渗流数学模型时需要予以考虑:

（1）天然气水合物在开采前是以固相的形态赋存在天然气水合物藏，其本身是不能流动的，但是通过降压法开采，天然气水合物会逐渐分解成甲烷气体和水，见式(10-58)。在天然气水合物分解的过程中，原本不能流动的空间会逐渐释放，天然气水合物藏的绝对渗透率、天然气的相对渗透率和水相相对渗透率、储层孔隙度、各相饱和度等关键参数都是不断发生变化的。

$$CH_4 \cdot (H_2O)nH \Longleftrightarrow nHH_2O + CH_4 \tag{10-58}$$

（2）天然气水合物的分解速率不仅受储层压力的影响。由于注入流体与天然气水合物藏的温度差异，以及天然气水合物分解时是吸热的，在开发过程中温度的变化是巨大的，因此要充分考虑储层的导热效应。

（3）在天然气水合物开发过程中常常会注入一些辅助药剂，因此常常要考虑盐溶液及化学药剂的运移，而且天然气水合物的分解与合成和多种物理、化学反应有关，可以说天然气水合物的渗流是一个非常复杂的过程，常常要考虑固、液、气三相和多种组分之间的变化。

二、天然气水合物渗流过程关键参数描述

1. 相平衡

1）基于 van der Waals-Platteeuw 模型的相平衡预测方法

van der Waals-Platteeuw 模型是目前应用较为广泛的混合气体相平衡预测模型，其原理是当每个组分的化学位相等时混合体系达到平衡，通过不同气体组分的逸度和 Langmuir 常数的计算可以实现水合物相平衡条件的预测：

$$\Delta\mu_w^H = \mu_w^H - \mu_w^\beta = RT\sum_i v_i \ln\left(1 - \sum_j \theta_{ij}\right) \tag{10-59}$$

式中 μ_w^H, μ_w^β——水在天然气水合物相和空水合物晶格的化学式；

R——摩尔气体常数；

T——温度；

v_i——i 型空穴与构成晶格水分子数目的比值；

θ_{ij}——i 型空穴中 j 分子的占有率。

θ_{ij} 通过下式进行计算：

$$\theta_{ij} = \frac{C_{ij}f_j}{1 + \sum_j C_{ij}f_j} \tag{10-60}$$

式中 C_{ij}——j 分子在 i 空穴的 Langmuir 常数；

f_j——j 气体的逸度。

组分逸度的计算主要应用气体的状态方程，常见的有 PR 方程、RK 方程、BWRS 方程等等；计算 Langmuir 常数常用 Parrish-Prausnitz 模型、Du-Guo 模型和 Hsieh 模型。

通过 Parrish-Prausnitz 模型计算 Langmuir 常数的公式为：

$$C_{ij}(T) = \frac{A_{ij}}{T}\exp\left(\frac{B_{ij}}{T}\right) \tag{10-61}$$

式中 A_{ij},B_{ij}——通过实验回归拟合的参数。

通过 Redlich-Kwong 方程计算天然气水合物的逸度的公式为:

$$p=\frac{RT}{V-b}-\frac{a}{T^{0.5}V(V+b)} \tag{10-62}$$

$$a=\Omega_a \frac{R^2 T_c^{2.5}}{p_c} \tag{10-63}$$

$$b=\Omega_b \frac{RT_c}{p_c} \tag{10-64}$$

式中 p——压力;
T——温度;
V——摩尔体积;
R——摩尔常数;
p_c——临界压力;
T_c——临界温度;
Ω_a,Ω_b——引力项和斥力项的修正系数。

对于多组分气体分子的天然气水合物,通过以下方式进行修正:

$$a=\sum_i \sum_j x_i y_j a_{ij} \tag{10-65}$$

$$b=\sum_i x_i b_i \tag{10-66}$$

$$a_{ij}=\frac{(\Omega_{ai}+\Omega_{aj})R^2 T_{cij}^{25}}{2p_{cij}} \tag{10-67}$$

$$p_{cij}=\frac{Z_{cij}RT_{cij}}{2p_{cij}} \tag{10-68}$$

$$V_{cij}=\left(\frac{V_{ci}^{1/3}+V_{cj}^{1/3}}{2}\right)^3 \tag{10-69}$$

$$Z_{cij}=0.291-0.08\left(\frac{\omega_i+\omega_j}{2}\right) \tag{10-70}$$

$$T_{cij}=(T_{ci}T_{cj})^{0.5}(1-k_{ij}) \tag{10-71}$$

式中 i,j——气体 i 和气体 j;
V_{cij}——临界摩尔体积;
Z_{cij}——临界压缩因子;
k_{ij}——二元相互作用系数;
ω_i,ω_j——气体 i 和气体 j 的离心因子。

由 Redlich-Kwong 方程推导出的逸度方程为:

$$\ln\frac{f_i}{x_i p}=\frac{B_i}{B_m}(Z-1)-\ln(Z-B_m)-\frac{A_m}{B_m}\left(\frac{2\sum_j x_j A_{ij}}{A_m}-\frac{B_i}{B_m}\right)\ln\left(1+\frac{B_m}{Z}\right) \tag{10-72}$$

$$A_{ij}=\frac{a_{ij}p}{R^2 T^{2.5}} \tag{10-73}$$

$$B_i = \frac{b_i p}{RT} \qquad (10-74)$$

$$A_m = \sum_i \sum_j x_i x_j A_{ij} \qquad (10-75)$$

$$B_m = \sum_i x_i B_i \qquad (10-76)$$

2) 水合物相平衡经验公式

De Roo 等进行了在不同浓度盐水中合成天然气水合物的实验，并推导出了天然气水合物温压与盐度的经验公式：

$$L_n(p/p_0) = 33.1103 - 8160.43/T - 128.65X + 40.28X^2 - 138.49\ln(1-X) \qquad (10-77)$$

式中　p——压力；

T——温度；

p_0——大气压；

X——NaCl 的物质的量。

2. 渗透率

水相和气相的相对渗透率可用 Corey 模型或 Van Genuchten 修正模型进行描述。

Corey 模型为：

$$K_{rw} = \left(\frac{\frac{S_w}{S_w + S_g} - S_{wr}}{1 - S_{wr} - S_{gr}} \right)^{n_w} \qquad (10-78)$$

$$K_{rg} = \left(\frac{\frac{S_g}{S_w + S_g} - S_{gr}}{1 - S_{wr} - S_{gr}} \right)^{n_g} \qquad (10-79)$$

式中　S_w，S_g——天然气和水的饱和度；

S_{gr}，S_{wr}——天然气和水的残余饱和度；

n_g，n_w——经验指数，控制天然气和水的相对渗透率，进而影响渗流速度，最终对天然气水合物分解过程的热对流产生影响，一般取 2 和 4。

Van Genuchten 修正模型为：

$$K_{rg} = K_{rgo} \bar{S}_g^{-1/2} (1 - \bar{S}_{wh}^{-1/m})^{2m} \qquad (10-80)$$

$$K_{rw} = K_{rwo} \bar{S}_w^{-1/2} [1 - (1 - \bar{S}_w^{-1/m})^m]^2 \qquad (10-81)$$

$$\bar{S}_g = \frac{1 - S_w - S_h - S_{gr}}{1 - S_{gr} - S_{wr}} \qquad (10-82)$$

$$\bar{S}_{wh} = \frac{S_w + S_h - S_{wr}}{1 - S_{gr} - S_{wr}} \qquad (10-83)$$

$$\bar{S}_w = \frac{S_w - S_{wr}}{1 - S_{gr} - S_{wr}} \qquad (10-84)$$

式中　K_{rgo}，K_{rwo}——气体和水的相对渗透率起始值；

S_h——天然气水合物的饱和度；

m——经验指数，一般取 0.45。

天然气水合物的存在会影响多孔介质的渗流能力,因此天然气水合物藏的绝对渗透率由天然气水合物饱和度所决定,Masuda 提出的模型为:

$$K=K_0(1-S_h)^n \tag{10-85}$$

式中　n——渗透率降低指数,一般取 2~15。

3. 导热系数

储层的综合导热系数为:

$$\lambda_c = \lambda_s(1-\phi) + \phi(\lambda_h h_h + \lambda_g S_g + \lambda_w S_w) \tag{10-86}$$

式中　λ_s,λ_h,λ_g,λ_w——岩石、天然气水合物、天然气和水的导热系数。

天然气的导热系数 λ_g 可通过查表确定,若为混合气体,则按摩尔质量权重计算导热系数。水的导热系数 λ_w、天然气水合物的导热系数 λ_h 均可查阅相关文献。基岩的导热系数 λ_s 一般通过实验条件确定。

4. 盐溶液的浓度扩散系数

使用 Nernst-Haskell 方程可以计算无限稀释单盐组分的扩散系数:

$$D_{0i} = \frac{RT(1/z_+ + 1/z_-)}{Fa^2(1/\lambda_+^0 + 1/\lambda_-^0)} \tag{10-87}$$

式中　D_{0i}——扩散系数;

T——温度;

R——气体常数,8.314J/(mol·K);

z_+,z_-——阳离子和阴离子的价;

Fa——法拉第常数,9.65×10^{4}C/mol;

λ_+^0,λ_-^0——阳离子和阴离子的极限离子电导率。

5. 多组分气体扩散系数

多组分的气体传质过程比单组分要复杂得多,对于 n 个组分的体系,其扩散系数可以表示为如下形式:

$$J_i = -c\sum_{k=1}^{n-1} D_{ik} \nabla x_k \tag{10-88}$$

式中　J_i——第 i 个组分的摩尔扩散通量;

D_{ik}——i、k 两组分的二元扩散系数;

c——质量浓度;

∇x_k——质量浓度梯度。

式中负号表示由高浓度向低浓度进行扩散。

本章要点

1. 了解非常规油气藏的类型及常见的非常规类型油藏开发面临的难点、工艺技术和研究进展。

2. 理解低渗透油藏考虑启动压力梯度、渗透率应力敏感的非线性渗流模型。

3. 理解致密油藏流固作用下孔渗参数的变化、考虑边界层效应的非线性渗流产生的机理和数学模型。

4. 了解页岩气在地层中的赋存状态、微观运移、解吸扩散及产出机理。

5. 了解天然气水合物的组成和化学结构、开采过程中的渗流特征、相平衡和导热等关键参数。

练习题

1. 低渗透和致密油藏的划分依据及界限是什么？
2. 请写出低渗透油藏带启动压力梯度项的渗流速度运动方程。
3. 什么是"五敏"效应？什么是渗透率应力敏感性？
4. 什么是致密油藏有效喉道半径？
5. 请简述页岩气藏的成藏、储存机理。
6. 页岩气运移产出机理有哪几种？
7. 什么是天然气水合物？它的形成条件、结构类型有哪些？
8. 天然气水合物有哪些开采特点？

参 考 文 献

[1] 葛家理, 宁正福, 刘月田. 现代油藏渗流力学原理 [M]. 北京: 石油工业出版社, 2001.
[2] 郎兆新. 油气地下渗流力学 [M]. 东营: 石油大学出版社, 2001.
[3] 李晓平. 地下油气渗流力学 [M]. 北京: 石油工业出版社, 2008.
[4] 陈军斌, 王冰, 张国强. 渗流力学与渗流物理 [M]. 北京: 石油工业出版社, 2013.
[5] 孔祥言. 高等渗流力学 [M]. 合肥: 中国科学技术大学出版社, 1999.
[6] 吴林高, 缪俊发, 张瑞, 等. 渗流力学 [M]. 上海: 上海科学技术文献出版社, 1996.
[7] 翟云芳. 渗流力学 [M]. 4版. 北京: 石油工业出版社, 2016.
[8] 杜殿发. 渗流力学基础 [M]. 青岛: 中国石油大学出版社, 2015.
[9] 徐献中. 石油渗流力学基础 [M]. 武汉: 中国地质大学出版社, 1992.
[10] 刘尉宁. 渗流力学基础 [M]. 北京: 石油工业出版社, 1985.
[11] 葛家理, 同登科. 复杂渗流系统的非线性流体力学 [M]. 东营: 石油大学出版社, 1998.
[12] 冯文光. 油气渗流力学基础 [M]. 北京: 科学出版社, 2007.
[13] 李璺, 陈军斌. 油气渗流力学 [M]. 北京: 石油工业出版社, 2009.
[14] 郝斐, 程林松, 李春兰, 等. 考虑启动压力梯度的低渗透油藏不稳定渗流模型 [J]. 石油钻采工艺, 2006 (5): 58-60, 85.
[15] Borisov J P. Oil production using horizontal and multiple deviation wells [M]. Moscow: Phillips Petroleum Co, 1984.
[16] Joshi S D. A Review of Horizontal Well and Drainhole Technology [J]. Texas: SPE Annual Technical Conference and Exhibition, 1987.
[17] Giger F M. Low permeability reservoir development using horizontal wells [C]. SPE/DOE Joint Symposium on Low Permeability Reservoirs, Denver, Colorado: SPE, 1987.
[18] Giger F M. Horizontal wells production techniques in heterogeneous reservoirs [C]. Middle East Oil Technical Conference and Exhibition, Bahrain: SPE, 1985.
[19] Giger F M, Reiss L H, Jourdan A P. The reservoir engineering aspects of horizontal drilling [C]. SPE Annual Technical Conference and Exhibition, Houston, Texas: SPE, 1984.
[20] Renard, Gerard, Dupuy J M. Formation Damage Effects on Horizontal-Well Flow Efficiency [J]. J Pet Technol, 1991, 43 (7): 786-869.
[21] 程林松, 郎兆新, 张丽华. 底水驱油藏水平井锥进的油藏工程研究 [J]. 石油大学学报 (自然科学版), 1994 (4): 43-47.
[22] 郎兆新, 张丽华, 程林松. 压裂水平井产能研究 [J]. 石油大学学报 (自然科学版), 1994 (2): 43-46.
[23] 程林松, 李春兰, 郎兆新, 张丽华. 北京: 分支水平井产能的研究 [J]. 石油学报, 1995 (2): 49-55.
[24] 李春兰, 程林松, 孙福街. 鱼骨型水平井产能计算公式推导 [J]. 西南石油学院学报, 2005 (6): 36-37, 101.

[25] Warren J E, Root P J. The Behavior of Naturally Fractured Reservoirs [J]. SPE Journal, 1963, 3 (3): 245-255.

[26] Odeh A S. Unsteady-State Behavior of Naturally Fractured Reservoirs [J]. SPE Journal, 1965, 5 (1): 60-66.

[27] Kazemi H. Pressure Transient analysis of Naturally Fractured Reservoirs with Uniform Fracture Distribution [J]. SPE Journal, 1969, 9 (4): 463-472.

[28] De Swaan A O. Analytic Solutions for Determining Naturally Fractured Reservoir Properties by Well Testing [J]. SPE Journal, 1976, 16 (3): 117-122.

[29] 吴永辉, 程林松, 黄世军, 等. 页岩凝析气井产能预测的三线性流模型 [J]. 天然气地球科学, 2017, 28 (11): 1745-1754.

[30] 邸元, 康志江, 代亚非, 等. 复杂多孔介质多重介质模型的表征单元体 [J]. 工程力学, 2015, 32 (12): 33-39.

[31] 吴玉树, 葛家理. 三重介质裂—隙油藏中的渗流问题 [J]. 力学学报, 1983 (1): 81-85.

[32] 郭尚平, 黄延章, 周娟等. 物理化学渗流的微观研究 [J]. 力学学报, 1986 (S1): 45-50.

[33] 袁士义, VANQuy N. 注化学剂驱油数值模拟（理论部分）[J]. 石油学报, 1988 (1): 51-60.

[34] Wang Demin, Cheng Jiecheng, Yang Qingyan, et al. Viscous-Elastic Polymer Can Increase Microscale Displacement Efficiency in Cores [C]. SPE Annual Technical Conference and Exhibition, Dallas, Texas, 2000.

[35] 李希, 郭尚平. 浓度前沿在驱替过程中的发展和演变 [J]. 石油学报, 1986 (4): 53-60.

[36] 戴金星. 近四十年来世界天然气工业发展的若干特征 [J]. 天然气地球科学, 1991 (6): 245-252.

[37] 董大忠, 邹才能, 杨桦, 等. 中国页岩气勘探开发进展与发展前景 [J]. 石油学报, 2012, 33 (S1): 107-114.

[38] 张烈辉, 朱水桥, 王坤, 等. 高速气体非达西渗流数学模型 [J]. 新疆石油地质, 2004 (2): 165-167, 176.

[39] 盛茂, 李根生, 黄中伟, 等. 页岩气藏流固耦合渗流模型及有限元求解 [J]. 岩石力学与工程学报, 2013, 32 (9): 1894-1900.

[40] 万仁溥. 中国不同类型油藏水平井开采技术 [M]. 北京: 石油工业出版社, 1997.

[41] 程林松, 李忠兴, 黄世军. 不同类型油藏复杂结构井产能评价技术 [M]. 东营: 中国石油大学出版社, 2007.

[42] 刘振宇, 何金宝, 王胡振. 考虑重力超覆及热损失的稠油热采两区试井新模型 [J]. 石油勘探与开发, 2010, 37 (5): 596-600.

[43] 周志军, 李菁, 刘永建, 等. 低渗透油藏渗流场与应力场耦合规律研究 [J]. 石油与天然气地质, 2008 (3): 391-396, 404.

[44] 曹仁义, 程林松, 杜旭林, 等. 致密油藏渗流规律及数学模型研究进展 [J]. 西南石油大学学报（自然科学版）, 2021, 43 (5): 113-136.

[45] 邹才能，杨智，董大忠，等. 非常规源岩层系油气形成分布与前景展望 [J]. 地球科学，2022，47（5）：1517-1533.

[46] 袁士义，雷征东，李军诗，等. 陆相页岩油开发技术进展及规模效益开发对策思考 [J]. 中国石油大学学报（自然科学版），2023，47（5）：13-24.

[47] 贾承造，姜林，赵文. 页岩油气革命与页岩油气、致密油气基础地质理论问题 [J]. 石油科学通报，2023，8（6）：695-706.

[48] 孙龙德，刘合，朱如凯，等. 中国页岩油革命值得关注的十个问题 [J]. 石油学报，2023，44（12）：2007-2019.

[49] 程林松，杨晨旭，曹仁义，等. 注水诱导裂缝动态特征及数值模拟研究 [J]. 特种油气藏，2023，30（5）：84-90.

[50] 胡文瑞，魏漪，鲍敬伟. 中国低渗透油气藏开发理论与技术进展 [J]. 石油勘探与开发，2018，45（4）：646-656.

[51] 周志军，王胡振，张小静，等. 应用模糊综合评判方法识别水驱优势渗流通道井和层 [J]. 数学的实践与认识，2014，44（21）：129-136.

[52] 曹仁义，辛红刚，杨松林，等. 基于 Green 函数和玻尔兹曼变换的致密油藏弹性能量表征方法 [J]. 中南大学学报（自然科学版），2022，53（4）：1439-1449.

[53] 朱维耀，岳明，刘昀枫，等. 中国致密油藏开发理论研究进展 [J]. 工程科学学报，2019，41（9）：1103-1114.

[54] 李阳，吴胜和，侯加根，等. 油气藏开发地质研究进展与展望 [J]. 石油勘探与开发，2017，44（4）：569-579.

[55] 曹仁义，黄涛，程林松，等. 水驱油藏中原油极性物质对吸附和润湿性影响的分子模拟 [J]. 计算物理，2021，38（5）：595-602.

[56] 贾爱林，位云生，金亦秋. 中国海相页岩气开发评价关键技术进展 [J]. 石油勘探与开发，2016，43（6）：949-955.

[57] 程林松，时俊杰，曹仁义，等. 局部非热平衡对增强型地热系统的影响探究 [J]. 深圳大学学报（理工版），2022，39（6）：649-659.

[58] 曹静静，杨裔琦. 国内低渗透油藏提高采收率技术现状及展望 [J]. 四川化工，2017，20（6）：17-21.

[59] 曹仁义，杨松林，程林松，等. 致密油藏溶解气驱产能计算模型 [J]. 中国石油大学学报（自然科学版），2022，46（5）：106-114.

[60] 金之钧，胡宗全，高波，等. 川东南地区五峰组—龙马溪组页岩气富集与高产控制因素 [J]. 地学前缘，2016，23（1）：1-10.

[61] 杜殿发，赵艳武，张婧，等. 页岩气渗流机理研究进展及发展趋势 [J]. 西南石油大学学报（自然科学版），2017，39（4）：136-144.

[62] 曹仁义，马明，郭西峰，等. 基于流管模型的低渗透油藏水驱平面波及系数计算方法 [J]. 油气地质与采收率，2021，28（2）：100-108.

[63] 李明诚. 油气运移基础理论与油气勘探 [J]. 地球科学，2004（4）：379-383.

[64] 程林松，杜旭林，饶翔，等. 两套节点格林元嵌入式离散裂缝模型数值模拟方法 [J]. 力学学报，2022，54（10）：2892-2903.

[65] 张东晓，杨婷云. 页岩气开发综述 [J]. 石油学报，2013，34（4）：792-801.

［66］ 雷群, 胥云, 才博, 等. 页岩油气水平井压裂技术进展与展望［J］. 石油勘探与开发, 2022, 49（1）：166-172, 182.

［67］ 付玉坤, 喻成刚, 尹强, 等. 国内外页岩气水平井分段压裂工具发展现状与趋势［J］. 石油钻采工艺, 2017, 39（4）：514-520.

［68］ 卫秀芬, 唐洁. 水平井分段压裂工艺技术现状及发展方向［J］. 大庆石油地质与开发, 2014, 33（6）：104-111.

［69］ 佚名. 达西：达西定律发现者［J］. 河北水利, 2017（9）：37.

［70］ 丁述基. 达西及达西定律［J］. 水文地质工程地质, 1986（3）：33-35.

［71］ 郎兆新, 张丽华, 程林松, 等. 多井底水平井渗流问题某些解析解［J］. 石油大学学报（自然科学版）, 1993（4）：40-47.

［72］ 邹才能, 林敏捷, 马锋, 等. 碳中和目标下中国天然气工业进展、挑战及对策［J］. 石油勘探与开发, 2024, 51（2）：418-435.

［73］ Stalgorova K, Mattar L, Analytical Model for Unconventional Multifractured Composite Systems. SPE Reservoir Evaluation & Engineering, 2013, 16（3）：246-256.

［74］ Zhang J, Huang S, Cheng L, et al. Effect of flow mechanism with multi-nonlinearity on production of shale gas. Journal of Natural Gas Science and Engineering, 2015, 24：291-301.

［75］ Zhao J, Liu D, Yang M, et al. Analysis of heat transfer effects on gas production from methane hydrate by depressurization［J］. International Journal of Heat and Mass Transfer, 2014, 77：529-541.

［76］ Pooladi-Darvish M, Hong H. Effect of conductive and convective heat flow on gas production from natural hydrates by depressurization. In：Taylor C E, Kwan J T, eds［C］. Advances in the Study of Gas Hydrates. Boston：Springer, 2004.

［77］ Kim H C, Bishnoi P R, Heidemann R A, et al. Kinetics of Methane Hydrate Decomposition［J］. Chemical Engineering Science, 1987, 42（7）：1645-1653.

［78］ Kamath, V. A, and Holder, G. D. Dissociation Heat Transfer Characteristics of Methane Hydrates［J］. AlChE Journal, 1987, 33（2）：347-350.

［79］ 孙可明, 梁冰, 王锦山. 煤层气开采中两相流阶段的流固耦合渗流［J］. 辽宁工程技术大学学报（自然科学版）, 2001（1）：36-39.